高等学校水利类应用型本科系列教材·水利水电工程专业

# 水资源规划及利用

主 编 雷晓辉
副主编 胡建永 何中政 龙 岩 刘 彬

中国水利水电出版社
www.waterpub.com.cn
·北京·

# 内 容 提 要

本教材从水资源面临的问题出发，在介绍水资源综合利用类型、水资源评价及各类型水资源供需分析方法的基础上，进一步介绍了水资源宏观配置与规划、水能资源规划与水库综合利用、水资源保护与管理等水资源规划及利用类型的方式方法。本教材共包含九章，分别为绪论、水资源综合利用、水资源评价、水资源供需分析、水资源配置与调度、水资源规划、水能资源规划、水库综合利用、水资源保护与管理，每一章附习题。

本教材主要面向水利水电工程、水文水资源等水利相关专业本科生，同时可作为水文水资源、水利水电相关从业者的参考书籍。

图书在版编目（CIP）数据

水资源规划及利用 / 雷晓辉主编. -- 北京 ：中国水利水电出版社，2022.1
高等学校水利类应用型本科系列教材. 水利水电工程专业
ISBN 978-7-5226-0399-5

Ⅰ．①水… Ⅱ．①雷… Ⅲ．①水资源管理－高等学校－教材②水资源－资源利用－高等学校－教材 Ⅳ．①TV213

中国版本图书馆CIP数据核字（2022）第001947号

| | | |
|---|---|---|
| 书　　　名 | 高等学校水利类应用型本科系列教材·水利水电工程专业<br>**水资源规划及利用**<br>SHUIZIYUAN GUIHUA JI LIYONG | |
| 作　　　者 | 主编　雷晓辉　副主编　胡建永　何中政　龙岩　刘彬 | |
| 出 版 发 行 | 中国水利水电出版社<br>（北京市海淀区玉渊潭南路1号D座　100038）<br>网址：www.waterpub.com.cn<br>E-mail：sales@waterpub.com.cn<br>电话：（010）68367658（营销中心） | |
| 经　　　售 | 北京科水图书销售中心（零售）<br>电话：（010）88383994、63202643、68545874<br>全国各地新华书店和相关出版物销售网点 | |
| 排　　　版 | 中国水利水电出版社微机排版中心 | |
| 印　　　刷 | 天津嘉恒印务有限公司 | |
| 规　　　格 | 184mm×260mm　16开本　14.25印张　347千字 | |
| 版　　　次 | 2022年1月第1版　2022年1月第1次印刷 | |
| 印　　　数 | 0001—2000册 | |
| 定　　　价 | 40.00元 | |

# 参 写 人 员 名 单

| | | |
|---|---|---|
| **主　编** | 河北工程大学、中国水利水电科学研究院 | 雷晓辉 |
| **副主编** | 浙江水利水电学院 | 胡建永 |
| | 南昌大学 | 何中政 |
| | 河北工程大学 | 龙　岩 |
| | 河北工程大学 | 刘　彬 |
| **参　编** | 郑州大学 | 许红师 |
| | 东北农业大学 | 纪　毅 |
| | 郑州大学 | 赵志鹏 |
| | 河北工程大学 | 闫志宏 |
| | 中国水利水电科学研究院 | 张　召 |
| | 河北工程大学 | 柴蓓蓓 |
| | 河北工程大学 | 王孝群 |

# 前　言

  水是最基本也是最重要的资源。在世界范围内，水危机被列为人类最严重的挑战之一，严重制约了人类社会的可持续发展。我国水资源利用也面临着水量短缺、时空分布不均、洪涝灾害、水环境污染等诸多问题，给我国社会经济发展带来了严峻挑战。水资源规划指在掌握水资源的时空分布特征、地区条件、水资源使用需求的基础上，协调各种矛盾，对水资源进行统筹安排，制定出最佳开发利用方案及相应的工程措施的规划。水资源利用是通过多种措施对水资源进行综合治理、开发利用、保护和管理。做好水资源规划和利用对保障国家粮食安全、经济安全和生态安全有重要意义。

  "水资源规划及利用"是水利水电工程专业的一门核心专业课。本课程任务是让学生在掌握工程水文内容的基础上，学习水利水电规划的基本理论、基本知识，掌握水资源规划及水利水电工程规划相关分析计算与设计方法，培养锻炼学生从事相关技术与管理工作所需具备的技能，提高学生解决水资源规划及利用领域复杂工程问题的能力。对从事水资源规划与利用，水利水电工程设计、施工和管理的工程技术人员来说，本教材亦具有一定参考价值。

  本教材由雷晓辉任主编。胡建永、何中政、龙岩、刘彬任副主编。各章编写分工如下：第一章绪论由雷晓辉编写，第二章由许红师、王孝群编写，第三章由龙岩、闫志宏编写，第四章由纪毅、龙岩编写，第五章由雷晓辉、何中政编写，第六章由刘彬、胡建永编写，第七章由何中政、刘彬编写，第八章由赵志鹏、柴蓓蓓编写，第九章由胡建永、张召编写。本书编写得到了中国水利水电科学研究院、河北工程大学、郑州大学、南昌大学、浙江水利水电学院、东北农业大学相关领导的大力支持和指导。同时，教材编写过程中还参考了国内外相关文献和书籍，因此一并向这些文献、教材书籍作者表示最真诚的感谢。

  对于教材中存在的疏漏和不足，敬请读者批评指正。

编者

2021 年 12 月

# 目 录

# 第一章 绪 论

## 第一节 水 资 源 概 述

### 一、水资源的概念

随着 1894 年美国地质勘探局水资源处的成立，"水资源"一词正式出现并被广泛接纳。在经历了不同发展时期后，出现了对水资源的不同界定，其内涵也得到不断的充实和完善。在《英国大百科全书》中，水资源被定义为"全部自然界任何形态的水，包括气态水、液态水和固态水"。这个定义为水资源赋予了极其广泛的内涵。1977 年联合国教科文组织建议"水资源应指可资利用或有可能被利用的水源，这个水源应具有足够的数量和可用的质量，并能在某一地点为满足某种用途而可被利用"，在这里则强调了水资源的可利用性特点。在 1988 年联合国教科文组织（UNESCO）和世界气象组织（WMO）共同制定的《水资源评价活动——国家评价手册》中，水资源则更详细地被定义为"可以利用或有可能被利用的资源，具有足够数量和可用的质量，并在某一地点为满足某种用途而可被利用"。当然，这也不是对水资源的最终定义，许多学者对水资源有其个人的见解，如《水资源学概论》[1] 中介绍的几个观点：

（1）降水是大陆上一切水分的来源，但降水只是一种潜在的水资源，只有降水中可被利用的那一部分才是真正的水资源[2]。

（2）从自然资源的观点出发，水资源可定义为与人类生产与生活（有关）的天然水源。

（3）一切具有利用价值，包括各种不同来源或不同形式的水，均属水资源范畴。

（4）水资源主要指与人类社会用水密切相关而又能不断更新的淡水，包括地表水、地下水和土壤水，其补给来源为大气降水。

作为维持人类社会存在和发展的重要自然资源之一，水资源应该具有下列特性：①可以按照社会的需要提供或有可能提供的水量；②这个水量有可靠的来源，且这个来源可以通过自然界循环不断得到更新或补充；③这个水量可由人工加以控制；④这个水量及其水质能够适应人类用水的要求。

综上所述，可以认为水资源的概念存在广义和狭义两种。广义的水资源，是指人类能够直接或间接利用的地球上的各种水体，包括天上的降水、河湖中的地表水、浅层和深层的地下水（包括土壤水）、冰川、海水等[3]。

狭义的水资源，是指与生态环境保护和人类生存与发展密切相关的、可以利用的、而又逐年能够得到恢复和更新的淡水，其补给来源为大气降水。该定义反映了水资源具有下列性质：①水资源是生态环境存在的基本要素，是人类生存与发展不可替代的自然资源；②水资源是在现有技术经济条件下通过工程措施可以利用的水，且水质应符合人类利用的要求；③水资源是大气降水补给的地表、地下的水量；④水资源是可以通过水循环得到恢复和更新的资源[4-5]。

对于某一流域或局部地区而言，水资源的含义则更为具体。广义的水资源就是大气降水，主要由地表水资源、包气带水资源和地下水资源三大部分组成。在一个特定范围内，水资源主要有两种转化途径：一是降水形成地表径流、壤中径流和地下径流并构成河川径流，通过水平方向排泄到区外；二是以蒸发和散发的形式通过垂直方向回归到大气中。因为河川径流与人类的关系最为密切，故将它作为狭义水资源。这里所说的河川径流包括地表径流、壤中径流和地下径流。流域水资源组成如图 1-1 所示[4]。

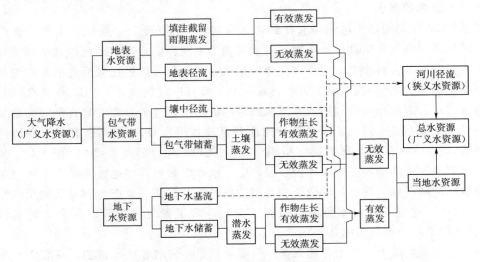

图 1-1　流域水资源组成示意图

从图 1-1 中可以看出，我们常说的水资源（或计算的水资源量）有两种不同的含义。一般在流域或区域水资源规划中，常常用到的是狭义水资源，即河川径流。另外，为了避开人类活动的影响，便于对比分析，人们又经常计算天然状态下的水资源量，并将其作为一个流域或区域水资源规划或配置的基础流量。本书在没有特别说明的情况下均把天然状态下的河川径流作为水资源量来计算。

**二、水资源的属性**

水资源不同于土地资源和矿产资源，有其独特的性质。只有充分认识水资源的属性，才能合理、高效地开发利用。水资源作为一种特殊的资源，既是自然资源，又是社会资源，因此，水资源具有自然属性和社会属性[6-8]。

（一）水资源的自然属性

水资源的自然属性是指水资源本身所具有的、没受到人类干扰的特征，主要表现为水资源的有限性与无限性、时空分布的不均匀性、利用的广泛性和不可替代性、利害两重性、可恢复性与循环性。

（1）有限性与无限性。水资源与其他资源不同，它在水循环过程中能够不断恢复、更新、再生，属于可再生资源。地球上的水循环过程是永无止境的、无限的。因此，水资源是可再生的、无限的。水循环供给陆地源源不断的降水、径流，因此水循环的变化将引起水资源的变化。水资源开发利用后可以得到恢复和更新，这是地球上的水资源所具有的特征。

虽然水循环是无限的，但地球上每年得到的太阳能是一定的，即每年通过蒸发参加水循环的水量是有限的，即各种水体的补给量是不同的而且是有限的，另外，由于下垫面条件的限制，每年能够得到更新和恢复的水量是有限的。因此，水资源又是有限的。水资源在一定的限度内才是"取之不尽、用之不竭"的资源。

（2）时空分布的不均匀性。时空分布的不均匀性是指水资源在时间上、空间上分布不均，有些地方多，有些地方少，有些时间多，有些时间少。这是由各地气候条件和下垫面的差异造成的。

水资源在时空分布上的不均匀性，使得地球上有些地区洪涝灾害严重，如我国的南方地区；而有些地区干旱频繁，如我国北方黄土高原地区。水资源在时空分布上的不均匀性，给水资源的合理开发利用带来很大困难。人类为了满足各地区、各部门的用水要求，必须修建蓄水、引水、提水和跨流域调水工程，对天然水资源进行时空再分配。因受自然、技术、经济、社会等条件的限制，兴修的水利工程也只能控制和利用水资源的一部分或大部分。

（3）利用的广泛性和不可替代性。水资源既是生活资料，同时也是生产资料，在国计民生中用途广泛，各行各业都离不开水，这是水资源的广泛性。水资源不仅用于农业灌溉、工业生产、城乡生活和生态环境，而且还用于水力发电、航运、水产养殖、旅游娱乐等。

从水资源的利用方式看，水可以分为消耗性用水和非消耗性用水。生活用水、农业用水、工业生产用水都属于消耗性用水，这些被利用的水，其中一部分重新回到水体，但水量已经减少，水质也发生了改变。非消耗性用水主要指利用水体发电、航运、水产养殖，这些产业都是利用水体，而不消耗和污染水体，或很少消耗和污染水体。

总之，水资源的综合效益是其他任何资源无法替代的，是人们生存环境的重要组成部分，是地球上一切生命的基础，是各行各业可持续发展的重要保证。

随着人们生活水平的提高、国民经济和社会的发展，用水量不断增加是必然趋势，不少地区出现了水资源不足的紧张局面，水资源短缺问题已成为当今世界面临的重大难题之一。

（4）利害两重性。由于降雨径流在地区分布上的不平衡和在时间分配上的不均匀，经常在某些地区出现洪涝灾害，而在有些地区出现干旱，这是水资源有害于人类的一面；但水资源为人类提供水源、发电、航运、养殖，以及为工农业生产服务，这是水资源有利于人类的一面。另外，对水资源开发利用不当，也会造成人为灾害，如垮坝事故、土壤次生盐渍化、水体污染、海水入侵和地面沉降等。人类在开发利用水资源和进行生产活动时，常会造成水土流失、水体污染等。可见，水资源可以被开发利用，给人类带来效益的同时还可能带来灾害，说明水资源具有利害两重性，因此，必须尊重自然规律，合理开发利用水资源，才能达到兴利除害的双重目的。

（5）可恢复性与循环性。水资源的这些自然属性与地球上其他任何自然资源相比，无论是存在形式、运动形式还是对于自然和人类的重要性，水资源都有其独特性，而且是其他自然资源无法比拟和替代的。水资源既以其自身形式构成地球的水圈，同时又以气态或液态的方式渗透和存在于大气圈、生物圈和岩石圈，是自然界中唯一一种同时存在于地球四大圈层的物质。对于地球生命系统和人类社会来说，水是赖以存在和发展的最重要的物质因素和环境因素。

（二）水资源的社会属性

水资源不仅是一种自然资源，还是一种社会资源，已成为人类社会的一个重要组成部分。水资源的社会属性主要表现为经济性、伦理性、公平性、垄断性。

（1）经济性。水资源已成为一种经济资源，是国民经济的重要组成部分之一。其经济性表现在：水资源是国民经济持续发展的动力资源之一，它不仅是农业生产的命脉，直接决定着粮食产量的高低；还是工业生产的血液，维系着工业经济效益的好坏，钢铁工业、印染工业、造纸工业更是用水大户。水资源本身已成为经济资源，而且是"战略性的经济资源"，不仅可以直接产生经济效益，而且直接关系着国家的经济安全。

（2）伦理性。人类与自然界的关系体现着伦理道德特征，即人类是以什么样的态度对待水资源的。以往人们认为水资源取之不尽，用之不竭，以一种粗暴的、掠夺性的态度去开发和利用水资源，而自然界则以洪水、水污染等方式对人类进行报复。人类在开发过程中逐步认识到"以道德的方式对待自然界的重要性"，即要实现"人与自然和谐相处"。

（3）公平性。公平是社会问题，在使用水资源面前人人平等，维持基本的生存需要是社会的最根本义务。

维持财富的代际均衡。水资源是人类生存的基础资源，不仅要满足当代人的需要，还要满足后代人的需要，应以道德的理念对待和开发水资源，保证后代平等的发展权利。

（4）垄断性。2002年颁布实施的《中华人民共和国水法》明确规定："水资源属于国家所有。农村集体经济组织所有的水塘和由农村集体经济组织修建管理的水库中的水，归该农村集体经济组织使用。"即行政垄断。

水资源的垄断性有其必然的原因。水资源关系到国计民生，只有国家能从战略和人性的角度对水资源进行有效的规划和分配，任何单位和个人都可能仅考虑某一方面的利益而不顾全大局；即使水资源具有可再生性，但总的来看，水资源是供不应求且日益稀缺的，供需矛盾日益突出，在我国的个别地区已直接影响着人民的生活质量和经济社会的健康发展。

**三、水资源的类型**

广义的水资源包括地球上所有的水体，包括地表水、地下水、土壤水、大气水、生物水几大类[9]。

（一）地表水

地表水（surface water）是指存在于地壳表面，暴露于大气的水。

地表水是河流、冰川、湖泊、沼泽四种水体的总称，也称"陆地水"。它是人类生活用水的重要来源之一，也是各国水资源的主要组成部分。

1. 河流 （river）

我国大小河流的总长度约为 42 万 km，径流总量达 27115 亿 $m^3$，占全世界径流量的 5.8%。我国的河流数量虽多，但地区分布却很不均匀，全国径流总量的 96% 都集中在外流河流域，面积占全国总面积的 64%；内陆河流域仅占 4%，面积占全国总面积的 36%。冬季是我国河川径流枯水季节，夏季则是丰水季节。

2. 冰川 （glacier）

我国冰川的总面积约为 5.65 万 $km^2$，总储水量约 29640 亿 $m^3$，年融水量达 504.6 亿 $m^3$，多分布于江河源头。冰川融水是我国河流水量的重要补给来源，对西北干旱区河流水量的补给影响尤大。我国的冰川都是山岳冰川，可分为大陆性冰川与海洋性冰川两大类，其中大陆性冰川占全国冰川面积的 80% 以上。

3. 湖泊 （lake）

我国湖泊的分布很不均匀，$1km^2$ 以上的湖泊有 2800 余个，总面积约为 8 万 $km^2$，多分布于青藏高原和长江中下游平原地区。其中淡水湖泊的面积为 3.6 万 $km^2$，占总面积的 45% 左右。此外，我国还先后兴建了人工湖泊和各种类型水库共计 9.7 万余座。

4. 沼泽 （swamp/mire）

我国沼泽分布很广，仅泥炭沼泽和潜育沼泽面积即超 11.3 万 $km^2$，三江平原和若尔盖高原是我国沼泽集中的两个区域。我国大部分沼泽分布于低平而丰水的地段，土壤潜在肥力高，是进一步扩大耕地面积的重要对象。

（二）地下水

地面以下水分在垂直剖面上的分布可以按照岩石空隙中含水的相对比例，以地下水面（潜水面）为界，划分为两个带——饱和带和包气带（图 1-2）。在包气带，岩石的空隙空间一部分被水占据，还有一部分被空气占据。在大多数情况下，饱和带的上部界限或者是饱和水面或者覆盖着不透水层，下部界限则为下伏透水层（不透水层），如黏土层。

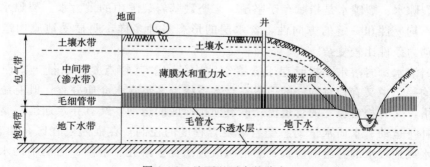

图 1-2 地面以下水的分布

包气带（充气带）从地下水面向上延伸至地面，通常可进一步划分为 3 个带，分别为土壤水带、中间带和毛细管带。土壤水带主要为土壤水中间带的水，它的特点之一是经常直接或间接与外界进行水分交换，水分变化较大。毛细管带内的水分含量随着距潜水面高度的增加而逐渐减少，在毛细管带中，压力小于大气压力，水可以发生水平流动及垂直流动。

地下水（ground water）泛指存在于地下多孔介质中的水，其中多孔介质包括孔隙介质、裂隙介质和岩溶介质。

1. 按起源分类

按起源不同，可将地下水分为渗入水、凝结水、初生水和埋藏水。

（1）渗入水：降水渗入地下形成渗入水。

（2）凝结水：水汽凝结形成的地下水称为凝结水。当地面的温度低于空气的温度时，空气中的水汽便要进入土壤和岩石的空隙中，在颗粒和岩石表面凝结形成地下水。

（3）初生水：初生水既不是降水渗入，也不是水汽凝结形成的，而是由岩浆中分离出来的气体冷凝形成，是岩浆作用的结果。

（4）埋藏水：与沉积物同时生成或海水渗入到原生沉积物的孔隙中而形成的地下水称为埋藏水。

2. 按矿化程度分类

按矿化程度不同[1]，可将地下水分为淡水、微咸水、咸水、盐水、卤水。各种地下水的矿化度分类见表1-1。

表1-1 地下水按矿化度分类表

| 地下水类型 | 淡水 | 微咸水 | 咸水 | 盐水 | 卤水 |
|---|---|---|---|---|---|
| 总矿化度/(g/L) | <1 | 1~3 | 3~10 | 10~50 | >50 |

3. 按含水层性质分类

按含水层性质不同，地下水可分为孔隙水、裂隙水、岩溶水。

（1）孔隙水：疏松岩石孔隙中的水。孔隙水是储存于第四纪松散沉积物及第三纪少数胶结不良的沉积物的孔隙中的地下水。沉积物形成时期的沉积环境对于沉积物的特征影响很大，使其空间几何形态、物质成分、粒度以及分选程度等均具有不同的特点。

（2）裂隙水：裂隙水是指赋存于坚硬、半坚硬基岩裂隙中的重力水。裂隙水的埋藏和分布具有不均一性和一定的方向性，含水层的形态多种多样，明显受地质构造因素的控制，且水动力条件比较复杂。

（3）岩溶水：岩溶水是指赋存于岩溶空隙中的水。其特点是：水量丰富而分布不均一，在不均一之中又有相对均一的地段；含水系统中多重含水介质并存，既有统一水位面的含水网络，又有相对孤立的管道流；既有向排泄区的运动，又有导水通道与蓄水网络之间的互相补排运动；水质水量动态受岩溶发育程度的控制，在强烈发育区，动态变化大，对大气降水或地表水的补给响应快；岩溶水既是赋存于溶孔、溶隙、溶洞中的水，又是改造其赋存环境的动力，不断促进含水空间的演化。

4. 按埋藏条件分类

按埋藏条件不同，地下水可分为上层滞水、潜水和承压水。

（1）上层滞水：上层滞水是指埋藏在离地表不深、包气带中局部隔水层之上的重力水。上层滞水一般分布不广，呈季节性变化，雨季出现，干旱季节消失，其动态变化与气候、水文因素的变化密切相关。

（2）潜水：潜水是指埋藏在地表以下、第一个稳定隔水层以上、具有自由水面的重力水。潜水在自然界中分布很广,一般埋藏在第四纪松散沉积物的孔隙及坚硬基岩风化壳的裂隙、溶洞内。它通过包气带与大气连通,潜水面为自由水面,不承受压力。潜水面与地面的距离为潜水埋藏深度,而潜水面与第一个稳定隔水层顶之间的距离则为潜水含水层厚度。

潜水的主要补给来源是降水和地表水,干旱沙漠地区尚有凝结水补给。当大江大河下游水位高于潜水位时,河水也可成为潜水的补给来源。干旱地区冲积或洪积平原中的潜水主要靠山前河流补给,河水通过透水性强的河床垂直下渗而大量补给潜水,有时水量较小的溪流甚至可全部潜入地下。

(3)承压水:埋藏并充满两个稳定隔水层之间的含水层中的重力水。承压水具有静水压力,补给区与分布区不一致,动态变化不显著的特点,不具有潜水那样的自由水面,所以它的运动方式不是在重力作用下的自由流动,而是在静水压力的作用下,以水交替的形式进行运动。

承压水具有压力水头,一般不受当地气象、水文因素影响,且具有稳定动态变化的特点。承压水不易遭受污染,水量较稳定,在城市、工矿供水中占重要地位。

(三)土壤水[7]

土壤水(soil water)又称为包气带水。包气带是在土壤上层、饱和带以上的土层,由于没能全部充满液态水,土壤孔隙中有大量气体和水流动。包气带土层中上部主要是气态水和结合水,下部接近饱和带处充满毛管水。如果土壤有较大的孔隙,则会产生重力水,当包气带中存在局部隔水层时,则重力水会积储其上,形成上层滞水。

土壤学中的土壤水是指在一个大气压下,在105℃条件下能从土壤中分离出来的水分。土壤水是植物生长和生存的物质基础,它不仅影响林木、大田作物、蔬菜、果树的产量,还影响陆地表面植物的分布。在土壤学中,较为普遍的是从能量的观点来研究土壤水,从而形成水的能量分类。土壤学中的土壤水主要研究水的能量状态和水的运动,主要用于研究分层土壤中水分的运动、不同介质中水分的转化(蒸发、蒸腾),水分在土壤—植物—大气连续体(soil - plant - atmosphere continuum,SPAC)中的运移和土壤水对植物的有效性。

广义的土壤水是土壤中各种形态水分的总称,主要有固态水、气态水和液态水三种。土壤水主要来源于降雨、降雪、灌溉水及地下水。根据所受力的不同,土壤水一般分为吸湿水、膜状水、毛管水和重力水,分别代表吸附力、表面张力和重力作用下的土壤水。有国外学者还把由土粒表面的吸着力所保持的水分为吸湿水和结合水,后者又分为紧结合水和松结合水;毛管水又分为毛管悬着水和毛管上升水;重力水分渗透自由重力水和自由重力水等。土壤水是土壤的重要组成部分,是影响土壤肥力和自净能力的主要因素。

(1)吸湿水。吸湿水是气态水分子在分子引力和静电引力的作用下吸附在土壤固相颗粒表面的水分。吸湿水的水分子与土壤固相表面之间的结合力非常大,为 $3.14 \times 10^6 \sim 1.01 \times 10^9 Pa$,水分子不能自由移动,不能被植物吸收利用。土壤中吸湿水含量达到最大时的含水量称为吸湿系数或最大吸湿水。

(2)膜状水(又称薄膜水)。膜状水是吸附在吸湿水外层的水分,呈水膜状态包裹在土壤固相颗粒表面。膜状水的水分子与土壤固相表面之间的结合力比吸湿水要小,为

$6.33\times10^5\sim3.14\times10^6\,Pa$，所以膜状水在一定条件下能够移动且被植物吸收利用。但是膜状水黏滞性强，移动缓慢，不能有效补充植物所需水分，植物利用受到一定限制。当土壤中膜状水含量达到最大时的含水量称为最大分子持水量。植物缺水出现永久性萎蔫（经过蒸腾量最小的夜间仍不能恢复失去的膨压）时的土壤含水量称萎蔫点或凋萎系数，它介于最大分子持水量和吸湿系数之间。

（3）毛管水。毛管水是在毛管力作用下吸附并保持在土壤毛管孔隙中的水分。所谓毛管孔隙是指土壤中孔径为 $0.001\sim1\,mm$ 的孔隙。存在于毛管中的液体在毛管力的作用下，可以沿毛管运动一定距离并保持在毛管孔隙中，而不因重力的作用流出，这种现象称为毛管现象。根据水源和运动方向不同，毛管水可分为毛管上升水和毛管悬着水两种类型。毛管上升水是指地下水沿毛管上升并保持在毛管孔隙中的水分，毛管悬着水是指在降水或灌溉后水分沿毛管下降并保持在毛管孔隙中的水分。毛管水受力较小（在 $3.38\times10^4\sim6.33\times10^5\,Pa$），可以流动，既能顺利地被植物吸收利用，又能在土壤中保持较长时间，因此是土壤中最有效的水分。当土壤毛管水含量达到最大时的含水量称为毛管最大持水量，其中当毛管悬着水含量达到最大时的土壤含水量称田间持水量，它反映了某种土壤能够保持水分的最大能力。

（4）重力水。土壤毛管孔隙充满水分之后，倘若水分进一步增加，那么土壤非毛管孔隙中也可存在一定数量的水分。这种存在于非毛管孔隙中、能在重力作用下向下移动或沿坡侧渗的水分称重力水。重力水受到的引力为 0，可以被植物吸收利用，但在大多数情况下，重力水不能在土壤中保存很长时间，属多余水分。只有当地下水位很浅或出露地表时，或土壤下部有隔水层存在时，土壤毛管孔隙和非毛管孔隙才能被水分全部填充，达到饱和状态，此时的土壤含水量称土壤饱和持水量或最大持水量。

（四）大气水

大气水（atmospheric water）是指包含于大气中的水汽及其派生的液态水和固态水。常见的天气现象如云、雾、雨、雪、霜等是大气水的存在形式。降雨和降雪合称大气降水，简称降水，是大气中的水汽向地表输送的主要方式和途径。

（五）生物水

生物水（biowater）是指在各种生命体系中存在的不同状态的水。水、无机离子、有机分子是构成原始生命的三大要素。生物都是含水系统，只有在含水的情况下，才有生命活动。生物水在生命的繁衍中有多种重要作用。水的高比热、高汽化热特点使其成为有机体的温度调节剂。正常生理条件下，体液在机体内流动、循环，把养料和废物分别运送到一定的部位（组织、器官等），在生命活动中完成运载工具的重要功能。水又是一个优良的溶剂，它为生命提供了一个合适的介质环境，其 pH 值、离子种类和离子强度决定着各种物理化学及生物化学过程和反应速度。水还是光合作用、葡萄糖酵解等多种重要反应的直接参与者。此外，水在润滑关节、维持细胞内外渗透压、保持细胞、器官乃至整个有机体的外形方面均起着重要作用。

**四、水资源的主要利用途径及协调**

水是生命存在的基础，同时也是经济社会发展的支撑条件，在人类社会发展过程中水资源的用途多种多样，这里简单介绍水资源的主要利用途径及多种用途之间的协调问题。

（一）水资源的主要利用途径

水资源利用，是指通过水资源开发为各类用户提供符合质量要求的地表水和地下水可用水源以及各个用户使用水的过程。地表水源包括河流、湖泊、水库等中的水；地下水源包括泉水、潜水、承压水等。

水资源利用涉及国民经济各部门，按其利用方式可分为河道内用水和河道外用水两大类。河道内用水有水力发电、航运、渔业、水上娱乐和水生生态等用水；河道外用水有农业、工业、城乡生活和植被生态等用水。此外，根据用水消耗状况可分为消耗性用水和非消耗性用水两类；按用途又可分为生活、农业、工业、水力发电、生态等用水等[10-11]。

1. 生活用水

生活用水是人类日常生活及其相关活动用水的总称。生活用水分为城镇生活用水和农村生活用水。现行的城镇生活用水包括居民住宅用水、市政公共用水、环境卫生用水等，常称为城镇大生活用水。农村生活用水包括农村居民用水、牲畜用水。生活用水涉及千家万户，与人民的生活关系最为密切。《中华人民共和国水法》规定"开发、利用水资源，应当首先满足城乡居民生活用水，并兼顾农业、工业、生态环境用水以及航运等需要。"因此，要把保障人民生活用水放在优先位置。这是生活用水的一个显著特征，即生活用水保证率要求高，放在所有供水先后顺序中的第一位。也就是说，在供水紧张的情况下优先保证生活用水。

2. 农业用水

农业用水是农、林、牧、副、渔业等各部门和乡镇、农场、企事业单位以及农村居民生产用水的总称。在农业用水中，农田灌溉用水占主要地位。灌溉的主要任务，是在干旱缺水地区，或在旱季雨水稀少时，用人工措施向田间补充水分，以满足农作物生长需要。林业、牧业用水，也是由于土壤中水分不能满足树、草的用水之需，从而依靠人工灌溉的措施来补充树、草生长必需的水分。渔业用水，主要用于水域（如水库、湖泊、河道等）水面蒸发、水体循环、渗漏、维持水体水质和最小水深等。在农村，养猪、养鸡、养鸭、食品加工、蔬菜加工等副业以及乡镇、农场、企事业单位在从事生产经营活动时，也会引用一部分水量[5]。

3. 工业用水

工业用水是工矿企业用于制造、加工、冷却、空调、净化、洗涤等方面的用水。在工业生产过程中，一般需要有一定量的水参与，如用于冷凝、稀释、溶剂等方面。一方面，在水的利用过程中通过不同途径进行消耗（如蒸发、渗漏）；另一方面，以废水的形式排入自然界[12]。

4. 水力发电

水力发电是利用河流中流动的水流所蕴藏的水能生产电能，为人类用电服务。河流从高处向低处流动，水流蕴藏着一定的势能和动能，即会产生一定能量，称之为水能。利用具有一定水能的水流去冲击和转动水轮发动机组，在机组运行过程中，将水能转化为机械能，再转化为电能。在水力发电过程中，只是能量形式从水能转变成电能，而水流本身并没有消耗，仍能为下游用水部门利用。因此，仅从资源消耗的角度来说，水能是一种清洁能源，既不会消耗水资源也不会污染水资源。它是目前各国大力推广的能源开发方式。

5. 生态用水

生态用水是生态系统维持自身需求所利用的水的总称。在现实生活中，由于主观上对生态用水不够重视，在水资源分配上几乎将百分之百的可利用水资源用于工业、农业和生活，于是就出现了河流缩短、断流、湖泊干涸、湿地萎缩、草场退化、森林破坏、土地荒漠化等生态退化问题，威胁着人类生存环境。因此，要想从根本上保护生态系统，确保生态用水是至关重要的因素。因为缺水是很多情况下生态系统遭受威胁的主要因素，合理配置水资源，确保生态用水对保护生态系统、促进经济社会可持续发展具有重要的意义。

（二）水资源多种用途之间的协调

上文已经介绍了生活、农业、工业、水力发电、生态等用水类型。此外，水资源还有航运、景观娱乐等多种利用途径。由此可见，水资源的用途是多方面的。但是，可以利用的水资源量却是有限的，必然会出现用水部门之间为争水而引发的矛盾以及需求与供给之间的矛盾[5]。一方面，各用水部门对于水资源条件的要求不同、在使用功能上相互排斥，导致用水部门之间存在一定的矛盾。比如，发电、灌溉、养鱼等需要拦河筑坝，以抬高水位，但是筑坝后会影响船、筏、鱼的通行，影响航运和某些生物的生长。另一方面，水资源量是有限的，而需水量是不断增加的，导致需水与供水之间存在一定的矛盾，不同部门之间、不同地区之间、上下游之间、人类生产生活用水与生态用水之间为争夺有限水资源而产生的矛盾等。

由此可见，出现用水矛盾是不可避免的，但关键在于如何妥善解决这些矛盾。这是关系国计民生、社会稳定和人类长远发展的一件大事。水行政主管部门一定要给予高度的重视，在力所能及的范围内，尽可能充分考虑经济社会发展、水资源充分利用、生态系统保护之间的协调；尽可能充分考虑人与自然的和谐发展；尽可能满足各方面的需求，以最小的投入获取最满意的社会效益、经济效益和环境效益。

# 第二节　水资源开发利用现状及存在的问题

## 一、世界水资源现状

水是人类及一切生物赖以生存的必不可少的重要物质，是工农业生产、经济发展和环境改善不可替代的极为宝贵的自然资源。地球在地壳表层、表面和围绕气球的大气层中存在着各种形态的，包括液态、气态和固态的水，形成地球的水圈，并和地球上的岩石圈、大气圈和生物圈共同组成地球的自然圈层。

地球上各种水体的水储量分布情况见表 1-2[13]，水圈内海洋水、冰川与永久积雪、地下水、永冻层中冰、湖泊水、土壤水、大气水、沼泽水、河流水和生物水等全部水体的总储存量约为 13.86 亿 $km^3$，其中海洋水量 13.38 亿 $km^3$，约占地球总储存水量的 96.5%，这部分巨大的水体属于高盐量的咸水，除极少量水体被利用（作为冷却水、海水淡化）外，绝大多数是不能被直接利用的。陆地上的水量仅约有 0.48 亿 $km^3$，约占地球总储存水量的 3.5%，就是在陆面这样有限的水体也并不全是淡水，淡水量仅有 0.35 亿 $km^3$，占陆地水储存量的 73%，其中 0.24 亿 $km^3$ 的淡水量分布于冰川多积雪、两极和多年冻土中，以人类现有的技术条件很难利用。便于人类利用的水只有 0.1065 亿 $km^3$，占淡水总量的 30.4%，仅占地球总储存水量的 0.77%。因此，地球上的水量虽然非常丰富，但是可被人类利用的淡水资源量是很有限的。

表 1-2　　　　　　　　　　　　　地球上各种水体的水储量分布

| 水　体 | 水　储　量 | | 咸　水 | | 淡　水 | |
|---|---|---|---|---|---|---|
| | 水量/$10^3 km^3$ | 占比/% | 水量/$10^3 km^3$ | 占比/% | 水量/$10^3 km^3$ | 占比/% |
| 海洋水 | 1338000 | 96.5379 | 1338000 | 99.041 | 0 | 0 |
| 冰川与永久积雪 | 24064.1 | 1.7362 | 0 | 0 | 24064.1 | 68.693 |
| 地下水 | 23400 | 1.6883 | 12870 | 0.953 | 10530 | 30.061 |
| 永冻层中冰 | 300 | 0.0217 | 0 | 0 | 300 | 0.860 |
| 湖泊水 | 176.4 | 0.0127 | 85.4 | 0.006 | 91 | 0.260 |
| 土壤水 | 16.5 | 0.0012 | 0 | 0 | 16.5 | 0.047 |
| 大气水 | 12.9 | 0.0009 | 0 | 0 | 12.9 | 0.037 |
| 沼泽水 | 11.5 | 0.0008 | 0 | 0 | 11.5 | 0.033 |
| 河流水 | 2.12 | 0.0002 | 0 | 0 | 2.12 | 0.006 |
| 生物水 | 1.12 | 0.0001 | 0 | 0 | 1.12 | 0.003 |
| 总量 | 1385984.64 | 100 | 1350955.4 | 100 | 35029.24 | 100 |

　　河流的年径流量，基本上反映了水资源的数量和特征，所以各国通常用多年平均河川径流量表示水资源量。地球上陆地多年平均河川年径流量为 44.5 万亿 m³，其中有 1.0 万亿 m³ 排入内陆湖，其余的全部流入海洋。包括 2.3 万亿 m³ 南极冰川径流在内，全世界年径流总量为 46.8 万亿 m³。径流量在地区分布上很不均匀，有人居住和适合人类生活的地区，至多拥有全部径流的 40%，约 19 万亿 m³。各大洲的自然条件差别很大，因而水资源量也不相同。大洋洲的一些大岛（新西兰、伊里安、塔斯马尼亚）的淡水最为丰富，年降雨量几乎达到 3000mm，年径流深超过 1500mm。南美洲的水资源也较为丰富，平均年降雨量为 1596mm，年径流深为 660mm，相当于全球陆地平均年径流深的两倍。澳大利亚是水资源量最少的大陆，平均年径流深只有 39mm；有 2/3 的面积为无永久性河流的荒漠、半荒漠地区，年降雨量不到 300mm。非洲的河流径流资源也较贫乏，降雨量虽然与欧洲、亚洲、北美洲地区相接近，但年径流深却只有 151mm，这是因为非洲南北回归线附近有大面积的沙漠所致。南极洲的多年平均年降雨量很少，只有 165mm，没有一条永久性河流，然而却以冰的形态储存了地球淡水总量的 62%。

　　即使在同一个洲内，由于空间跨度大，再加上自然条件的差异，水资源的分布也是很不均匀的。因此，如何合理配置水资源，减少由于水资源分布不均而造成的社会经济发展不平衡，是当前水利工作所面临的主要任务之一。目前，许多国家已建或在建大型调水工程，反映了人类对于水资源均衡分配的一种渴望。

**二、我国水资源与水能资源**

**（一）我国水资源现状**

1. 水资源总量

我国是一个干旱缺水严重的国家。我国的淡水资源总量为 28000 亿 m³，占全球水资源的 6%，仅次于巴西、俄罗斯、加拿大、美国和印度尼西亚，名列世界第六位。但是，我国的人均水资源量只有 2300m$^3$，仅为世界平均水平的 1/4，是全球人均水资源最贫乏的国家之一。然而，我国又是世界上用水量最多的国家。仅 2002 年，全国淡水取用量达到 5497 亿 m$^3$，大约占世界年取用量的 13%，是美国 1995 年淡水供应量 4700 亿 m$^3$ 的约 1.2 倍[14-15]。

2019 年全国水资源总量 29041.1 亿 m$^3$，比多年平均值多 4.8%。其中，地表水资源量 27993.4 亿 m$^3$，地下水资源量 8191.7 亿 m$^3$，地下水与地表水资源不重复量为 1047.8 亿 m$^3$。2019 年全国各流域水资源总量见表 1-3。

表 1-3　　　　　　　　　　　2019 年各水资源一级区水资源量

| 水资源一级区 | 降雨量 /mm | 地表水资源量 /亿 m$^3$ | 地下水资源量 /亿 m$^3$ | 地下水与地表水资源 不重复量/亿 m$^3$ | 水资源总量 /亿 m$^3$ |
|---|---|---|---|---|---|
| 全国 | 651.3 | 27993.4 | 8191.7 | 1047.8 | 29041.1 |
| 北方 6 区 | 346.0 | 4713.0 | 2563.8 | 897.9 | 5610.9 |
| 南方 4 区 | 1192.3 | 23280.4 | 5627.9 | 149.9 | 23430.2 |
| 松花江区 | 603.4 | 1935.1 | 628.4 | 288.1 | 2223.2 |
| 辽河区 | 557.9 | 305.7 | 195.1 | 101.9 | 407.6 |
| 海河区 | 449.2 | 104.5 | 190.4 | 117.0 | 221.4 |
| 黄河区 | 496.9 | 690.2 | 415.9 | 107.2 | 797.5 |
| 淮河区 | 610.0 | 328.1 | 274.8 | 179.2 | 507.2 |
| 长江区 | 1059.8 | 10427.6 | 2580.5 | 122.1 | 10549.7 |
| 太湖流域 | 1261.8 | 204.2 | 44.1 | 21.6 | 225.8 |
| 东南诸河区 | 1844.9 | 2475.0 | 542.0 | 13.6 | 2488.5 |
| 珠江区 | 1627.5 | 5065.8 | 1198.4 | 14.2 | 5080.0 |
| 西南诸河区 | 1013.6 | 5312.0 | 1307.0 | 0.0 | 5312.0 |
| 西北诸河区 | 183.2 | 1349.4 | 859.2 | 104.7 | 1454.0 |

注　1. 北方 6 区指松花江区、辽河区、海河区、黄河区、淮河区、西北诸河区。
　　2. 南方 4 区指长江区（含太湖流域）、东南诸河区、珠江区、西南诸河区。
　　3. 西北诸河区计算面积占北方 6 区的 55.5%，长江区计算面积占南方 4 区的 52.2%。

（1）从水资源公报看，2019 年，全国平均年降雨量 651.3mm，比多年平均值偏多 1.4%，比 2018 年减少 4.6%。

从水资源分区看，10 个水资源一级区中有 6 个水资源一级区降雨量比多年平均值偏大，其中松花江区、西北诸河区分别偏多 19.7% 和 13.8%；4 个水资源一级区降雨量偏小，其中淮河区、海河区分别比多年平均值偏少 27.3%、16.0%。与 2018 年比较，4 个水资源一级区降雨量增加，其中东南诸河区增加 14.8%；6 个水资源一级区降雨量减少，其中淮河区、海河区分别减少 34.1%、16.9%。

（2）地表水资源量。2019 年，全国地表水资源量 27993.3 亿 m$^3$，折合年径流深 295.7mm，比多年平均值偏大 4.8%，比 2018 年增加 6.4%。

从水资源分区看，松花江区、东南诸河区、西北诸河区、黄河区、珠江区、长江区地表水资源量比多年平均值偏大，其中松花江区、东南诸河区分别增加 49.9% 和 24.6%；海河区、淮河区、辽河区、西南诸河区地表水资源量比多年平均值偏少，其中海河区、淮河区、辽河区分别减少 51.6%、51.5% 和 25.1%。与 2018 年比较，东南诸河区、松花江区、长江区、珠江区地表水资源量增加，其中东南诸河区、松花江区分别增加 64.4% 和 34.2%；淮河区、海河区、西南诸河区、黄河区、西北诸河区、辽河区地表水资源量减少，其中淮河区、海河区分别减少 57.4% 和 39.9%。

（3）地下水资源量。全国地下水资源计算区的划分，考虑了地下水补、径、排条件，同时便于水资源总量的计算。2019 年，全国降雨量地下水资源量（矿化度≤2g/L）8191.5 亿 m³，比多年平均值偏多 1.6%。其中，平原区地下水资源量 1714.8 亿 m³，山丘区地下水资源量 6779.6 亿 m³，平原区与山丘区之间的重复计算量 302.9 亿 m³。

全国平原浅层地下水总补给量 1782.6 亿 m³。南方 4 区平原浅层地下水计算面积占全国平原区面积的 9%，地下水总补给量 303.1 亿 m³；北方 6 区计算面积占 91%，地下水总补给量 1479.5 亿 m³。其中，松花江区 380.9 亿 m³，辽河区 136.1 亿 m³，海河区 138.8 亿 m³，黄河区 151.4 亿 m³，淮河区 205.1 亿 m³，西北诸河区 467.2 亿 m³。

（4）水资源总量。2019 年，全国水资源总量 29041.0 亿 m³，比多年平均值偏多 4.8%，比 2018 年增加 5.7%。其中，地表水资源量 27993.3 亿 m³，地下水资源量 8191.5 亿 m³，地下水与地表水资源不重复量为 1047.7 亿 m³。全国水资源总量占降水总量 47.1%，平均产水量为 30.7 万 m³/km²。

2. 水资源可利用量

受自然、技术、经济条件的限制和生态环境需水量的制约，水资源开发利用要有一定的限度，不可能也不应该全部加以利用。因此，研究水资源的可利用量，比评价出天然水资源量更具有实际的意义。

水资源可利用量是指在可预见的时期内，在统筹考虑生活、生产和生态系统用水的基础上，通过经济合理、技术可行的措施可资一次性利用的最大水量。水资源可利用总量的计算，可采取地表水资源可利用量与浅层地下水资源可开采量相加，再扣除地表水资源可利用量与地下水资源可开采量两者之间重复计算量的方法估算。一个地区或流域估算出的水资源可利用量，可作为研究当地水资源的供水能力、规划跨流域调水工程，以及制定国民经济和社会发展规划的依据。

3. 水资源质量

水资源是水量与水质的高度统一，在特定的区域内，可用水资源的多少并不完全取决于水资源数量，而取决于水资源质量。质量的好坏直接关系到水资源的功能，决定着水资源用途。因此，在研究水资源时，水质是非常重要的，是绝不能忽略的，只考虑水量或者水质的做法都是不科学的，必须予以纠正。

根据《地表水环境质量标准》（GB 3838—2002），依据地表水水域环境功能和保护目标，水域按功能高低依次划分为五类：Ⅰ类主要适用于源头水、国家自然保护区；Ⅱ类主要适用于集中式生活饮用水地表水源地一级保护区、珍稀水生生物栖息地、鱼虾类产卵场、仔稚幼鱼的索饵场等；Ⅲ类主要适用于集中式生活饮用水地表水源地二级保护区、鱼虾类越冬场、洄游通道、水产养殖区等渔业水域及游泳区；Ⅳ类主要适用于一般工业用水区及人体非直接接触的娱乐用水区；Ⅴ类主要适用于农业用水区及一般景观要求水域。

对应地表水上述五类水域环境功能，将地表水环境质量标准基本项目标准值分为五类，不同功能类别分别执行相应类别的标准值。水域功能类别高的标准值严于水域功能类别低的标准值。同一水域兼有多类使用功能的，执行最高功能类别对应的标准值。实现水域功能与达功能类别标准为同一含义。

目前，我国的水资源质量主要从河流水质、湖泊水质、水库水质、水功能区水质、省界水体水质、地下水水质等几方面进行统计评价[16]。

（1）河流水质。2018年，对全国26.2万km的河流水质状况进行了评价，Ⅰ～Ⅲ类、Ⅳ～Ⅴ类、劣Ⅴ类水河长分别占评价河长的81.6%、12.9%和5.5%，主要污染项目是氨氮、总磷和化学需氧量。与2017年同比，Ⅰ～Ⅲ类水河长比例上升1.0个百分点，劣Ⅴ类水河长比例下降1.3个百分点。

（2）湖泊水质。2018年，对124个湖泊共3.3万km² 水面进行了水质评价，Ⅰ～Ⅲ类、Ⅳ～Ⅴ类、劣Ⅴ类水质湖泊分别占评价湖泊总数的25.0%、58.9%和16.1%。主要污染项目是总磷、化学需氧量和高锰酸盐指数。121个湖泊营养状况评价结果显示，中营养湖泊占26.5%，富营养湖泊占73.5%。与2017年同比，Ⅰ～Ⅲ类水质湖泊比例下降1.6个百分点，劣Ⅴ类比例下降3.3个百分点，富营养湖泊比例下降1.7个百分点。

（3）水库水质。2018年，对1129座水库进行了水质评价，Ⅰ～Ⅲ类、Ⅳ～Ⅴ类、劣Ⅴ类水质水库分别占评价水库总数的87.3%、10.1%和2.6%。主要污染项目是总磷、高锰酸盐指数和五日生化需氧量等。1097座水库营养状况评价结果显示，中营养水库占69.6%，富营养水库占30.4%。与2017年同比，Ⅰ～Ⅲ类水质水库比例上升1.5个百分点，劣Ⅴ类比例持平，富营养比例上升3.1个百分点。

（4）水功能区水质。2018年，全国评价水功能区6779个，满足水域功能目标的4503个，约占评价水功能区总数的66.4%。其中，满足水域功能目标的一级水功能区（不包括开发利用区）占71.8%；二级水功能区占62.6%。

（5）省界水体水质。2018年，全国544个重要省界断面中，Ⅰ～Ⅲ类、Ⅳ～Ⅴ类、劣Ⅴ类断面比例分别占评价断面总数的69.9%、21.1%和9.0%。主要污染项目是总磷、化学需氧量和氨氮。与2017年同比，Ⅰ～Ⅲ类断面比例上升2.6个百分点，劣Ⅴ类比例下降3.9个百分点。

（6）浅层地下水水质。2018年，对全国2833眼地下水监测井进行了水质评价，监测层位以浅层地下水为主。Ⅰ～Ⅲ类、Ⅳ类、Ⅴ类水质监测井分别占评价监测井总数23.9%、29.2%和46.9%。主要污染项目有锰、铁、总硬度、溶解性总固体、氨氮、氟化物、铝、碘化物、硫酸盐和硝酸盐氮等。其中锰、铁、铝等重金属项目和氟化物、硫酸盐等无机阴离子项目可能受水文地质化学背景影响。

（7）集中式饮用水水源地水质。2018年，31个省（直辖市、自治区）共评价1045个集中式饮用水水源地。全年水质合格率在80%及以上的水源地占评价总数的83.5%。与2017年同比，上升1.2个百分点。

（二）水能资源概况

水能资源（hydro energy resources）指水体的动能、势能和压力能等能量资源，是自由流动的天然河流的出力和能量。广义的水能资源包括河流水能、潮汐水能、波浪能、海流能等能量资源，狭义的水能资源指河流的水能资源。水能是一种可再生能源。

水电是目前第一大清洁能源，提供了全世界 1/5 的电力，全球有 55 个国家的 50% 以上的电力由水电提供。而我国河流众多，水能资源蕴藏量居世界首位。我国水能资源可开发装机容量约 6.6 亿 kW，年发电量约 3 万亿 kW·h，2019 年我国水电装机容量和年发电量已突破 3 亿 kW 和 1 万亿 kW·h，分别占全国的 20.9% 和 19.4%。我国水电开发程度为 37%（按发电量计算），与发达国家相比仍有较大差距；如美国在 1986 年时已开发53.3%，日本在 1986 年时已开发 95.0%，法国在 1986 年时已开发 92.1%。这些数据表明，发达国家都十分注重优先利用水能资源。

截至 2017 年年底，我国常规水电总装机容量达到 31250 万 kW，已建常规水电装机技术开发比例为 47.3%，常规水电装机占全国发电总装机容量的 17.6%；2017 年我国常规水电发电量 11945 亿 kW·h，占全国发电量的 18.6%，水电装机和发电量均稳居世界第一，常规水电在建装机容量 5100 万 kW；我国在运 28 座抽水蓄能电站，装机容量 2869 万 kW，在建 29 座抽水蓄能电站，装机容量 3851 万 kW；我国已建水电总装机容量 34119 万 kW，占全国发电总装机容量的 19.2%，在建装机容量 8951 万 kW。

### 三、水资源开发利用现状

#### （一）我国水资源开发利用现状

据统计，中华人民共和国成立 70 多年来，国家先后投入上万亿元资金用于水利建设，水利工程规模和数量跃居世界前列，水利工程体系初步形成，江河治理成效卓著。水利部相关资料显示，目前，长江、黄河干流重点堤防建设基本达标，治淮骨干工程基本完工，太湖防洪工程体系基本形成，其他主要江河干流堤防建设明显加快。截至 2021 年 9 月，全国已建成各类水库 9.8 万多座，总库容 8983 亿 m³，各类河流堤防 43 万 km，开辟国家蓄滞洪区 98 处，容积达 1067 亿 m³，基本建成了江河防洪、城乡供水、农田灌溉等水利基础设施体系，为全面建成小康社会提供了坚实支撑。中小河流具备防御一般洪水的能力，重点海堤设防标准提高到 50 年一遇。全国 639 座有防洪任务的大、中、小型城市，有 299 座通过防洪工程建设达到设防标准。水利工程设施体系不断加强，大江大河大湖防洪状况极大改善，水利对人民生命财产安全的保障作用和对经济社会发展的支撑能力进一步增强。

截至 2020 年 7 月，172 项重大水利工程已经累计开工 146 项，在建投资规模超过 1 万亿元。引江济淮、西江大藤峡水利枢纽、淮河出山店水库等一批标志性的工程陆续开工建设，南水北调东中线一期工程等 32 项工程已相继建成，发挥了显著的经济、社会和生态效益。

进入经济建设的新时期，中央对水资源开发利用的投入保持大幅度的增加。1998—2002 年，中央水利基建投资总额达 1786 亿元，是 1949—1997 年水利基建投资的 2.36 倍。1998—2002 年，国家共发行国债 6600 多亿元，其中用于水利建设的为 1258 亿元，约占1/5。以大江大河堤防为重点的防洪工程建设、病险水库除险加固、解决人畜饮水困难、大型灌区节水改造等取得历史性突破，并通过南水北调、三峡工程、治黄工程等工程的建设，实现了水资源更合理的配置。

据全国水利发展统计公报数据显示，2018 年，全年水利建设完成投资 6602.6 亿元，较上年减少 529.8 亿元，减少了 7.4%。在全年完成投资中，防洪工程建设完成投资 2157.4 亿元，较上年减少 10.8%；水资源工程建设完成投资 2550.0 亿元，较上年减少 5.7%；水土保持及生态工程建设完成投资 741.4 亿元，较上年增加 8.6%；水电、机构能力建设等专项工程完成投资 1135.8 亿元，较上年 13.0%。七大江河流域完成投资 5108.6 亿元，东南诸河、西北诸河以及西南诸河等其他流域完成投资 1494.0 亿元。东部、中部、西部、东北地区完成投资分别为 2335.3 亿元、1638.8 亿元、2417.7 亿元和 210.8 亿元，占全部完成投资的比例分别为 35.4%、24.8%、36.6%和 3.2%。当年施工的水利工程建设项目 27930 个，在建项目总投资规模 27499.8 亿元，较上年增加 8.8%；在建投资规模 14204.7 亿元，较上年增加 7.1%。新开工项目 19786 个，较上年增加 0.3%。

（二）水资源利用面临的主要问题

水资源本身固有的属性再加上人类活动的影响，带来一些水问题，比较公认的有三点，即水资源短缺、洪涝灾害和水环境污染，概括起来主要是"水少""水多""水脏"。

1. 水资源短缺

水资源短缺是当今和未来面临的主要问题之一。一方面，由于自然因素的制约，如降水时空分布不均和自然条件差异等，某些地区降雨稀少，水资源紧缺，如南非、中东地区以及我国的西北干旱地区等；另一方面，随着人口的增长和经济的发展，对水资源的需求也在不断增加，从而出现"水资源需大于供"的现象，导致水量上不足，出现水资源短缺。

在我国，主要表现为农业缺水、城市缺水和生态缺水。首先是农业缺水。我国水资源空间分布不均匀，南多北少，而耕地资源的分布却是南少北多，导致北方大面积耕地缺乏灌溉水源。水资源短缺已经成为我国农业稳定发展和粮食安全供给的主要制约因素。其次是城市缺水。全国 600 多个城市中，有 400 多个城市存在不同程度缺水，其中严重缺水的有 100 多个，预计到 21 世纪中叶我国人均水资源占有量将降到 1750m³ 左右，届时，全国大部分地区将面临水资源更加紧张、缺水甚至严重缺水的局面。此外，生态缺水现象也十分严重。缺水引发了一些自然生态系统的退化、演变甚至消亡，给生态带来一些不良影响。干旱也可能引发草原退化、沙漠面积增大，也会使河流湖泊面积缩小。

2. 洪涝灾害

洪涝灾害是某些地区的又一大水问题。由于水资源的时空分布不均匀，在世界上许多地区或某一地区的某一时期干旱缺水的同时，在世界上的另一些地区或某一地区的其他时期，又会出现突发性的降水过多而形成的洪涝灾害。全球气候变化加上人类活动对环境的影响加剧，致使世界上洪涝灾害频繁发生，强度也在增加，洪水类型也多种多样。河流洪水是一种基本形式，每年都有暴雨引发洪涝灾害的报道。突发洪水也是一种常见洪涝灾害形式。另外，随着城市化的迅速发展，城市洪涝灾害问题将成为某些地区经济社会发展的潜在威胁。

根据全球灾害数据平台发布的《2020 年全球自然灾害评估报告》，洪水灾害是 2020 年度影响全球的主要自然灾害，与近 30 年均值相比，2020 年洪水灾害最为频繁，比历史偏多 43%。2021 年 7 月，德国、荷兰等国家，以及我国河南省均遭遇特大洪涝灾害，生命财产损失严重。在我国，城市洪涝灾害形成的原因很多，主要有极端天气发生频繁、城市的"雨岛效应"导致城市雨水较农村多、城市地表覆盖多是不透水层、雨水不能及时排走、防洪标准低、管网尺寸偏低、城市预防及应对灾害能力不足、机械排水能力不足等原因。

**3. 水环境污染**

水环境污染也是一个非常严峻的水问题。随着经济社会的发展、城市化进程的加快，排放到环境中的污水、废水量日益增多。大量含有各种污染物质的废水进入天然水体，造成了水环境质量的急剧恶化，一方面会对人们的身体健康和工农业利用带来不利影响，另一方面，由于水资源被污染，原本可以利用的水资源失去了利用价值，可利用的水资源量越来越少，造成"水质型缺水"，加剧了水资源短缺的矛盾。

在我国，由于人口的增加、经济的发展，工农业生产和城市生活对水资源需求量不断增加，同时废水的排放量也相应增加，水环境污染现象常见。根据《2020 中国生态环境状况公报》得知，2020 年，全国地表水监测的 1937 个水质断面（点位）中，Ⅰ～Ⅲ类水质断面（点位）占 83.4%，比 2019 年上升 8.5 个百分点；劣Ⅴ类占 0.6%，比 2019 年下降 2.8 个百分点，整体水质有很好的改善，但有些城市地表水考核断面水环境质量相对较差，比如铜川、沧州、邢台等 30 个城市。2020 年，长江、黄河、珠江、松花江、淮河、海河、辽河七大流域和浙闽片河流、西北诸河、西南诸河主要江河监测的 1614 个水质断面中，Ⅰ～Ⅲ类水质断面占 87.4%，比 2019 年上升 8.3 个百分点；劣Ⅴ类占 0.2%，比 2019 年下降 2.8 个百分点，主要污染指标为化学需氧量、高锰酸盐指数和五日生化需氧量，其中辽河流域和海河流域水质较差。这些年，国家在水环境修复与改善方面投入大量支持，水环境现状得到很好的改善，但是有些区域水环境污染现象仍较严重，需要加强改善。

随着人口的增加和经济社会的发展，水资源问题将更加突出，成为制约人类社会可持续发展的关键性因素。水资源问题不仅是我国的问题，也是世界经济社会发展亟待解决的问题之一。造成这一问题出现的原因有自然原因，但更多的是人类不合理地开发、利用和管理水资源的活动所导致的。要解决这些问题，需要人类共同的努力，加强对水资源的开发、利用、治理、配置、节约和保护等工作，实现水资源的可持续利用。

**（三）我国水资源开发利用的主要成就**

进入 21 世纪以来，水资源问题受到的关注度越来越高，常出现洪涝灾害、干旱灾害、水资源匮乏和水环境逐步恶化的问题。针对我国经济社会快速发展与资源环境矛盾日益突出的严峻形势，党中央、国务院把解决水资源问题摆上重要位置，采取了一系列重大政策措施，相关部委联合发文，提出新时期水利建设的基本方针，并且把水资源列为国家发展中的三大战略资源之一，把水资源的可持续利用提升为我国经济社会发展的战略问题。

中华人民共和国成立初期，我国的水利基础设施薄弱、水资源开发利用水平低，全国供水总量只有 1031 亿 $m^3$。70 年来，特别是改革开放以来，我国实施了大规模水资源开发利用，建成水库近 10 万座，形成近 9000 亿 $m^3$ 总库容，耕地灌溉面积超过 10.2 亿亩。2018 年供水总量比中华人民共和国成立初期增加近 5 倍，有力地保障了经济社会持续快速发展。2012 年至今，全国年用水总量维持在 6100 亿 $m^3$ 左右，GDP 从 54 万亿元增长到

90 万亿元，以用水总量的微增长支撑了经济社会的快速发展。尤其是南水北调工程通水以来，调水总量已超过 270 亿 m³，直接受益人口达 1.2 亿，相当于日本全国总人口，提高了受水区 40 多座大中城市供水保证率，有效缓解了华北、胶东地区的水资源供需矛盾。

## 第三节 水资源规划及利用的发展历程

水资源规划的历史与人类文明同步，在人类文明产生的同时，就出现了水资源规划。据历史资料显示，古埃及在公元前 3500 年，就有了水资源规划活动。当时，古埃及的工程师最早开始在尼罗河利用水位测量标尺（nilemeter）来观察河流的水位情况，并记下了详细的流量资料。当发现尼罗河水位测量标尺显示出比较危险的水位，工程师就立刻让当时游泳速度最快的人通知人们尽快迁移到水位较低、较为安全的地方。

随着人们在其他知识领域上的进步与发展，水资源规划也日新月异地发展起来，并逐渐走向成熟。流量的测定是水资源规划中最为基础的一步，17—18 世纪，专门研究水资源科学和技术的团体开始出现，他们最主要的一个目标就是为水资源规划提供科学依据。18 世纪，数学领域的蓬勃发展对水文有着重要意义，其中伯努利（Bernoulli）方程和欧拉（Euler）方程的出现为系统描述水的运动提供了基本方程。

虽然人类进行水资源规划活动可以追溯到很久以前，但人们在有理论指导下进行水资源规划始于 20 世纪 30 年代。当时美国由于人口增长和经济发展，对水资源需求增长较快，人们开始对水资源需求增长进行预测，研究地表水与地下水源，考虑工程措施、调水及水处理问题，评价工程实施的经济效益等。

随着水资源涉及的面越来越广，问题的复杂性也越来越大，从 20 世纪 60—70 年代起，水资源规划进入了系统分析时代，以水资源系统分析为基础理论的现代水资源规划理论与方法开始形成，目前仍在发展之中。表 1-4 列出了水资源规划历史进程中的主要事件。

时至今日，随着优化技术和决策理论的发展，水资源规划技术也在不断丰富和发展中，一个重要的趋势就是在规划中加入经济领域的概念和理念，同时还将环境保护与生态平衡考虑在内。现在人们已经承认，地球上的资源总会有枯竭的一天，而人类的行为还在不断地破坏着大自然，这样规划设计者也就不得不把生态环境保护的目标与经济效益优化目标放在同等重要的位置。由于传统的成本效益分析是在一个完美的市场条件假设下进行的，事实上这个完美市场并不存在，而所谓的水资源乃至其他资源的开发，仅以追求经济效益的方式不能创造出一个良好的自然环境，相反，会破坏自然环境。因此，现在的规划者不得不考虑到生态环境保护因素，甚至为此而牺牲一些经济利益，这也是合理的、应该的。

表 1-4 水资源利用及水资源规划的历史主要事件

| 时 间 | 事 件 |
| --- | --- |
| 公元前 4000 | 古埃及和美索不达米亚出现了灌溉工程 |
| 公元前 3200 | 第一个有史料记载的水资源规划工程出现 |

续表

| 时　　间 | 事　　件 |
|---|---|
| 公元前 3000 | 尼罗河修建第一座水坝 |
| 公元前 2750 | 印度河中南亚的一条支流附近出现第一次供水和排水工程 |
| 公元前 2200 | 中国的第一座水利工程修建 |
| 公元前 1950 | 修建连接尼罗河和红海的运河 |
| 公元前 1750 | 古巴比伦出来第一部水法 |
| 公元前 1700 | 在开罗出现深达 99m 的水井 |
| 公元前 1050 | 非洲出现水表 |
| 公元前 714 | 亚美尼亚的坎儿井被破坏 |
| 公元前 700 | 出现供水的地下隧道 |
| 公元前 624 | 总结有关降水的理论 |
| 公元前 312 | 古罗马修建了高架引水渠 |
| 公元 12 | 科学家希罗得到了测量截图流量的方法 |
| 1430 | 中国和朝鲜出现测量雨量的仪器 |
| 1680 | 出现降雨和蒸发的测量方法 |
| 1750 | 伯努利方程提出 |
| 1775 | 现代水表出现 |
| 1802 | 美国出现垦殖工程 |
| 1871 | 第一个有过滤功能的供水工程 |
| 1882 | 第一次出现利用水力发电 |
| 1877 | 保护和管理沙漠的相关法案颁布 |
| 1879 | 美国成立地质勘探局 |
| 1891 | 英国成立了世界第一个气象局 |
| 1902 | 联邦开垦法案在美国颁布 |
| 1913—1922 | 迈阿密城提出防洪规划 |
| 1922 | 美国成立地球物理协会 |
| 1933 | 美国成立田纳西流域管理局 |
| 1935 | 美国成立规划协会 |
| 1941 | 出现降雨频率分析 |
| 1950 | 成立水资源开发库克委员会 |
| 1958 | 颁布供水法案 |
| 1969 | 就水资源问题成立克尔委员会 |
| 1972 | 颁布控制水污染法案 |
| 1974 | 颁布安全饮水法案 |
| 1980 | 中国开展第一次全国水资源评价 |
| 1986—1990 | 国家"七五"科技攻关项目"华北地区及山西能源基地水资源研究" |

| 时　间 | 事　件 |
|---|---|
| 1991—1995 | 国家"八五"科技攻关项目，研究了水与国民经济的关系，提出了基于宏观经济的水资源合理配置的理论方法，构建了华北地区宏观经济水资源优化配置模型系统 |
| 1996—2000 | "九五"国家重点攻关项目"西北地区水资源合理开发利用与生态环境保护研究"，出版了一本专著，主要内容包括西北地区水资源合理配置和承载力研究、新疆经济发展与水资源合理配置及承载力研究、阿西走廊水资源合理利用与生态环境保护、柴达木盆地水资源合理开发利用与水生态环境保护、关中地区水资源合理开发利用与生态环境保护、宁夏水资源优化配置与可持续利用战略研究 |
| 1999 | 在党中央和国务院高度重视下，国家重点基础研究发展项目"黄河流域水资源演化规律与可再生行维持机理"项目研究（G19990436）开始实施，项目由我国著名水资源专家刘昌明院士主持 |
| 2000 | 中国工程院重大咨询项目"中国可持续发展水资源战略研究发展规划"，研究成果形成了一系列专著，主要有《中国可持续发展水资源战略研究综合报告及各专题报告》《中国水资源现状评价和供需发展趋势分析》《中国防洪减灾对策研究》《中国农业需水及节水高效农业建设》《中国城市水资源可持续开发利用》《中国江河湖海防污减灾对策》《中国生态环境建设与水资源保护利用》《中国北方地区水资源的合理配置和南水北调问题》 |
| 2001 | 中国开展第二次全国水资源综合规划 |
| 2002 | 《中华人民共和国水法》已由中华人民共和国第九届全国人民代表大会常务委员会第二十九次会议于 2002 年 8 月 29 日修订通过，自 2002 年 10 月 1 日起施行 |
| 2004 | 经国务院批准，中国工程院启动重大咨询项目"东北地区水土资源配置、生态与环境保护和可持续发展战略研究"，形成一系列成果，主要包括《东北地区有关水土资源配置、生态与环境保护和可持续发展的若干个问题研究（综合卷）》《东北地区水资源供需发展渠池与合理配置研究（水资源卷）》《东北地区自然环境历史演变与人类活动的影响研究（自然历史卷）》《东北地区农业地区水与生态——环境问题及保护对策研究（生态与环境卷）》《东北地区农业发展战略研究（农业卷）》《东北地区森林与湿地保育及林业发展战略研究（林业卷）》《东北地区城镇化与资源环境协调发展研究（城镇卷）》《东北地区矿产与能源工业用水对策和可持续发展研究（矿产与能源卷）》《东北地区水污染防治对策研究（水污染防治卷）》《东北地区水资源开发利用重大工程布局研究（重大工程）》 |
| 2005 | 在中央人口资源环境工作座谈会上，胡锦涛指出"要加强生态保护和建设工作" |
| 2007 | 党的十七大把"建设生态文明"列为全国建设小康社会目标之一，作为一项战略任务 |
| 2008 | 《中华人民共和国水污染防治法》由中华人民共和国第十届人民代表大会常务委员会第十二次会议于 2008 年 2 月 28 日修订通过，自 2008 年 6 月 1 日起施行 |
| 2009 | 党的十七届四中全会，把"生态文明建设"提升到与经济建设、文化建设、社会建设并列的战略高度。报告指出，"全国推进社会主义经济建设、政治建设、文化建设、社会艰涩以及生态文明建设，全面推进党的建设新的伟大工程" |
| 2010 | 国务院批复《全国水资源综合规划》 |
| 2011 | 中央一号文件和中央水利工作会议明确要求实行最严格水资源管理制度 |

续表

| 时 间 | 事 件 |
| --- | --- |
| 2012 | 国务院发布了《关于实行最严格水资源管理制度的意见》 |
| 2013 | 国务院办公厅发布《实行最严格水资源管理制度考核方法》 |
| 2013 | 水利部关于加快推进生态文明建设工作的意见（水资源〔2013〕1号） |
| 2015 | 中央政治局常务委员会会议审议通过《水污染防治行动建设》，简称"水十条"，国务院关于印发《水污染防治行动计划》 |
| 2017 | 党的十九大报告提出"坚持节约资源和保护环境的基本国策，像对待生命一样对待生态环境"，再一次强调"建设生态文明是中华民族永续发展的千年大计" |
| 2020 | 《中华人民共和国长江保护法》颁布 |
| 2021 | 制定《地下水管理条例》 |

# 第四节 本课程的任务和主要内容

### 一、本课程的性质及任务

"水资源规划及利用"是水利水电工程专业的一门专业课。它的任务是让学生了解水资源开发利用现状及方法，学习水资源评价及供需分析方法，掌握水资源配置模型与调度技术，理解水资源及水能资源规划的基本理论、知识，并能结合实际工程进行应用。同时将理论知识很好地与实际工程相结合，培养学生解决实际复杂工程问题的能力。

正因为本门课程比较重要，所以许多学校把它列为水利水电工程专业硕士研究生的考试课程之一。

### 二、本课程的主要内容

本课程的主要内容是根据国民经济发展对开发利用水资源提出的实际要求以及水资源本身的特点和客观情况，并根据《中华人民共和国水法》的规定，研究如何经济合理地综合治理河流、综合开发水资源，确定水利水电工程的合理开发方式、开发规模和可以获得的效益，以及拟订水利水电工程的合适运用方式等。

随着生产的发展和国家建设事业的发展，水资源规划工作越来越复杂。这是因为水利水电工程已不是单独地存在着，为单一用途而运行着，而往往是许多工程组合在一起为若干目的而联合运行，而且水电站又是电力系统的组成部分，与其他类型电站组合在一起联合运行。有些地区还要研究地面水资源与地下水资源的统一开发问题。此外，抽水蓄能电站建设、潮汐电站建设也日益提上日程。这些新的情况对高等学校教材编写提出了值得研究的普遍问题。

水资源规划及利用是指在指定的流域或者区域范围内，配合国民经济发展的需要，根据各地段水资源实际情况和特定的兴利除害要求，拟定出开发治理河流的若干方案，包括各项水利工程的整体布置，工程规模、功能和效益的分析计算，从经济、社会和生态环境效益三个方面进行权衡，选出最佳的开发利用方案。

本课程主要分为9个章节，主要从水资源概述、水资源综合利用、水资源评价、水资源供需分析、水资源配置与调度、水资源规划、水能资源规划、水库综合利用及水资源保护与管理进行讲述。

应该指出，随着经济、社会的不断发展，水资源规划及利用工作需要考虑的因素越来越复杂。按照科学发展观的要求，必须坚持水资源可持续利用的原则。在具体制定规划方案时，不仅要考虑水资源对经济社会发展的支撑作用，更要重视水利水电工程建设对生态环境产生的影响；不仅要将地表水资源与地下水资源的开发问题统一考虑，而且要协调水资源的开发、利用、治理、节约、配置、保护等方面的关系；不仅要考虑工程措施，还要重视非工程措施。同时随着大数据、云计算对信息技术的兴起，水资源智慧调控及利用将是未来的研究重点。

## 习　　题

1. 什么是广义水资源？什么是狭义水资源？
2. 我国水资源和水能资源的分布情况如何？我国可开发的水能资源有多少？
3. 简述水资源的自然属性和社会属性。
4. 简述我国水资源利用所取得的成就和面临的问题。
5. 如何才能可持续开发利用水资源？

第一章习题答案

# 第二章 水资源综合利用

水资源是具有多种用途的自然资源。《中华人民共和国水法》明确规定,开发、利用水资源,应当坚持兴利与除害相结合,兼顾上下游、左右岸和有关地区之间的利益,充分发挥水资源的综合效益,并服从防洪的总体安排。本章主要介绍水资源综合利用的概念和原则,各用水部门的用水途径,水力发电的基本原理,防洪与治涝,以及各用水部门间的矛盾与协调。

## 第一节 水资源综合利用的概念和原则

水资源综合利用是指通过各种措施对水资源进行综合治理、开发利用、保护和管理,为各类用户提供符合要求的地表水和地下水可用水源以及各个用户使用水的过程[17]。本章所介绍的水资源综合利用包括生活用水、生产用水、生态用水、水力发电、防洪与治涝以及内河航运等其他部门用水。

不同的兴利部门,对水资源的利用方式各不相同。例如,灌溉需要消耗水量,发电只利用水能,航运则依靠水的浮载能力。这就要求水资源要同时满足不同部门的用水需求,以综合利用的方式开发利用水资源。我国大多数大中型水利工程在不同程度上实现了水资源的综合利用[18]。例如,长江三峡工程具有防洪、发电、航运等巨大水资源综合利用效益,三峡水库联合长江上游水库群,在 2010 年、2012 年和 2020 年成功应对最大入库洪峰70000m³/s 以上的特大洪水,保障了长江中下游防洪安全;2003—2018 年,三峡电站累计发电量 11787 亿 kW•h。其中,2014 年年发电量达到了 988 亿 kW•h,有效缓解了华中、华东地区及广东省的用电紧张局面;三峡工程建成后从根本上改善了重庆至宜昌 660km川江通航条件,万吨级船队可以直达重庆,过闸货运量从 2003 年不足 2000 万 t,至 2011年已达 1 亿 t,提前 19 年达到 2030 年的规划运量水平,年最大通航能力达到 1.42 亿 t,具有显著内河航运效益;同时,2003—2018 年累计发电量相当于替代燃烧标准煤 3.9 亿 t,有效节约了一次能源消耗,同时减少 $CO_2$ 10 亿 t、$SO_2$ 1082 万 t 及氮氧化物 280 万 t 的排放,节能减排效果显著。

总的来说,水资源综合利用的基本原则包括以下几个方面:

(1)坚持水资源节约利用。水资源综合利用过程中要坚持"节水优先"方针,把水资源高效合理科学利用放在第一位。

(2)开发利用水资源要兼顾防洪、除涝、生态、供水、灌溉、水力发电、水运、竹木流放、水产、水上娱乐及生态环境等方面的需要,但要根据具体情况,对其中一种或数种有所侧重。

(3)兼顾上下游、地区和部门之间的利益,综合协调,合理分配水资源。

（4）生活用水优先于其他一切目的的用水，水质较好的地下水、地表水优先用于饮用水。合理安排工业用水，安排必要的农业用水，兼顾环境用水，以适应社会经济稳步增长。

（5）合理引用地表水和开采地下水，以保护水资源的持续利用，防止水源枯竭和地下水超采，防止灌水过量引起土壤盐渍化，防止对生态环境产生不利影响。

# 第二节 生 活 用 水

## 一、生活用水的概念

生活用水，是指人类日常生活所需用的水。生活用水包括城镇生活用水和农村生活用水[18]。城镇生活用水主要由居民日常生活用水、公共用水（含服务业、市政景观及建筑业等用水）组成，农村生活用水除居民生活用水外还包括牲畜用水在内。生活用水涉及千家万户，与人们的生活关系最为密切。《中华人民共和国水法》规定"开发、利用水资源，应当首先满足城乡居民生活用水。"因此，要把保障人民生活用水放在首要位置。在对水资源进行开发利用时，对生活用水要求必须优先考虑，即使在水资源量紧缺情况下，也一定要优先保证生活用水。

同时，水质的好坏直接关系到人们的生命健康安全，因此，生活用水必须做到外观无色透明、无臭无味、不含致病微生物和其他有害健康的物质。我国对生活饮用水有强制性标准，《生活饮用水卫生标准》（GB 5749—2006）从感官性状、化学指标、毒理学指标、细菌性指标和放射性指标等方面对生活饮用水水质标准作出明确规定。

## 二、生活用水环节

生活用水大致包括从供水水源选择、取水工程取水、净水工程净水、输配水工程输水和用水户等环节（图 2-1）。

图 2-1 生活用水的各个环节

### （一）供水水源选择

1. 供水水源类型

供水水源类型主要包括地表水和地下水。

（1）地表水。地表水作为水源是人类生活用水的最古老方式，也是最常用水源。地表水包括江河水、湖泊水和水库水等。

江河水源具有流程长、汇流面积大、取用方便等特点，但是水中含悬浮物并且胶态杂质较多，水量与水质不稳定。水量与水质随着季节和地理位置的变化而变化，洪水期水量大，水温和浑浊度高；枯水期水量小，水温和浑浊度低。同一河流的上下游水温、水质相差也很悬殊。由于流程长，沿途易受各种废水和人为因素的侵入污染，表现出水质极不稳定。江河水流虽有一定的稀释与自净能力，由于浑浊度与细菌含量较高，一般不易彻底去除。

湖泊与水库水源水体大，水量充足，取用方便。其水质、水量受季节的影响一般比江河水小，浑浊度较低。但是，由于湖泊、水库水流动性小，易于藻类等水生物生长繁殖，也就易出现水体富营养化现象，并会引起臭味。另外，水体长期裸露地表易污染，必须注意保护。

（2）地下水。从广义上讲，地下水指埋藏在地表以下各种状态的水。按埋藏条件，地下水可划分为包气带水、潜水和承压水三个基本类型。

包气带水又称土壤水，埋藏于地表以下、地下水面以上的包气带中，包括吸湿水、薄膜水、毛管水、渗透的重力水等。在一般情况下，包气带水的增长主要源于降水的下渗，而消退于土壤蒸发和植物散发，不宜作为给水水源。

潜水又称浅层地下水，埋藏于饱和带中，处于地表以下第一个不透水层上，具有自由水面的地下水。潜水埋藏的深度及储量取决于地质、地貌、土壤、气候等条件，一般山区潜水埋藏较深，平原区较浅，有的甚至仅几米深。潜水补给的主要来源是大气降水和地表水的下渗，干旱地区还有凝结水补给。常作为给水水源，但易被污染。

承压水又称深层地下水，埋藏于饱和带中，处于两个不透水层之间，是具有压力水头的地下水。承压水的主要特性是一般不直接受气象、水文因素的影响，具有动态变化稳定的特点。承压水的水质不易遭受污染，水量较稳定，是河川枯水期水量的主要来源，也是我国城市和工业的重要水源。

由于地下水流动较慢，恢复能力有限，在不加以限制的情况下，当抽水量超过一定限度后，会导致地下水位缓慢下降，甚至逐渐枯竭，从而引起地面沉降等地质问题和地下水污染等水环境问题。因此，供水水源采用地下水时，应具有与设计阶段相对应的水文地质勘测报告，取水量应符合现行国家标准《城镇给水排水技术规范》（GB 50788—2012）的有关规定。

2. 供水水源选择的原则

一般对于用户量小、供水安全要求低的乡镇供水系统，应优先采用水质好的地下水、水库水作为水源。对用水量大，供水安全要求高的城市供水系统，应优先采用河流、湖泊等地表水源，这将有利于地下水资源的保护和合理开发，提高供水安全可靠性。

供水水源选择的原则包括：①位于水体功能区划所规定的取水地段；②不易受污染，便于建立水源保护区；③选择次序宜先当地水、后过境水，先自然河道、后需调节径流的河道；④可取水量充沛可靠；⑤水质符合国家有关现行标准；⑥与农业、水利综合利用；⑦取水、输水、净水设施安全经济和维护方便；⑧具有交通、运输和施工条件。

（二）取水工程

取水工程指从地表水源或地下水源取水，并输送到输配水工程的构筑物。根据水源类型可分为地表水取水构筑物和地下水取水构筑物。

1. 地表水取水构筑物

地表水源主要有江河水、湖泊水和水库水等，相应的取水构筑物按照构造形式分为固定式、移动式和特种取水三类。固定式地表水取水构筑物的种类较多，主要有岸边式、河床式、斗槽式，不论哪一种形式，主要组成部分一般都包括进水口、水平集水管、集水井。河床式取水构筑物如图2-2所示。

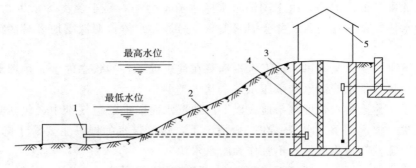

图2-2　河床式取水构筑物示意图

1—进水口；2—水平集水管；3—集水井；4—吸水管；5—水泵房

2. 地下水取水构筑物

地下水源主要有包气带水、潜水和承压水。根据水下地质情况和取水量的大小，地下水取水构筑物可分为管井、大口井、渗渠等（图2-3）。

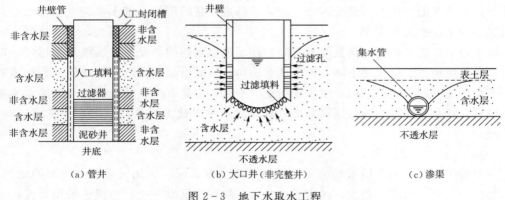

（a）管井　　　　　（b）大口井（非完整井）　　　　（c）渗渠

图2-3　地下水取水工程

管井是井壁和含水层中进水部分均为管状结构的取水构筑物。管井一般由井室、井壁管、过滤器和沉淀管组成，可分为完整井和非完整井。

大口井是井径较大、垂直建造的地下水取水构筑物。大口井一般由井筒、有透水孔的井壁和井底反滤层组成，也可分为完整井和非完整井。

渗渠是将集水管（渠）水平铺设在含水层中的取水构筑物。渗渠一般由水平集水管、集水井、检查井和泵站组成。

（三）净水工程

净水工程即将原水进行净化处理的工程，通常称为水厂。它包括根据水处理工艺而确定建造的净水构筑物和建筑物以及与之相配套的生产、生活、管理等附属用房。其主要任务是生产出水质达到国家生活饮用水水质标准或工业企业生产用水水质标准要求的产品水。

以地下水作为水源时，由于水质较好，通常无须任何处理，仅经消毒即可，工艺简单。以地表水作为水源时，生活饮用水处理工艺所使用的处理技术有混凝、沉淀、澄清、过滤、消毒等。工艺流程如图 2-4 所示。

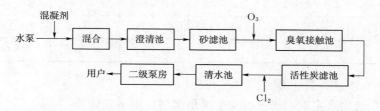

图 2-4　生活饮用水处理工艺流程

（四）输配水工程

输配水工程包括输水工程和配水工程，其主要任务是将符合用户要求的水量输送、分配到各用户，并保证水压要求。因此，需建造二级泵房，铺设输水管道、配水管网，设置水塔、水池等调节建筑物。

**三、生活用水量的计算**

（一）居民生活用水定额

居民日用水量的平均范围称为居民生活用水量标准，常按 L/(人·d) 计。由于室内房屋卫生设备完善程度不同，居民生活习惯以及地区气候等条件不同，用水量标准也不相同。居民生活用水定额和综合生活用水定额应根据当地国民经济和社会发展、水资源充沛程度、用水习惯，在现有用水定额基础上，结合城市总体规划和给水专业规划，本着节约用水的原则，综合分析确定。当缺乏实际用水资料情况下，可参照类似地区确定，或参考相关规范选用，如可参考《室外给水设计标准》（GB 50013—2018）最高日居民生活用水定额和平均日居民生活用水定额（表 2-1 和表 2-2）。

表 2-1　　　　　　　　　　　　最高日居民生活用水定额　　　　　　　　　单位：L/(人·d)

| 城市类型 | 超大城市 | 特大城市 | Ⅰ型大城市 | Ⅱ型大城市 | 中等城市 | Ⅰ型小城市 | Ⅱ型小城市 |
|---|---|---|---|---|---|---|---|
| 一区 | 180～320 | 160～300 | 140～280 | 130～260 | 120～240 | 110～220 | 100～200 |
| 二区 | 110～190 | 100～180 | 90～170 | 80～160 | 70～150 | 60～140 | 50～130 |
| 三区 | — | — | — | 80～150 | 70～140 | 60～130 | 50～120 |

注　1. 超大城市指城区常住人口 1000 万人及以上的城市，特大城市指城区常住人口 500 万人及以上 1000 万人以下的城市，Ⅰ型大城市指城区常住人口 300 万人及以上 500 万人以下的城市，Ⅱ型大城市指城区常住人口 100 万人及以上 300 万人以下的城市，中等城市指城区常住人口 50 万人及以上 100 万人以下的城市，Ⅰ型小城市指城区常住人口 20 万人及以上 50 万人以下的城市，Ⅱ型小城市指城区常住人口 20 万人以下的城市。

　　　2. 一区包括湖北、湖南、江西、浙江、福建、广东、广西、海南、上海、江苏、安徽，二区包括重庆、四川、贵州、云南、黑龙江、吉林、辽宁、北京、天津、河北、山西、河南、山东、宁夏、陕西、内蒙古河套以东和甘肃黄河以东的地区，三区包括新疆、青海、西藏、内蒙古河套以西和甘肃黄河以西的地区。

　　　3. 经济开发区和特区城市根据用水实际情况，用水定额可酌情增加。

　　　4. 当采用海水或污水再生水等作为冲厕用水时，用水定额相应减少。

表2-2　　　　　　　　　平均日居民生活用水定额　　　　　　　单位：L/(人·d)

| 城市类型 | 超大城市 | 特大城市 | Ⅰ型大城市 | Ⅱ型大城市 | 中等城市 | Ⅰ型大城市 | Ⅱ型大城市 |
|---|---|---|---|---|---|---|---|
| 一区 | 140~280 | 130~250 | 120~220 | 110~200 | 100~180 | 90~170 | 80~160 |
| 二区 | 100~150 | 90~140 | 80~130 | 70~120 | 60~110 | 50~100 | 40~90 |
| 三区 | — | — | — | 70~110 | 60~100 | 50~90 | 40~80 |

**（二）居民生活用水量计算**

根据居民生活用水定额，居民日均生活用水量可用下式计算：

$$Q_1 = Pq_1/1000 \tag{2-1}$$

式中：$Q_1$ 为居民日均生活用水量，$m^3/d$；$P$ 为设计年供水区规划人口数，人；$q_1$ 为平均日生活用水定额，$L/(d·人)$

**四、我国生活用水状况**

**（一）生活用水量呈持续增加态势**

根据1997—2019年《中国水资源公报》统计，全国总用水量总体呈缓慢上升趋势，其中生活用水呈持续增加态势（图2-5），1997年全国生活用水总量为525.15亿 $m^3$，2019年为871.7亿 $m^3$，相比1997年增加了66%，年均增长率2.33%。

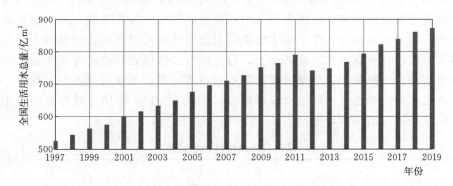

图2-5　全国历年生活用水量统计

**（二）结构变化明显**

我国生活用水结构变化明显，主要具有以下特点：

（1）生活用水占国民经济用水的比重逐步提高，由1997年的9.4%提高到2019年的14.5%。

（2）2019年我国城镇化率突破60%，城镇人口逐年上升，城市和农村生活用水的比例由1997年的47:53转变为2019年的79:21，城市供水压力逐渐增大。

（3）城镇居民生活用水与公共及环境用水的比例、农村居民与牲畜用水的比例都呈下降趋势。

**（三）定额基本保持稳定**

全国城镇和农村人均生活用水定额近20年来基本保持稳定。1997—2019年，城镇人均生活用水基本变幅不大，从人均 220L/d 提高到 225 L/d。1997—2019 年，农村人均生活用水量从人均 84 L/d 增加到 89L/d。

# 第三节 生产用水

## 一、农业用水

### （一）农业用水的概念

农业用水是土地生产力的决定性因素。同时，人口、粮食与水量利用又存在着密切的内在联系。农业用水是农林牧副渔业等各部门和乡镇、农场企事业单位以及农村居民生产用水的总称。用合理的人工灌溉来补充雨水的不足，是保证农业生产稳定最重要的措施之一。

在农业用水中，农田灌溉用水占主要地位。灌溉的主要任务就是在旱季雨水稀少时或在干旱缺水地区，用人工措施向田间补充农作物生长必需的水分，具有较强的季节性。特别是雨水稀少的干旱地区，没有灌溉就没有农业。其直接效益是作物增产，其间接影响范围广阔，涉及社会经济和生态环境各个方面。在灌溉用水中，经由作物蒸腾、棵间蒸发、渠系水面蒸发和浸润损失等途径消耗掉不能回归到地表水体和地下含水层的水量称为灌溉耗水量；灌溉用水的另一部分由田间、渠道排出或渗入地下回归到地表水体和地下含水层中，成为可再利用的水源，这部分水称为灌溉回归水。

林牧业用水也是由于土壤中水分不能满足树木、草被的用水需求，从而依靠人工灌溉的措施来补充树木、草被生长必需的水分。

渔业用水指主要用于水域（如水库、湖泊、河道等）水面蒸发、水体循环、渗漏、维持水体水质和最小水深等。

在农村，养猪、养鸡、养鸭、食品加工、蔬菜加工等副业以及乡镇、农场、企事业单位在从事生产经营活动时，也会引用一部分水量。

农田水利是以农业增产为目的的水利工程措施，即通过兴建和运用各种水利工程措施，调节、改善农田水分状况和地区水利条件，提高抵御自然灾害的能力，促进生态环境的良性循环，使之有利于农作物的生长。灌溉排水是调节地区水情，改善农田水分状况，防治旱、涝、盐、碱灾害，促进农业稳产高产的综合性科学技术。

### （二）农业用水环节

1. 灌溉水源

灌溉水源是指天然资源中可用于灌溉的水体，有地表水和地下水两种形式。

2. 取水工程

灌溉取水方式随水源类型、水位和水量的状况而定。利用地表径流灌溉，可以有各种不同的取水方式，如无坝引水、有坝引水、抽水取水和水库取水等；利用地下水灌溉，则需打井或修建其他集水工程。

（1）无坝引水。灌区附近河流水位、流量均能满足灌溉要求时，即可选择适宜的位置作为取水口修建进水闸引水自流灌溉，形成无坝引水。

（2）有坝（低坝）引水。当河流水源虽较丰富，但水位较低时，可在河道上修建壅水建筑物（坝或闸），抬高水位，自流引水灌溉，形成有坝引水的方式。

（3）抽水取水。河流水量比较丰富，但灌区位置较高，修建其他自流引水工程困难或不经济时，可就近采取抽水取水方式，这样干渠工程量小，但增加了机电设备及年运行管理费用。

（4）水库取水。河流的流量、水位均不能满足灌溉要求时，必须在河流的适当地点修建水库进行径流调节，以解决来水和用水之间的矛盾，并综合利用河流水源。这是河流水源较常见的一种取水方式。

上述几种取水方式，除单独使用外，有时还能综合使用多种取水方式，引取多种水源，形成蓄、引、提结合的灌溉系统；即便只是水库取水方式，也可以对水库泄入原河道的发电尾水，在下游适当地点修建壅水坝，将它抬高，引入渠道，以充分利用水库水量及水库与壅水坝间的区间径流。

3. 灌溉渠（管）道

灌溉渠（管）道由各级灌溉渠道和退（泄）水渠道组成。灌溉渠（管）道设计应按照灌溉功能，结合当地自然环境和资源条件，选用不同的断面、管材结构形式和衬砌防渗材料。灌溉渠道应依干渠、支渠、斗渠、农渠顺序设置固定渠道，也可增设总干渠、分干渠、分支渠和分斗渠，灌溉面积较小的灌区可减少渠道级数。

（1）灌溉渠道的布置应根据灌区的地形、地势、地质等自然条件和社会状况进行，并应符合下列规定：

1）各级渠道应选择在各自控制范围内地势较高地带。干渠、支渠宜沿等高线或分水岭布置，斗渠宜与等高线交叉布置。

2）渠线应避免通过风化破碎的岩层、可能产生滑坡或其他地质条件不良的地段。无法避免时应采取相应的工程措施。

3）渠线宜短而平顺，并应有利于机耕。宜避免深挖、高填和穿越城镇、村庄和工矿企业。无法避免时，应采取安全防护措施。

4）渠系布置宜兼顾行政区划和管理体制。

5）自流灌区范围内的局部高地，经论证可实行提水灌溉。

6）井渠结合灌区不宜在同一地块布置自流与提水两套渠道系统。

（2）"长藤结瓜"式灌溉系统的渠道布置，除应符合上述规定，还应符合下列规定：

1）渠道不宜直接穿过库、塘、堰。

2）渠道布置应便于发挥库、塘、堰的调节与反调节作用。

3）库、塘、堰的布置宜满足自流灌溉的需要，也可设泵站或流动抽水机组向渠道补水。

此外，干渠上主要建筑物及重要渠段的上游应设置泄水渠、闸，干渠、支渠和位置重要的斗渠末端应有退水设施。对渠道沿线沟道坡面洪水应予以截导。必须引洪入渠时，应校核渠道的泄洪能力，并应设置排洪闸、溢洪堰等安全设施。

4. 排水沟（管）道

排水沟（管）道包括明沟排水和暗管排水两种形式。

（1）排水形式应根据灌区的排水任务与目标，地形与水文地质条件，并应综合考虑投资、占地等因素，从技术方面和经济方面进行比较确定，可选择明沟、暗管排水形式。

（2）有排涝、排渍和改良盐碱地或防治土壤盐碱化任务要求，在无塌坡或塌坡易于处理地区或地段，宜采用明沟。

（3）排渍、改良盐碱地或防治土壤盐碱化地区，当采用明沟降低地下水位，不易达到设计控制深度，或者明沟断面结构不稳定塌坡不易处理时，宜采用暗管。

（4）当采用明沟或暗管降低地下水位，不易达到设计控制深度时且含水层的水质和出水条件较好的地区可采用井排。

（5）血吸虫病疫区和毗邻疫区的非流行区的明沟、暗管等排水工程设施，应结合血吸虫病的防治要求配套相应的血防措施。血防措施设置应符合《水利血防技术导则》（SL 318—2019）的有关规定。

5. 渠系建筑物

渠系建筑物是指为安全、合理地输配水量，满足各部门的需要而在渠道系统上修建的建筑物，包括水闸、涵洞、桥梁、渡槽、倒虹吸、跌水、陡坡等，担负着输配水、控制渠道水位、量测渠道过水流量、宣泄灌区多余水量以及便利交通等任务。渠系建筑物按用途可分为控制建筑物、交叉建筑物、泄水建筑物、衔接建筑物和量水建筑物等。

渠系建筑物布置原则如下：

（1）渠系建筑物布置应满足水面衔接、泥沙处理、排泄洪水、环境保护、施工、运行管理的要求，适应交通和群众生活、生产的需要。有通航要求的渠系建筑物应进行专题研究。

（2）渠系建筑物宜布置在渠线顺直、水力条件良好的渠段上，在底坡为急坡的渠段上不应改变渠道过水断面形状、尺寸或设置阻水建筑物。

（3）渠系建筑物宜避开不良地质渠段。不能避开时，应采取地基处理措施。

（4）顺渠向的渡槽、倒虹吸管、节制闸、陡坡与跌水等渠系建筑物的中心线应与所在渠道的中心线重合。跨渠向的渡槽倒虹吸管、涵洞等渠系建筑物中心线宜与所跨渠道的中心线垂直。

（5）除倒虹吸管和虹吸式溢洪堰之外，渠系建筑物宜采用无压明流流态。

（三）农业用水量的计算

农业用水量包括农田灌溉用水量、渔业用水量和畜牧业用水量。在农业用水量计算时，应分区分类统计计算，在计算方法上基本一致。林果地用水可以认为与农田作物用水一样，通过渠系供水灌溉。渔业用水量可按单位面积净耗用水量乘以鱼塘面积计算得到。

1. 农业用水定额

农业用水定额指一定时期内按相应核算单元确定的各类农业单位用水的限定值，包括农田灌溉用水定额、渔业用水定额和牲畜用水定额。

（1）灌溉用水。灌溉用水定额应在规定水文年型下核定，且应按该水文年型进行灌溉用水供需平衡分析。以地下水为主要灌溉水源的地区，规定水文年型宜取50%年降水概率，进行供需平衡分析时，应以维持地下水多年采补平衡为目标；以地表水为主要灌溉水源的地区，规定水文年型宜与设计灌溉保证率一致，进行供需平衡分析时，应在设计灌溉保证率下实现灌溉用水供需平衡。灌溉用水定额应区分不同省级分区和不同主要作物进行核定，各省级分区的规定水文年型可根据实际情况选取不同频率，但一个省级分区只能选定一个水文年型。

对于井灌区、渠灌区和井渠结合灌区，根据节约用水的有关成果，分别确定各自的渠系水利用系数、田间灌溉水利用系数计算总的灌溉水利用系数，并分别计算其净灌溉需水量和毛灌溉需水量。农田净灌溉定额根据作物需水量考虑田间灌溉损失计算，农田净灌溉需水量根据计算的农田净灌溉定额及灌溉面积计算，毛灌溉需水量根据农田净灌溉需水量和比较选定的灌溉水利用系数进行计算。

作物需水量可采用作物系数法计算，计算公式为

$$ET_c = K_c ET_0 \tag{2-2}$$

式中：$ET_c$ 为作物需水量，mm；$K_c$ 为作物系数；$ET_0$ 为参照腾发量，mm。

参照腾发量 $ET_0$ 可采用联合国粮农组织（FAO）推荐的彭曼－蒙蒂斯（Penman - Monteith）方法计算，计算公式为

$$ET_0 = \frac{0.408\Delta(R_n - G) + \gamma \frac{900}{T+273} u_2(e_s - e_a)}{\Delta + \gamma(1 + 0.34u_2)} \tag{2-3}$$

式中：$R_n$ 为冠层表面净辐射，MJ/(m²·d)；$G$ 为土壤热通量，MJ/(m²·d)；$\gamma$ 为湿度计常数，kPa/℃；$T$ 为平均气温，℃；$u_2$ 为 2m 高处的风速，m/s；$e_s$ 为饱和水汽压，kPa；$e_a$ 为实际水汽压，kPa；$\Delta$ 为饱和水汽压与温度曲线的斜率，kPa/℃。

不同作物的作物系数 $K_c$ 应根据当地的灌溉试验成果合理确定。对没有试验资料或试验资料不足的作物和地区，可以按照联合国粮农组织（FAO）推荐的不同作物、不同生育阶段的标准作物系数，根据当地气候、土壤、作物和灌溉等条件进行修正，修正方法采用FAO推荐的分段单值平均作物系数法。

作物净灌溉定额可根据作物需水量与作物生育期的有效降雨量计算，在地下水浅埋区（埋深小于3m），还应考虑地下水对作物根区土壤的补给量，按公式（2-4）计算：

$$I_净 = ET_c - P_c - G \tag{2-4}$$

式中：$I_净$ 为作物净灌溉定额，mm；$ET_c$ 为作物需水量，mm；$P_c$ 为作物生育期的有效降雨量，mm；$G$ 为作物生育期地下水对作物根区土壤的补给量，mm，可根据当地有关试验数据确定。

（2）渔业用水。鱼塘补水量为维持鱼塘一定水面面积和相应水深所需要补充的水量，采用亩均补水定额方法计算。亩均补水定额的制定主要考虑核算单元内养殖池塘的水面蒸发、保持适合养殖水质水深要求的补充水量、斗渠（或井口）及以下渠系输水损失和鱼塘渗漏损失。可按式（2-5）计算：

$$M_F = 10(\alpha E - P)/1000 + S/A \tag{2-5}$$

式中：$M_F$ 为渔业用水定额，m³/hm²；$\alpha$ 为蒸发器折减系数；$E$ 为水面蒸发量，mm；$P$ 为年或计算时段的降雨量，mm；$S$ 为保持清洁水体的交换水量、斗渠（或井口）及以下渠系输水损失和鱼塘渗漏损失，m³；$A$ 为鱼塘面积，hm²。

（3）牲畜用水定额。牲畜用水定额按大、中、小三类分别制定。大牲畜主要包括马、骡、牛、驴等，中等牲畜主要包括猪、羊等，小牲畜主要包括各类家禽。各种牲畜用水定额根据当地典型调查结果，采用算术平均法按家庭饲养和集中饲养两种情况分别制定，其中小牲畜仅制定集中饲养定额。

2. 灌溉用水量计算

灌溉用水量是指灌溉土地需从水源取用的水量而言的，根据灌溉面积、作物种植情况、土壤、水文地质和气象条件等因素而定。灌溉用水量的大小直接影响灌溉工程的规模。当已知灌区全年各种农作物的灌溉制度、品种搭配、种植面积后，就可分别算出各种作物的灌溉用水量，即某作物某次净灌溉用水量为

$$W_净 = mA \tag{2-6}$$

毛灌溉用水量为

$$W_毛 = W_净 + \Delta W = W_净 / \eta \tag{2-7}$$

毛灌溉流量为

$$Q_毛 = \frac{W_毛}{Tt} = \frac{mA}{Tt\lambda} \tag{2-8}$$

式中：$m$ 为该作物某次灌水的灌水定额，$m^3/hm^2$；$A$ 为该作物的灌溉面积，$hm^2$；$\Delta W$ 为渠系及田间灌水损失，$m^3$；$\lambda$ 为灌溉水量利用系数，恒小于 1.0；$T$、$t$ 分别为该次灌水天数和每天灌水秒数。

每天灌水秒数 $t$ 在自流灌溉情况下可采用 86400s（24h），在提水灌溉情况下则小于该数，因为抽水泵要间歇运行。决定灌水天数 $T$ 时，应考虑使干渠流量比较均衡，全灌区统一调度分片轮灌，以减少工程投资。

## 二、工业用水

### （一）工业用水的概念

工业用水是工矿企业用于制造、加工、冷却、净化、洗涤等方面的用水。在工业生产过程中，一般需要有一定量的水参与，如用于冷凝、稀释、溶剂等方面。一方面，在水的利用过程中通过不同途径进行消耗（如蒸发、渗漏）；另一方面，以废水的形式排入自然界。工业用水是水资源利用的重要组成部分，用水量的多少取决于各类工业的生产方式、用水管理水平、设备水平和自然条件等，同时取决于各国的工业化水平。根据 2019 年《中国水资源公报》，2019 年全国总用水量 6021.2 亿 $m^3$，工业用水量 1217.6 亿 $m^3$〔其中火（核）电直流冷却水 479.3 亿 $m^3$〕，占用水总量的 20.2%，万元工业增加值用水量 38.4$m^3$。

工业用水从两个途径进行分类：在对城市工业用水进行分类时，按不同的工业部门即行业分类；在对企业工业用水进行分类时，按工业用水的不同用途分类。

### （二）工业用水环节

1. 供水水源

工业生产过程中所用全部淡水（或包括部分海水）的引取来源，称为工业用水水源。由于工业用水对水质和供水保证率有较高要求，因此，一般选择来水比较可靠、水质符合要求的水源作为供水水源。水源类型主要包括地表水（水库、河流、湖泊）、地下水、自

来水、污水回用、海水等。取水的方式或类型也多种多样，如自流取水、水泵抽水。但是，由于工业用水量大、要求供水水源稳定、水质要求较高且工业废水有一定污染影响，因此在工业规划时必须对水资源的利用途径、水量配置以及对水资源、环境等的影响进行论证。只有在水资源得到满足和可行的情况下，才能建设。

（1）地表水。地表水包括陆地表面形成的径流及地表储存的水（如江、河、湖、水库等水）。

（2）地下水。地下水地下径流或埋藏于地下的，经过提取可被利用的淡水（如潜水、承压水、岩溶水、裂隙水等）。

（3）自来水。由城市给水管网系统供给的水。

（4）城市污水回用水。经过处理达到工业用水水质标准又回用到工业生产上来的那部分城市污水。

（5）海水。沿海城市的一些工业用做冷却水水源或为其他目的所取的那部分海水（注：城市污水回用水与海水是水源的一部分，但对这两种水暂不考核，不计在取水量之内，只注明使用水量以做参考）。

（6）其他水。有些企业根据本身的特定条件使用上述各种水以外的水作为取水水源称为其他水。

2. 供水系统

工业供水系统包括取水工程、输水工程、水处理工程和配水工程四部分。取用地下水多用管井、大口井、辐射井和渗渠。取用地表水可修建固定式取水建筑物，也可采用活动的浮船式和缆车式取水建筑物。水由取水建筑物经输水管道送入实施水处理的水厂。水处理过程包括澄清、消毒、除臭、除味和软化等环节。对于工业循环用水常进行冷却，对于海水和咸水还需淡化和除盐。经过处理后，合乎水质标准要求的水经配水管网送往工业用户。

工业供水系统可以是单一的仅供工业使用的供水系统，也可以是由混合供水系统分配给工业，形成工业供水分支系统。另外，为了节水，工业供水常采用循环供水方式。循环供水是将使用过的水经适当处理后，重新使用。

3. 工业循环水系统

随着经济的发展，工业用水量日益增大。在大量的工业用水中，一部分使用过的水经冷却、适当处理后，又回到供水系统中，再次被利用，这就是工业循环水系统。在用水日益紧张的形势下，使用循环水系统是十分必要的，也是节水型社会建设的需要。

4. 工业废水处理系统

在工业生产过程中，一般要排出一定量的废水，包括工艺过程用水、机器设备冷却水、烟气洗涤水、设备和场地清洗水等。这些废水都有一定危害，在一定条件下可能会造成环境污染。

工业废水按所含的主要污染物性质，通常分为有机废水、无机废水、兼含有机物和无机物的混合废水、重金属废水、含放射性物质的废水和仅受热污染的冷却水。按产生废水的工业部门，可分为造纸废水、制革废水、农药废水、电镀废水、电厂废水、矿山废水等。

工业废水的水质因工业部门、生产工艺和生产方式的不同而有很大差别。如电厂、矿山等部门的废水主要含无机污染物；而造纸和食品等工业部门的废水，有机物含量很高；造纸、电镀、冶金废水中常含有大量的重金属。此外，除间接冷却水外，工业废水中都含有多种同原材料有关的物质。因此，工业废水处理显得比较复杂，需要针对具体情况，设计有针对性的废水处理工艺。

（三）工业用水量的计算

工业分为高用水工业、一般用水工业和火（核）电工业三类。高用水工业和一般工业需水采用万元增加值用水量法进行计算。火（核）电工业分循环式和直流式两种用水类型，采用单位发电量（亿 kW·h）用水量法进行计算。各省已制定的工业用水定额标准，可作为工业用水定额计算的基本依据。工业用水量是工业企业完成全部生产过程所需要的各种水量的总和。工业用水量包括间接冷却水用水量、工艺水用水量、锅炉用水量和生活用水量。

1. 工业用水定额

工业用水定额的确定方法包括重复利用率法、趋势法、规划定额法和多因子综合法等，以重复利用率法为基本计算方法。在确定工业用水定额时，要充分考虑各种影响因素对用水定额的影响，这些影响主要有：行业生产性质及产品结构；用水水平、节水程度；企业生产规模；生产工艺、生产设备及技术水平；用水管理与水价水平；自然因素与取水（供水）条件。

$$\begin{cases} NW4_i = E_8 V_{1i} + E_9 V2_i + E_{10} C1_i + E_{11} C2_i \\ RW4_i = \dfrac{E_8 V1_i + E_9 V2_i}{\eta_4} + \dfrac{E_{10} C1_i + E_{11} C2_i}{\eta_5} \end{cases} \qquad (2-9)$$

式中：$NW4_i$ 为规划水平年的工业净需水量，$m^3$；$RW4_i$ 为规划水平年的工业毛需水量，$m^3$；$V1_i$、$V2_i$ 分别为高用水工业、一般用水工业的总产值，万元；$C1_i$、$C2_i$ 为火（核）电循环、直流发电的发电量，亿 kW·h；$E_8$、$E_9$ 为高用水工业、一般用水工业的用水定额，即万元增加值用水量，$m^3$/万元；$E_{10}$、$E_{11}$ 为火（核）电循环、直流发电的用水定额，即 1 亿 kW·h 发电需水量，$m^3$/（亿 kW·h）；$\eta_4$、$\eta_5$ 分别为非电力、火（核）电力工业利用系数，由供水规划和节约用水规划确定。

2. 工业用水量计算

关于工业用水量的计算，一般有两种途径：一是直接计算法，即根据工业用水量统计计算，工业用水一般都有比较完善的供水系统，可以控制和核算用水量大小；二是根据定额估算，即根据当地统计分析，获得万元工业增加值用水量经验数据，再由当年工业增加值计算工业用水量。如设万元工业增加值用水量为 $Q_{1h}$（$m^3$/万元），当年工业增加值为 $Y_1$（万元），则工业用水量 $IW$ 为

$$IW = Q_{1h} Y_1 \qquad (2-10)$$

定额估算方法是一种间接估算方法，其关键是要通过统计得到比较准确的"万元工业增加值用水量"的经验数据，这是计算的基础。在目前统计资料不太完善的情况下，万元工业增加值用水量数据在不同地区也有比较大的差异。

# 第四节　生　态　用　水

## 一、生态用水的概念

生态用水（ecological water use）是生态系统维持自身需求所利用水的总称。在现实生活中，由于主观上对生态用水不够重视，在水资源分配上几乎将百分之百的可利用水资源用于工业、农业和生活，于是就出现了河流缩短、断流湖泊干涸、湿地萎缩、草场退化、森林破坏、土地荒漠化等生态退化问题，威胁着人类的生存环境。因此，要想从根本上保护生态系统，确保生态用水是至关重要的因素。因为缺水是很多情况下生态系统遭受威胁的主要因素，合理配置水资源，确保生态用水对保护生态系统促进经济社会可持续发展具有重要的意义。生态环境需水计算以《生态环境建设规划纲要》为指导，根据区域生态环境所面临的主要问题，拟定生态环境保护与建设模板，确定生态环境需水的基本原则，明确生态环境需水的主要内容及要求。

广义上讲，生态用水是指"特定区域、特定时段、特定条件下生态系统总利用的水分"，它包括一部分水资源量和一部分常常不被水资源量计算包括在内的水分，如无效蒸发量、植物截留量。狭义上讲，生态用水是指"特定区域、特定时段、特定条件下生态系统总利用的水资源总量"。根据狭义的定义，生态用水应该是水资源总量中的一部分，从便于水资源科学管理、合理配置与利用的角度，采用此定义比较有利。有关生态用水（或需水）方面的研究最早是在20世纪40年代，美国学者考虑水库建设对水生生物的影响，建立了鱼类产量与河流流量的关系，并提出了河流最小环境（或生物）流量的概念[18]。20世纪90年代，随着水资源学和环境科学在相关领域研究的深入，生态系统用水（或需水）量化研究才正式成为全球关注的焦点，但由于生态用水属于生态学与水文学之间的交叉问题，目前在基本概念上仍未统一，许多基本理论仍不成熟，有待进一步研究。

## 二、生态系统与水资源

生态环境变化大部分现象是由众多因素相互作用的复杂过程，它与大气圈、地壳圈、生物圈都有着十分密切的关系，属于综合性的自然现象。迄今为止，人们还不可能对这些现象用严格的物理定律来描述。

水是生态系统不可替代的要素。可以说，哪里有水，哪里就有生命。同时，地球上诸多的自然景观，如奔流不息的江河、碧波荡漾的湖泊、气势磅礴的大海，它们的存在也都离不开水这一最为重要、最为活跃的因子。一个地方具备什么样的水资源条件，就会出现什么样的生态系统，生态系统的盛衰优劣都是水资源分配结果的直接反映。下面将从不同的角度来介绍水资源对生态系统的影响和作用。

### 1. 水资源是生态系统存在的基础

水是一切细胞和生命组织的主要成分，是构成自然界一切生命的重要物质基础。人体内所发生的一切生物化学反应都是在水体介质中进行的。人的身体70%由水组成，哺乳动物含水60%～68%，植物含水75%～90%。没有水，植物就要枯萎，动物就要死亡，人类就不能生存。

无论自然界的环境条件多么恶劣，只要有水资源作为保证，就有生态系统的存在和繁衍。以耐旱植物胡杨为例，在西北干旱地区水资源极度匮乏的情况下，只要能保证地表以下5m范围内有地下水存在，胡杨就能顽强地成活下去。因此，水资源不只是针对人类社会，对生态系统同样也是起决定作用的。

2. 人类过度开发利用水资源，使生态系统遭受严重破坏

自18世纪中叶的工业革命以来，随着科技和经济的飞速发展，人类征服自然、改造自然的意识逐步增强，对自然界的索取越来越多，由此对自然界造成的破坏程度也越来越深。包括水资源在内的自然资源都遭到了人类的过度开发和掠夺，人类对自然的破坏已超越了自然界自身的恢复能力，因此，地下水超采严重、土地荒漠化、水环境恶化这些专业词汇已成为人们耳熟能详的常用词，生态退化问题也由局部地区扩展到全球范围，由短期效应转变为影响子孙后代的长久危机。

3. 生态系统的恶化又会影响人类的生存和发展

人类在向自然界索取的同时，也受到了自然界对人类的反作用。随着人类对生态系统的破坏越来越严重，一系列的负面效应已经回报到人类身上。目前，我国的河流、湖泊和水库都遭到了不同程度的污染。据我国生态环境部发布的《全国地表水水质月报》，截至2021年10月，全国共监测3552个河湖国考断面，其中Ⅰ类水质断面占6.8%，Ⅱ类占41.6%，Ⅲ类占33.4%，Ⅳ类占13.5%，Ⅴ类占3.4%，劣Ⅴ类占1.2%；中小河流50%不符合渔业水质标准；巢湖、滇池、太湖、洪泽湖已发生了严重的富营养化，水体变色发臭，引起湖泊生态系统的改变。20世纪中后期，我国西北地区部分城市由于只重视经济发展，缺乏对生态系统承受能力和水资源条件的考虑，水资源过度开发导致地下水位迅速下降、耕地荒漠化严重，曾经好转的沙尘暴问题又再次加剧。由此可见，人类在自身发展的同时，必须要考虑自然资源和生态系统的承载能力。否则，过度的开发将会让人类尝到自己种下的恶果。

4. 对经济社会发展的宏观调控，是实现人与自然和谐共存的途径

人与自然和谐共存是当今社会发展的主流指导思想，也是可持续发展理论的重要体现，对经济社会的宏观调控，是实现这一目标的重要手段。就水资源而言，需要全面落实"以水定城、以水定地、以水定人、以水定产"要求，通过对水资源的合理分配，使得在保证生态用水的基础上，考虑生活和生产用水，尽最大可能协调人类社会与生态系统之间的用水需求和平衡关系，实现两者共同发展的双赢局面。

**三、生态用水量的计算**

（一）基本原则

河湖生态用水计算应遵循下列原则：

（1）应根据河湖水文水资源特性和生态环境功能，合理确定河湖生态环境保护目标，优先保护。

（2）应以人为本，在优先保障居民基本生活用水的基础上，合理配置河湖生态环境用水。

（3）应统筹协调河道内生态环境保护与河道外经济社会发展的水资源需求，实现人水和谐。

（4）应根据河湖生态环境保护的实际需要，结合水资源条件和开发利用程度的可能性，使生态用水量成果体现科学性和合理性。

（5）河湖生态环境保护目标和需水要求，应结合水资源禀赋条件和开发利用状况，区别对待。

（二）计算方法

目前，计算生态用水量的方法主要有两大类：一是针对河流、湖泊（水库）、湿地、城市等小尺度提出的计算方法；二是针对完整生态系统区域尺度提出的计算方法。河湖生态用水量包括河道内生态用水和河道外生态用水。河道内生态用水是维系河流或湖泊、水库等水域生态系统平衡的水量。河道外生态用水量指在流域、区域范围内，实现给定的城乡建设生态环境保护目标需要人工供给的水量。

生态环境需水量根据需要可用流量、水量、水位、水面面积、蓄水量、天然径流量百分比等指标表示，计算方法详见《河湖生态环境需水计算规范》（SL/Z 712—2014）。计算方法的资料要求和适用范围见表 2-3。

表 2-3　　　　　　　　计算方法的资料要求和适用范围

| 名　称 | 方　法　要　求 | 适用范围 |
|---|---|---|
| $Q_p$ 法 | 长系列水文资料（$n \geqslant 30$ 年） | 所有河湖 |
| 流量历时曲线法 | 长系列水文资料（$n \geqslant 20$ 年） | 所有河流 |
| 7Q10 法 | 长系列水文资料 | 水量较小，且开发利用程度较高的河流 |
| 近 10 年最枯月平均流量（水位）法 | 近 10 年水文资料 | 所有河湖 |
| Tennant 法 | 长系列水文资料 | 水量较大的常年性河流 |
| 频率曲线法 | 长系列水文资料（$n \geqslant 30$ 年） | 所有河湖 |
| 河床形态分析法 | 丰水、平水、枯水期的河床形态和水文资料 | 所有河流 |
| 湿周法 | 湿周、流量资料 | 河床形状稳定的宽浅矩形和抛物线形河流 |
| 生物空间法 | 指示生物对水位需求资料 | 所有湖泊 |
| 生物需求法 | 指示生物对水量（水位）需求资料 | 所有河湖 |
| 输沙需水计算法 | 来沙量、含沙量、输沙量资料 | 泥沙含量较大的河流 |
| 潜水蒸发法 | 地下水埋深和蒸发量等资料 | 内陆河 |
| 入海水量法 | 长系列入海水量资料 | 河口 |
| 河口输沙需水计算法 | 水流挟沙能力资料 | 河口 |
| 河口盐度平衡需水计算法 | 河道流量与河口盐度资料 | 河口 |
| 湖泊形态分析法 | 水面面积变化与湖泊水位资料 | 湖泊 |
| 水量平衡法 | 水面面积和蓄水量资料 | 沼泽、湖泊 |
| 单位面积用水量法 | 面积和灌溉定额资料 | 河道外 |
| 间接计算法 | 植被面积和潜水蒸发量资料 | 河道外 |

# 第五节 水 力 发 电

## 一、水力发电的基本原理

水力发电是利用河流的天然水能资源进行开发利用的水利部门，将水能转化为电能，为人类用电服务。河流从高处向低处流动，水流蕴藏着一定的势能和动能，即会产生一定能量，称为水能。水力发电的工作原理是利用具有一定水能的水流去冲击和转动水轮发电机组，在机组转动过程中，将水能转化为机械能，再转化为电能。在水力发电过程中，只是能量形式从水能转变成电能，而水流本身并没有消耗，仍能为下游用水部门利用。因此，仅从资源消耗的角度来说，水能是一种清洁能源，既不会消耗水资源也不会污染水资源。它是目前各国大力推广的能源开发方式。

如图 2-6 所示，在某一河道中取一纵剖面，设有水体 $W$（m³），自上游断面 I-I 流经下游断面 II-II，流速分别为 $V_1$ 和 $V_2$，由水力学知识可知，蕴含在该水体内上下断面的能量分别为：

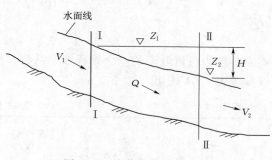

图 2-6  水能与落差示意图

$$\begin{cases} E_1 = \left(Z_1 + \dfrac{P_1}{\gamma} + \dfrac{\alpha_1 V_1^2}{2g}\right) W\gamma \\ E_2 = \left(Z_2 + \dfrac{P_2}{\gamma} + \dfrac{\alpha_2 V_2^2}{2g}\right) W\gamma \end{cases} \quad (2-11)$$

两个能量之间的差值就是 $W$ 在该河段中消耗的能量，用式（2-12）表示，即

$$E_1 - E_2 = \left(Z_1 - Z_2 + \frac{P_1 - P_2}{\gamma} + \frac{\alpha_1 V_1^2 - \alpha_2 V_2^2}{2g}\right) W\gamma \quad (2-12)$$

假设上下断面流速及其分布情形是相同的，且其平均压力也相等，即

$$\alpha_1 V_1^2 = \alpha_2 V_2^2, P_1 = P_2 \quad (2-13)$$

则式（2-12）简化为

$$E_1 - E_2 = (Z_1 - Z_2) W\gamma = HW\gamma \quad (2-14)$$

在天然的河道情况下，这部分能量消耗在水流的内部摩擦、挟带泥沙及克服沿程河床阻力等方面，可以利用的部分往往很小，且能量分散。

为了充分利用两断面能量，就要有一些水利设施如壅水坝引水渠道、隧洞等，使落差集中，以减小沿程能量消耗，同时把水流的位能、动能转换成为水轮机的机械能，通过发电机再转换成电能。

设发电流量为 $Q$（m³/s）。在 $\Delta t$ 内，有水体 $W = Q\Delta t$ 通过水轮机流入下游，则由式（2-14）可得水体下降 $H$ 所做的功为

$$E = \gamma WH = \gamma Q\Delta t H = 9807\Delta t H \quad (2-15)$$

式中：$\gamma$ 为水体的容重，$\gamma = \rho g$。

式（2-15）单位为 J，但是在电力工业中，习惯用 kW·h 为能量单位，1kW·h=

$3.6×10^6$J，于是在时间 $T$ 内所做的功为

$$E=9807QTH\frac{3600}{3.6×10^6}=9.81QHT \qquad (2-16)$$

由物理概念，单位时间内所做的功为功率，故水流的功率是水流所做的功与相应时间的比值。一般的电力计算中，把功率称为出力，并用 kW 作为计量单位。

$$N=\frac{E}{T}=9.81QH \qquad (2-17)$$

但运行中由于水头损失实际出力要小一些。这些水头损失 $\Delta H$ 也可以用水力学公式来计算，所以净水头 $H_{净}=H-\Delta H$。此外，由水能变为电能的过程中也都有能量损失，令 $\eta$ 为总效率系数（包括水轮机、发电机和传动装置效率），即

$$\eta=\eta_{水机}\ \eta_{电机}\ \eta_{传动} \qquad (2-18)$$

实际计算中，通常把机组效率作为常数来近似处理。这样，水能计算基本方程式可写成

$$N=9.81\eta QH_{净}=AQH_{净} \qquad (2-19)$$

式中：$A$ 为机组效率的一个综合效率系数，称为出力系数，由水轮机模型实验提供，也可以参考表 2-4 选用。

表 2-4　　　　　　　　　　水 电 站 出 力 系 数

| 类　型 | 大型水电站 ($N>25$ 万 kW) | 中型水电站 (2.5 万 kW$\leqslant N$ $\leqslant$25 万 kW) | 小型水电站 ($N<2.5$ 万 kW) | | |
| --- | --- | --- | --- | --- | --- |
| | | | 直接连用 | 皮带转动 | 经两次转动 |
| 出力系数 | 8.5 | 8 | 7.0~7.5 | 6.5 | 6 |

水力发电实质就是利用水力（具有水头）推动水力机械（水轮机）转动，将水能转变为机械能，如果在水轮机上接上另一种机械（发电机），随着水轮机转动便可发出电来，这时机械能又转变为电能。水力发电在某种意义上讲是将水的势能变成机械能，又变成电能的转换过程。

**二、河川水能资源的基本开发方式**

因为河流的水能资源利用取决于落差和流量两个因素，所以开发利用水能资源的方式就表现为集中落差和引用流量的方式。由于河段水能在一般情况下是沿程分散的，为了开发利用河段蕴藏的水能，就必须根据各河段的具体情况，采用经济有效的工程措施，将分散的水能集中使用。根据集中落差方式的不同，水电站的基本开发方式可分为坝式（蓄水式）、引水式、混合式、特殊式等。

**（一）坝式水电站**

在天然河道中拦河筑坝，形成水库，以抬高坝上游水位，集中河段落差，这种开发方式称为坝式开发。其优点是由于形成水库，能调节水量，提高了径流利用率；缺点是基建工程较大，且上游形成淹没区。这一类水电站大多见于流量大，河段坡降较缓，同时还有适合建坝的地形、地质条件的河段。坝式水电站按其建筑物的布置特点，又可分为坝后式水电站和河床式水电站两种形式。

1. 坝后式水电站

如图 2-7 所示，厂房位于大坝后面，在结构上与大坝无关。若淹没损失相对不大，有可能筑中、高坝抬水来获得较大的水头。

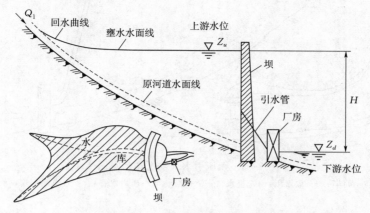

图 2-7 坝后式水电站示意图

2. 河床式水电站

如图 2-8 所示，厂房位于河床中作为挡水建筑物的一部分，与大坝布置在一条直线上，一般只能形成 50m 以内的水头，随着水位的增高，作为挡水建筑物部分的厂房上游侧剖面厚度增加，使厂房的投资增大。

（二）引水式水电站

在河道上建坝和引水工程，将水导入人工建造的引水道（明渠、隧洞、管道等），并引到引水道末端以集中落差，再接上压力水管，导入电站厂房发电，这种开发方式称为引水式开发。根据引水道中水流的不同流态可分为无压引水式水电站和有压引水式水电站。

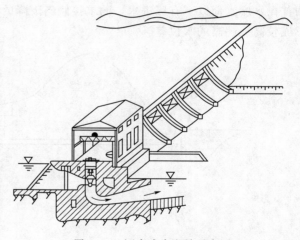

图 2-8 河床式水电站示意图

1. 无压引水式水电站

采用无压引水建筑物（如明渠、无压隧洞），用明流的方式引水以集中落差的水电站称为无压引水式水电站，如图 2-9 所示。这种引水道式开发是依靠引水道的坡降小于原河道的坡降，因而随着引水道的增长，逐渐集中水头。引水道的坡降越小，引水道越长，集中的水头也越大。引水道的坡降不宜太小，否则引水流速过小，引取一定流量时就要求很大的过水断面，从而造成引水道造价的不经济。无压引水式水电站一般水头较小、规模不大，如模式口水电站（落差为 31m，总装机容量为 6MW）和程家川水电站（落差为 20.4m，总装机容量为 7.5MW）等。

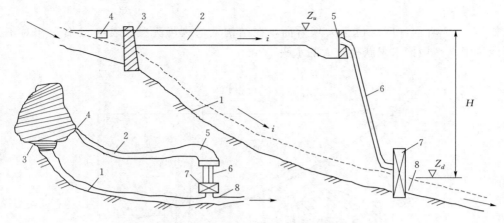

图 2-9　无压引水式水电站示意图

1—河源；2—明渠；3—取水坝；4—进水口；5—前池；6—压力水管；7—水电站厂房；8—尾水渠

### 2. 有压引水式水电站

如图 2-10 所示，用穿山压力隧洞从上游水库长距离引水，与自然河床产生水位差。洞首在水库水面以下有压进水，洞末接倾斜下降的压力管道进入位于下游河床的厂房，能形成较高或超高的水位差。

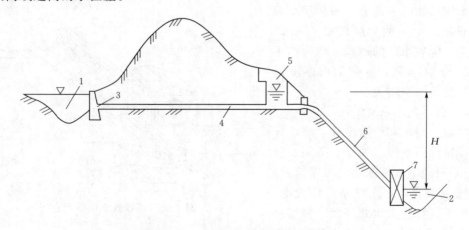

图 2-10　有压引水式水电站示意图

1—高河（或河湾上游）；2—低河（或河湾下游）；3—进水口；4—有压隧洞；5—调压室（井）；

6—压力钢管；7—水电站厂房

### （三）混合式水电站

在一个河段上，同时用坝和有压引水道结合起来共同集中落差的开发方式，称为混合式开发。水电站所利用的河流落差一部分由拦河坝提高；另一部分由引水建筑物来集中以增加水头。坝所形成的水库，又可调节水量，所以兼有坝式开发和引水式开发的优点。

### （四）特殊式水电站

这类水电站的特点是上、下游水位差靠特殊方法形成。目前，特殊水电站主要包括抽水蓄能水电站和潮汐水电站两种形式。

### 1. 抽水蓄能水电站

抽水蓄能发电是水能利用的另一种形式，其目的不是为了开发水能资源向电力系统提供更多电量，而是以水体为蓄能介质，充分发挥水力发电运行灵活等优势，起调节电能、改善电力系统运行条件的作用。

### 2. 潮汐水电站

潮汐是由于月球和太阳之间的引力使地球海域内大量的水体运动而发生的。潮汐能量属于水能资源的另一种类。可以在海湾与大海的狭窄处筑坝，与外海隔开形成水库，并沿堤坝建造水闸及发电厂房，涨潮时水库蓄水，落潮时海洋水位降低，水库放水，以驱动水轮发电机组发电，这种利用潮汐所形成的水位差发电的电站称为潮汐水电站。潮汐水电站的特点是水头低、流量大。

# 第六节 防洪与治涝

防洪与治涝历来是水利部门最重要的任务之一。就防洪而言，其主要任务是按照规定的防洪标准，因地制宜地采用恰当的工程措施和非工程措施，以削减洪峰流量，或者加大河床的过水能力，保证安全度汛。而治涝的主要任务则是尽量阻止易涝地区以外的山洪等向本区汇集，并防御外河、外湖洪水倒灌；健全排水系统，使之能及时排除设计暴雨范围内的雨水，并及时降低地下水位，保证治涝区的生产和居民生活的正常进行。

## 一、防洪

### （一）洪水与洪水灾害

我国幅员辽阔，土地肥沃，水资源丰富，对发展国民经济具有极优越的条件。但历史上水旱灾害频繁，给农业生产和人民生活带来严重的危害。洪水是由于暴雨、融雪、融冰和水库溃坝等引起河川、湖泊及海洋的水流急剧增大或水位急剧上涨的现象。洪水超过了一定的限度，给人类正常生活、生产活动带来的损失与祸患，简称洪水灾害。

洪水是一种自然现象，发生洪水只是造成洪水灾害的必要条件，是否形成灾害、灾害形成的大小与人类活动以及抗灾能力有密切关系。

### （二）洪水防治

洪水是否成灾，取决于河床及堤防的状况。如果河床泄洪能力强，堤防坚固，即使洪水较大，也不会泛滥成灾；反之，若河床浅窄、泥沙淤塞、堤防残破等，使安全泄量变得较小，遇到一般洪水也有可能满溢或决堤。所以，洪水成灾是由于洪峰流量超过河床的安全泄量所引起。由此可见，防洪的主要任务是：按照规定的防洪标准，因地制宜地采用恰当的工程措施，以削减洪峰流量，或加大河床的过水能力，保证安全度汛。防洪措施主要可分为工程措施和非工程措施。

### 1. 工程措施

（1）筑堤防洪。筑堤是平原地区为了扩大洪水行洪断面、加大泄洪能力并防护两岸免受洪灾较为有效的措施。但筑堤防洪必须与防汛抢险相结合，即在每年汛前维修加固堤防，发现并消除隐患；洪峰来临时监视水情，及时堵漏、护岸或突击加高培厚堤防；汛后修复险工，堵塞决口等。

（2）整治河道。整治河道的目的是为了加深或加大河槽的行洪断面用以增加泄洪能力。一般情况，只是被泥沙淤塞形成浅滩的地点或一部分河段，才需要加以整治。但也有因为河道过宽产生江心洲后，将主流分成二股或三股河泓，使总的泄洪能力减小，也需进行整治。从航运观点看，枯水期的最小水深是决定容航深度的重要因素。有浅滩后，该处容航深度最小，常是碍航地点，也就是整治的主要对象。疏浚是用人力、机械和爆破来进行作业，整治则是修建整治建筑物来影响水流流态。二者常相互配合使用。

（3）分洪、滞洪。其目的都是为了减少某一河段的洪水流量，将其控制在河床安全泄量以下。分洪是指河道内洪水超过某一流量或水位时，将其分泄到相邻的天然河道内，使分洪后的下游流量不超过其安全泄量。在平原滨海地区，也可以在需要分洪地点开挖入海咸河，使分泄的洪水直接流到海洋。分洪的工程措施，是在分洪地点修建溢洪堰或分洪闸，当洪水超过某一规定的流量或水位时，即开闸分洪。用溢洪堰时，一般不设控制设备；当水位超过堰顶高程时，会自动溢洪。

滞洪是利用水库、蓄滞洪区、湖泊和洼地等，将一部分洪水导流至邻近的湖泊或洼地内以削减下游洪峰流速或水位，使洪水不漫溢。当洪峰过后，干流水位降落，滞蓄的洪水仍回泄到原河中。滞洪时间的长短视干流洪水持续时间而定。指定作为滞洪的湖泊洼地，与干流的连通河道必须设置控制闸门。洪水来临前应先将湖泊洼地内的水位降低至最可能低的程度以便蓄纳洪水。有些天然湖泊，常起着重要的滞洪作用，例如洞庭湖就对长江的洪水有调蓄作用。有些地区盲目围垦河湖滩地，常会削弱湖泊滞洪作用，必须慎重对待，必要时应退田（渔）还湖。

（4）水库蓄洪。水库不仅可以拦洪除害，而且可以把汛期内所蓄的洪水在枯水期内按计划泄出供灌溉、发电、航运和给水等用。由于水库以上流域的洪水受到控制，在不超过设计洪水情形下，泄出流量可不大于下游安全泄量，因而下游的城市和耕地可不受洪水威胁。水库还可以沉积一部分泥沙。由于下泄的洪水一般是清水，能够把下游河道逐渐刷深，增加泄洪能力，同时使枯水期航深加大、便于航运。

2. 非工程措施

防洪非工程措施是指为了减少洪泛区洪水灾害损失，采取法令、政策及防洪工程以外的技术手段等方面的措施，如建立洪水预报系统和洪水警报系统、蓄滞洪区管理、洪水保险、防洪调度等。

（1）建立洪水预报和洪水警报系统。建立洪水预报系统和洪水警报系统是防洪减灾的有效技术手段。利用水情自动测报系统自动采集和传输雨情、水情信息，及时做出洪水预报；利用洪水预报的预见期，配合洪水调度及洪水演算，预见将出现的分洪、行洪灾情，在洪水来临之前，及时发出洪水警报，以便分洪区居民安全转移。洪水预报越精确，预报预见期越长，减轻洪灾损失的作用越大。

（2）蓄滞洪区管理。为合理发展洪泛区的经济并减小洪灾损失，需根据洪水发生频率、淹没水深和流速及危害程度对洪泛区土地、产业结构和人民生活居住条件进行全面规划，合理布局，如划分为禁止开发区、限制开发区和允许开发区等。洪泛区管理不仅可以直接减轻当地的洪灾损失，而且可取得行洪通畅，减缓下游洪水灾害之利。

（3）洪水保险。洪水保险是对洪水灾害引起的经济损失所采取的一种由社会或集体进行经济赔偿的办法。洪水保险不能减少洪水泛滥而造成的损失，但可将可能的一次性大洪水损失转化为平时缴纳保险金，从而减缓因洪灾引起的经济波动和社会不安等现象。我国的洪水保险业务刚刚开始，需要广泛地开展宣传，提高社会各阶层对洪水保险的认识并结合我国的实际情况，进一步研究、完善各种合乎国情的洪水保险制度和机制，使其在我国的防洪事业中发挥更大的作用。

（4）防洪调度。运用防洪工程或防洪系统中的设施，有计划地实时安排洪水以达到防洪最优效果。防洪调度的主要目的是减免洪水危害，同时还要适当兼顾其他综合利用要求。在防洪调度时，要充分发挥各项工程的优势，有计划地统一控制调节洪水。这种调度十分复杂，基本原则是：①将确保工程安全置于首位；②当洪水发生时，首先充分发挥堤防的作用，尽量利用河道的过水能力宣泄洪水；当洪水将超过安全泄量时，再运用水库防洪调度或分洪区运用；对于同时存在水库及分洪区的防洪系统，考虑到水库调度损失一般比分洪区小，而且运用灵活容易掌握，宜先使用水库调蓄洪水；如运用水库后仍不能控制洪水时，再启用分洪工程；③妥善处理防洪与兴利的矛盾，在汛期兴利服从防洪，防洪兼顾兴利。具体应用时，要根据防洪系统及河流洪水特点，以洪灾总损失最小为原则，确定运用方式及程序。

**二、治涝**

所谓内涝，是指由于强降水或连续性降水超过城市排水能力，致使城市内产生积水灾害的现象。一般积水深度达到15～20cm将导致影响交通和产生其他灾害，可视为发生城市内涝。城市内涝在我国比较普遍，从发生的区域来看，以前主要发生在一些沿海地势比较低的地区，现在内陆城市也经常发生。近年来，随着城市内涝问题频繁发生，城市一定程度上陷入瘫痪，交通道路受阻，严重影响了人民的生产和生活。

（一）城市内涝原因

对城市发生内涝的原因进行分析，可发现主要有以下几个方面：

（1）城市降雨热岛效应导致降雨量增大。随着我国城市化进程的逐渐加快，城市内的人口数量大量增加，交通运输量加大，建筑群建造的更加密集等许多因素导致城市内温度明显高于郊区温度，城市化进程的加快直接改变了城市所在区域的生态环境，进而形成热岛效应，而城市热岛效应会直接影响降水，导致降雨强度增加。同时，因为城市发展的需要不断发生的人工降雨，也在一定程度上造成降雨量增加，进而增加了城市洪涝灾害的发生。

（2）城市地表径流增加。随着城市建设强度的不断增加，地面硬化的比例越来越高，径流系数不断增大。由此产生了两方面的效应：一是降雨总量中更多的比例通过地表径流的方式排出，进而增大了城市雨水管网系统、内部河流水系的压力；另一方面，由于水流通过地表径流方式汇集的速度更快，因此意味着降雨将用更短的时间，快速地汇集到雨水管网系统和城市内部水系。这大幅增加了城市洪涝的风险。

（3）排水设施建设缺乏长远规划。在城市基础设施建设过程中，对于排水管网的建设没有进行详细研究和规划，缺乏长远而科学的发展规划，使得排水设施不能很好地适应城市发展的要求。一般来说，老城区都选在地势较高的地区，因为这些地区不太容易积水，但随着城市规模的不断扩大，很多本来地势比较低洼的地区也被扩展成城区的一部分。如果在城市规划建设中没有考虑、解决这些低洼地区的排水问题，一旦下雨，雨水就会在这些地方聚集，形成积水现象。

（4）排水设施维护管理不到位。对城市排水设施建设的相关资金投入不足，以及排水设施平时维护和管理不到位，没有做到及时保养和维修，导致排水设施的防内涝能力下降。一些紧急防洪设施没有得到及时的维护，防洪能力大为下降，加之对于强降水和洪涝等气象服务系统还尚未建成，不能很好地发挥预防城市内涝和气象灾害监测预报的功能，加剧了城市内涝灾害发生的可能性。

（5）雨水管渠设计精度较低。目前国内雨水流量的计算主要采用推理公式法，这种计算方法在计算汇水面积较小的区域时有足够的精度，但对于汇水面积较大的区域则会产生较大偏差。欧盟和美国对推理公式法的适用范围均有明确的规定。欧盟规定推理公式法仅可应用于汇水面积小于 200hm$^2$ 或汇水时间小于 15min 的区域；美国规定推理公式法仅可应用于汇水面积小于 65hm$^2$ 的区域。

（6）河道蓄水能力降低。河道、湖泊等城市内部原有的水网体系，除了基本的排水功能之外，还承担着重要的储水蓄水功能。但多数城市在城市化快速推进的过程中，随着土地开发强度要求不断提升，往往是河道裁弯取直、硬化驳岸；湖泊则是越占越小，很多小的河塘基本消失。城市内部水系的储水蓄水能力严重降低，其结果就是旱时河道干枯断流、生态环境遭到破坏；降雨稍大时，水位急剧上升，短时间便河满湖溢。快速上升的水位通过与之连通的雨水管网进入城市低洼地块，导致局部内涝。

（7）缺乏科学有效的应急预案和措施。就排水来说，需要基于在线监测数据建立报警和预警功能，需要基于气象预测数据快速分析排水管网的运行负荷情况，需要制定真正能解决复杂管网负荷不均衡的应急预案，需要建立应急预案与真实应急场景的有效关联机制，需要用复杂的分析方法通过简单的操作界面和结果显示界面支持应急决策，建立一套"内部复杂，界面简单"的联动机制。

（二）治涝措施

治涝工程体系应根据涝区水文条件、地形地貌、河流水系，涝灾成因、作物种植结构等因素，按照"分片排涝、排蓄结合，自排为主、抽排为辅"的原则进行合理布置，并兼顾行洪、供水、灌溉、航运、发电和降渍洗盐等综合利用要求。涝区应充分利用现有湖泊、洼地滞蓄涝水，合理确定蓄涝水面率或蓄涝容积率；城区应保留较多的绿地面积和透水地面，增加雨水下渗率。治涝标准是指保证涝区不发生涝灾的设计暴雨频率（重现期）、暴雨历时及涝水排除时间、排除程度，具体治涝标准的确定参考规范《治涝标准》（SL 723—2016）。防治对策包括以下几方面：

（1）修筑围堤和堵支联圩。修筑围堤用以防护洼地，以免外水入侵，所圈围的低洼田地称为圩或垸。有些地区，圩、垸划分过小，港汊交错，围堤重叠，不利于防汛，排涝能力也分散薄弱。在这种情况下，最好将分散的小圩合并成大圩，堵塞小沟支汊，整修和加固外围大堤，并整理排水渠系，以加强防汛排涝能力，称为堵支联圩。

（2）开渠撇洪。开渠撇洪即沿山麓开渠，拦截地面径流，引入外河、外湖或水库，不使向圩区汇集。若与修筑围堤相配合，常可收到良好的效果。并且撇洪入水库，可以扩大水库水源，有利于提高兴利部门的效益。当条件合适时，还可以和灌溉措施中的"长藤结瓜水利系统"以及水力发电的"集水网道式开发方式"结合进行。

（3）合理规划建设城市排水系统。根据城市发展的总体规划，结合当地水文和气象实际记录数据，确定城市排水系统的长期规划和建设，同时在旧城改造进程中加强排水管道的改造升级，逐步改造老城区的排水网络建设，进而确保城市整体的排水主管道畅通。

（4）加强排水设施维护。在城市建设中加强对排水管道和排水设施的日常管理和维护，注重管网的巡查养护，防止管网淤积堵塞、管网错接、受挤压变形、偷排漏排等现象发生，确保排水系统正常运行。

（5）建设雨水调蓄设施和城市水系。雨水调蓄设施可以将雨水径流的洪峰流量暂存其内，待洪峰流量下降至管渠设计流量后，再将储存在池内的水均匀排出。这样不仅可以防止产生内涝，还可以极大地降低下游雨水管渠的断面尺寸。根据区域自然条件，雨水调蓄池可以设置于天然洼地、池塘、公园水池等地点。城市水系则同时起到调蓄雨水和便于雨水的分散排放两方面作用，平常还可以作为景观使用。

（6）建立城市暴雨内涝风险评估预警体系，提前做好城市内涝的应急防御。如利用GIS技术建立详细的排水管网数据库并实时监控，一旦发生内涝，即可迅速找到症结的根源并予以解决。结合 GIS、物联网监测、人工智能、大数据等新一代信息技术，模拟不同等级的暴雨下城市可能面临的内涝风险，建立库河湖闸泵等水工程联防联控技术体系，尽可能降低内涝造成的危害。

（7）加强海绵城市建设，建立可持续雨水利用系统。近年来，国外关于城市内涝防治的低影响开发（LID）理念得到不断强化，国内海绵城市建设也达到新的高度，灰绿蓝等措施综合治理的思想在城市内涝领域逐渐得到重视。城市建设时应注意还原雨水的自然属性，让雨水降落后尽可能渗入地下，这种方式最能促进雨水、地表水、土壤水及地下水之间的转化，维护城市水循环系统的平衡。具体来说，合理规划城市用地结构，尽可能保留城市原有水系等生态空间；城市建设时多建绿地、公园，采用透水砖，增大暴雨的渗透量，减少地表径流。建设绿色屋顶、下凹式绿地、雨水花园、植被浅沟、生态湿地、雨水调蓄池等，通过提高对径流雨水的渗透、调蓄、净化和排放能力，减轻城市排涝压力。

# 第七节　其他部门用水

## 一、内河航运

内河航运是指利用天然河湖、水库或运河等陆地内的水域进行船、筏浮运。内河航运只利用内河水道中水体的浮载能力，并不消耗水量，是综合运输体系和水资源综合利用的重要组成部分，在促进流域经济发展、优化产业布局、服务对外开放等方面发挥了重要作用。与其他运输方式相比，内河航运具有难以比拟的优点[19]：①土地资源占用少，内河水运利用天然形成的河道或历史形成的运河，除必要的码头作业设施外，几乎不占用土地资源；②能源消费少，在各种运输方式中，水运与铁路运输是两种能源利用效率较高的运输方式；③环境影响小，虽然内河船舶主要以燃油为动力并有一定的污染物排放，但其承担的单位运输量排放水平远远小于公路运输。

据历史记载，早在 4500 年前，我国就能制造舟楫，商代就已有帆船；夏、商、周时，黄河已成重要运粮干线。改革开放以来，伴随着经济社会的快速发展，以长江、珠江、淮河等水系为主体，发挥内河航运运能大、占地少、能耗低、污染小的优势，我国的内河航运建设与发展取得了显著成效。现在，我国已经把发展内河航运上升到国家战略层面。

利用河、湖航运，需要一条连续而通畅的航道。内河航道设计应符合城市总体规划、内河航运发展规划、内河港口布局规划和航道水系蓝线规划，结合水利规划，遵循以航运为主、水资源综合利用的原则，满足航运、水利、环保、节能要求，兼顾景观要求，注重航道生态，实现综合整治，提高综合效益。

天然航道除了必须具备航道尺度和流速外，还要求河床相对稳定和尽可能满足全年通航。由于水资源利用涉及交通运输、水利、电力、环保、农业等多个行业和部门，统筹协调的难度较大。

（1）部分水利水电资源开发中，未建通航设施，一些虽然建有通航设施，但通航能力低，或没有同步规划，导致一些具有良好通航条件的内河出现了碍航、断航现象。据调查，我国中西部 17 条主要通航河流上 70％的水利水电枢纽没有充分考虑通航的要求，导致 1337km 的 500t 级以上航道资源难以有效利用。此外，一些航道上桥梁净空不够，也影响了船舶的通行能力。

（2）受降雨影响，有些河流只能季节性通航，例如，有些多沙河流以及平原河流，常存在不断的冲淤交替变化，因而河床不稳定，造成枯水期航行困难；有些山区河流在枯水期河水可能过浅，甚至干涸，而在洪水期又可能因山洪暴发而流速过大；还有些北方河流，冬季封冻，春季漂凌流冰。这些都可能造成季节性的断航。

## 二、水环境保护

水环境保护是为了防治水污染和合理利用水资源，采取的行政、法律、经济、技术等综合措施，对水环境进行的积极保护和科学管理。但是由于经济开发活动和人口增加，水污染和生态破坏正呈加重和蔓延的趋势，成为经济持续发展和实现现代化的重要制约因素。近年来，水环境保护已经成为非常尖锐的问题，水污染防治是水环境保护的当务之急。

水环境保护主要包括防治水域污染、生态保护及水利有关的自然资源合理利用和保护等。防治水域污染的关键在于废水、污水的净化处理和生产技术的革新，使有害物质进来不侵入天然水域。水环境影响因素主要有山洪侵入、城市内涝、潮水顶托、水系淤塞流动性差、水污染问题突出等方面，洪涝潮淤污问题的交叉影响对水环境综合整治提出极大挑战。单一的着眼于水污染治理等只治标不治本，需建立耦合水安全、水污染、水生态、水资源、水景观等综合整治体系，目前主要通过"点源控制、面源控制、内源治理、初雨控制、生态修复、补水工程"等措施保证流域水质达标。

## 三、渔业养殖

水利渔业是发展水利经济的重要内容。河湖的综合开发利用与发展渔业有密切的关系。一般来说，修建水库可以形成良好的深水养鱼场所，发展水产养殖。但是，拦河筑坝切断了江河鱼类的洄游通道，对鱼类的产卵洄游和索饵洄游产生不利影响；同时径流被拦蓄控制，河流水文情况将发生重大变化，某些经济鱼类产卵场可能被淹没而失去繁殖场所；传统水产养殖多采用高密度放养、大量施肥投饵，造成水质恶化、水污染现象严重等问题。所以，在开发利用水资源时，一定要考虑渔业的特殊要求，为了便于捕捞，在蓄水前应做好库底清理工作，特别要清除树木、墙垣等障碍物。还要防止水库的污染，并保证在枯水期水库里留有必需的最小水深和水库面积，以利于鱼类生长。还应特别注意河湖的水质和最小水深。

### 四、旅游开发

水利旅游是指以水域（体）或水利工程及相关联的岸地、岛屿、林草、建筑等自然景观和人文景观为主体吸引物的一种旅游产品形式。我国水利风景资源十分丰富。在2010—2012年，我国进行了第一次全国水利普查，数据显示我国流域面积在50km²以上的河流有45203条，这个数量还是相当惊人的，流域面积在1万km²以上的河流就有228条，面积在1000km²以上的河流则有1500多条，此外还有大量的冰川、瀑布及遍布大江南北的湿地等。为了兴水利除水害，我国在中华人民共和国成立后修建了大量水库、堤防及众多的灌区、水土流失治理区。这些水利工程在发挥基本功能的同时，也形成了大量的水利风景资源。利用水利工程发展旅游业，保护和改善自然水域的生态环境，是综合开发利用水资源，极大地发挥水利工程效益的一个重要方面。

改革开放以来，水利工程旅游以其独特的风光和丰富的内涵逐步成为我国旅游业中的主力军，在向广大游客宣传和展示水利工程建设的意义、普及水利科学知识的同时，水利工程所产生的旅游经济效益也得到体现，既推动了当地经济与文化旅游业的发展，也成为水利水电企业发展多种经营的一个重要途径。如：北京密云水库风景区从开发旅游以来，已有上千万人前来旅游，成为北京市消夏避暑的好去处；刘家峡水电站于20世纪70年代建成后，由于抓紧库区周围荒山绿化，使库区形成了山清水秀的优美环境，成为远近闻名的旅游景点，极大地促进了永靖县第三产业的迅猛发展；葛洲坝水利枢纽工程于20世纪80年代建成后，不仅为华中、华东地区提供了坚强的电力保障，也大大改善了长江三峡，特别是西陵峡的航道，为90年代的长江三峡旅游热创造了条件，同时，葛洲坝水利枢纽工程作为万里长江上的"第一坝"，其工程建筑物本身也成为长江三峡旅游线中的一个景点，多年来吸引了数百万人前来参观旅游，乘船游览的人更是不计其数。

# 第八节　各用水部门间的矛盾及其协调

上述介绍了生活、生产、生态、水力发电、防洪与治涝等用水类型。由此可见，水资源的用途是多方面的。在进行水资源综合利用时，各用水部门因用水特点不同，相互之间必然会存在一些矛盾。其中，生活用水和工业用水耗水较均匀；农业用水耗水量大且年内用水变化大，具有季节性；水力发电只利用水能不消耗水量；防洪要求水库蓄水，以调节径流；内河航运不消耗水量，但要求有一定的水深。因此，当上中游灌溉和工业供水等大量耗水，则下游灌溉和发电用水就可能不够；梯级水库群建设可增加河道水深形成良好航道，但多沙河流上的水库，上游末端（亦称尾端）常可能淤积大量泥沙，形成新的浅滩，不利于上游航运；疏浚河道有利于防洪、航运等，但降低了河水位，可能不利于自流灌溉引水；若筑堰抬高水位引水灌溉，又可能不利于泄洪、排涝；利用水电站的水库滞洪，有时汛期要求腾空水库，以备拦洪，削减下泄流量，但却降低了水电站的水头，使所发电能减少；为了发电、灌溉等的需要而拦河筑坝，常会阻碍船、筏、鱼通行等等。可见，不但兴利、除害之间存在矛盾，在各兴利部门之间也会存在矛盾，若不能妥善解决，将造成不应有的损失。尼罗河上的阿斯旺大坝是一座大型综合利用水利枢纽工程，具有灌溉、发电、防洪、航运、旅游、水产等多种效益。但大坝工程却造成上游大片土壤盐碱化，下游两岸农田因缺少富含泥沙的河水淤灌而渐趋瘠薄，库区及水库下游的尼罗河水水质恶化，以河水为生活水源的居民的健康受到危害。阿斯旺大坝建成后在对埃及的经济起了巨大推动作用的同时也对生态环境造成了一定的破坏。所以，在研究水资源综合利用的方案和效益时，要重视各水利部门之间可能存在的矛盾，并妥善解决。

上述矛盾，有些是可以协调的，应统筹兼顾、"先用后耗"，力争"一水多用、一库多用"，使有限的水资源充分发挥其综合利用效益。例如，拦河闸坝妨碍船、筏、鱼的通行，可以通过建船闸、筏道、鱼梯来解决，乌东德水电站通过建设集运鱼设施，取得了较好成效。又如，发电与灌溉争水，有时（灌区位置较低时）可以先取水发电，发过电的尾水再用来灌溉，等等。但也有不少矛盾无法完全协调，就需要分清主次、合理安排，保证主要目标、适当兼顾次要目标，或采用其他替代办法来满足一些部门的用水需求。例如，对于防洪和兴利之间的矛盾，如果水电站水库不足以负担防洪任务，就只好让其他防洪措施去满足防洪要求；反之，若当地防洪比发电更重要，而又没有更好的替代办法，则也可以在汛期降低库水位，以备蓄洪或滞洪，减少发电效益。总之，要结合当时当地的具体情况，拟订几种可能方案，拟订几种解决矛盾的方案，从经济效益最大的角度来考虑，选择合理的解决办法。

# 习 题

1. 什么是水资源的综合利用？
2. 水资源综合利用的基本原则包括哪些？
3. 河川水能资源的基本开发方式有哪些？
4. 防洪的工程措施和非工程措施有哪些？
5. 分析各用水部门间可能出现的矛盾。

第二章习题答案

# 第三章 水资源评价

1988 年，联合国教科文组织和世界气象组织在《水资源评价活动——国家评估手册》中，将水资源评价定义为："水资源评价是指对于水资源的源头、数量范围及其可依赖程度、水的质量等方面的确定，并在其基础上评估水资源利用和控制的可能性。"1992 年，联合国教科文组织和世界气象组织将上述定义修改为"为了水的利用和管理，对水资源的来源、范围、可依赖程度和质量进行确定，据此评估水资源利用、控制和长期发展的可能性"。

目前，人们比较认同的水资源评价的概念可以表达为：水资源评价一般是针对某一特定区域而言，在水资源调查的基础上，研究特定区域内的降水、蒸发、径流诸要素的变化规律和转化关系，阐明地表水、地下水资源数量、质量及其时空分布特点，开展供水量调查和水资源开发利用评价，计算水资源可利用量，为水资源可持续利用、区域经济可持续发展提供技术支撑[3]。

## 第一节 水资源评价的内容与原则

### 一、评价内容

《全国水资源调查评价技术细则》（2017 年），在第一次及第二次全国水资源调查评价、第一次全国水利普查等已有成果基础上，继承并进一步丰富了评价内容，主要包括水资源数量评价、水资源质量评价、水资源开发利用状况调查评价、污染物入河量调查分析、水生态状况调查评价、水资源综合分析评价。

### 二、评价原则

水资源评价工作要求在客观、科学、系统和实用的基础上，遵循地表水与地下水统一评价、水量水质统一评价、水资源利用和保护统一评价等原则。

## 第二节 地表水资源量计算

地表水资源指地表水中可以逐年更新的淡水量，是水资源的重要组成部分。包括冰雪水、河川水和湖沼水等，通常以还原后的天然河川径流量表示其数量。

地表水资源量计算主要包括降水、蒸发、径流等。

### 一、评价分区

根据水资源的自然、社会和经济属性，按照开发、利用、治理、配置、节约、保护的要求，将流域水系和行政区划有机结合起来进行分区，以提高基础资料的共享性和各种规划成果的可比性。

**1. 流域水系分区**

为了便于计算水资源总量，满足水资源规划和开发利用的基本要求，评价成果要求按流域水系汇总，即评价分区按流域水系划分。

全国流域水系划分为 10 个一级区，分别为松花江流域区、辽河流域区、海河流域区、黄河流域区、淮河流域区、长江流域区、东南诸河流域区、珠江流域区、西南诸河流域区、西北诸河流域区。一级区下设二级区，以保持河系的完整性为原则，全国设有二级区 80 个。二级区下设三级区，全国共有三级区 213 个。

**2. 行政分区**

为了评价计算各省（自治区、直辖市）的水资源量，评价成果要求按行政分区汇总。全国按现行行政区划，划分到省（自治区、直辖市）一级；各省（自治区、直辖市）和流域片，可根据实际需要划分次一级行政区。现行行政区划详见《全国水资源调查评价技术细则》（2017 年）。

**二、降水量计算**

降水是区域水资源的重要补给来源，降水量的分析与计算主要任务是：①分析降水量的特征值，绘制降水量等值线图；②对年降水量进行频率分析计算，推求不同频率代表年的年降水量；③研究降水量的年内变化，推求多年平均及不同频率代表年的年内分配过程。

**（一）资料的收集**

在进行降水量的计算时，首先需要进行以下资料收集工作。

（1）收集研究区水文站、气象站和雨量站的降水资料。

（2）收集研究区外围的雨量站资料。

（3）收集站点的位置（经纬度）、系列长度。

（4）收集相关雨量成果，如水文手册、图集、特征值统计等。

**（二）资料的分析**

资料收集齐全后，为保证基础数据质量及准确性，需要对所收集资料进行审查，包括资料的可靠性、一致性和代表性审查。

**1. 可靠性审查**

（1）对选用的资料以特大值、特小数值和中华人民共和国成立前的资料为重点审查对象；通过采用单站历年和多站同步资料的对照比较，分析特大值、特小值数据的合理性。

（2）对采用整编的数据，也需要进行必要审查。

（3）资料审查必须贯穿于各个环节，如资料抄录、插补展延等。

**2. 一致性审查**

资料系列的一致性，是指产生各年水文资料的流域和河道的产流、汇流条件在观测和调查期内无根本变化，如上游修建了水库或发生堤防溃决、河流改道等事件，明显影响资料的一致性时，需将资料换算到统一基础上，使其具有一致性。资料系列的一致性，主要从人类活动影响和下垫面的改变来分析。当流域内人类活动明显影响资料系列的一致性时，需将资料换算或修正到统一的基础上，使其具有一致性，一般要求统一到现状下垫面条件。主要方法如下：

（1）降雨径流关系法。该方法是将资料系列按年度分成几个时段，在同一幅图上分别点绘各时段的降雨-径流关系线，如果各线之间有明显的系统偏离，则说明资料系列存在不一致性，应以现状线为标准采用修正系数法进行修正。

（2）不同时段资料系列频率对比分析。将各时段的资料进行频率计算，对比同频率下水文要素值是否存在系统偏离。

（3）径流系数和径流模数对比分析。对各时段资料的径流系数和径流模数进行对比分析，观察是否存在明显的系统偏离。

（4）资料系列自相关检验。通过统计学的自相关检验来判断资料系列是否存在一致性，若通过则给出肯定的结论。

3. 代表性审查

代表性审查指样本资料的统计特性能否很好地反映总体的统计特性。若样本的代表性好，则抽样误差就小，年降水成果就高。代表性审查方法如下：

（1）长短系列统计参数对比。在邻近地区选择与设计站实测降水系列成因上一致，且具有长系列 $N$ 年的统计参数多年平均降水量 $\overline{X}_N$、变差系数 $C_{VN}$ 以及短系列 $n$ 年（与设计站资料同期）的统计参数 $\overline{X}_n$、$C_{vn}$。长系列的 $\overline{X}_N$、$C_{VN}$ 与短系列的 $\overline{X}_n$、$C_{vn}$ 差值在 $5\% \sim 10\%$ 之间，即可认为短系列 $n$ 年的降水量系列具有较好的代表性。

（2）年降水量模比系数累积平均过程线分析。逐年降水量：$P_1, P_2, P_3, \cdots, P_i, \cdots, P_n$；多年平均降水量：$\overline{P}$；逐年模比系数：$k_1, k_2, k_3, \cdots, k_i, \cdots, k_n$。

年降水量模比系数随着当年降水量的多少而变动，丰水年 $K$ 大于 1，枯水年 $K$ 小于 1，但是它的多年平均值趋近于 1。根据它的这一特点，可以从参证站的长系列终点向前依次计算模比系数累积平均值 $k_n'$，当 $k_n'$ 值稳定趋近于 1 的年份，即为参证站具有代表性的短系列起始年。

如果短系列的资料是由 $k_n'$ 值稳定趋近于 1 的年份开始的，则认为设计站相应的短系列也具有一定的代表性。

参证站年降水量模比系列累积平均值 $k_n'$ 的计算公式为

$$\begin{cases} k_1' = k_1 \\ k_2' = (k_1 + k_2)/2 \\ k_3' = (k_1 + k_2 + k_3)/3 \\ \quad\vdots \\ k_n' = (k_1 + k_2 + \cdots + k_n)/n \end{cases} \tag{3-1}$$

（3）年降水量模比系数差积曲线分析。

1）计算长系列参证站多年平均降水量 $\overline{P}$ 以及逐年降水量模比系数 $k_i = P_i/\overline{P}$。

2）将逐年的 $k_i - 1$ 从资料开始年份依次累积，直到终止年，得到一系列 $\sum (k_i - 1)$。

3）以 $\sum (k_i - 1)$ 为纵坐标，以年份为横坐标，绘制逐年的降水量与对应年份的关系曲线，即为年降水量模比系数差积曲线。

差积曲线反映了降水量的丰、枯变化，差积曲线的形状不同，表明年降水的周期不同。

（三）降水量的计算

1. 直接计算法

适用条件：雨量站点充分。

步骤：①采用算术平均、泰森多边形或面积加权法计算区域逐年平均降水量；②对降水量做频率分析；③根据设计频率计算多年平均及不同频率的年降水量。

2. 降水量等值线图法

适用条件：降水量资料短缺的较小区域。

步骤：①区域降水量等值线图的转绘与补充；②计算区域多年平均降水量（采用降水量等值线图法）；③根据设计频率计算不同频率的年降水量。

### 三、蒸发量计算

蒸发量是影响水资源水量的重要水文要素，包括水面蒸发和陆面蒸发。

1. 水面蒸发计算

水面蒸发是反映蒸发能力的一个指标，通常采用折算法计算，即将不同型号蒸发器观测的水面蒸发统一折算为 E601 型蒸发器的蒸发量。

折算公式为

$$E = \varphi E' \tag{3-2}$$

式中：$E$ 为水面实际蒸发量；$\varphi$ 为折算系数；$E'$ 为蒸发器观测值。

2. 陆面蒸发

陆面蒸发指特定区域天然情况下的实际总蒸散发量，又称流域蒸发。陆面蒸发量通常采用水量平衡法进行计算，其计算公式为

$$E_i = P_i - R_i \pm \Delta W \tag{3-3}$$

式中：$E_i$ 为 $i$ 时段内陆面蒸发量；$P_i$ 为 $i$ 时段内平均降水量；$R_i$ 为 $i$ 时段内平均径流量；$\Delta W$ 为时段内蓄水变化量。

3. 干旱指数

干旱指数用来表征气候的干湿程度，是年蒸发能力与年降水量的比值。

### 四、河川径流量计算

（一）还原计算

水资源评价要计算的是天然状态下的年径流量，它是指流域集水面积范围内，人类活动影响较小，径流的产生、汇集基本上在天然状态下进行时，河流控制测流断面处全年的径流总量。为使河川径流计算成果基本上反映天然状态，并使资料系列具有一致性，对水文测站受水利工程等影响而减少或增加的水量应进行还原计算。还原计算方法主要有分项调查法、分析切割法、降雨径流相关法、模型计算法等。

（二）河川径流量计算方法

根据研究区域的气象及下垫面条件，综合考虑气象、水文站点的分布、实测资料年限与质量等情况，河川径流量的计算可采用代表站法、等值线图法、年降水径流关系

法等。

### 1. 代表站法

代表站法的基本思路是在研究区域内，选择一个或几个位置适中、实测径流资料系列较长并具有足够精度、产汇流条件有代表性的站作为代表站。计算代表站逐年及多年平均年径流量和不同频率的年径流量。然后根据径流形成条件的相似性，把代表站的计算成果按面积比或综合修正的办法推广到整个研究范围，从而推算区域多年平均及不同频率的年径流量。

### 2. 等值线图法

当区域面积不大并且缺乏实测径流资料时，可由多年平均年径流深和年径流变差系数 $C_v$ 等值线图量算和图查读出本区域多年平均的年径流量和变差系数 $C_v$ 值，由此求得不同频率代表年的年径流量。

### 3. 年降水径流关系法

在研究区域上，选择具有实测降水径流资料的代表站，逐年统计代表站流域平均年降水量和年径流量，建立年降水径流相关图。如本区域气候、下垫面情况与代表站流域相似，则可根据区域逐年实测的平均年降水量在代表站年降水径流关系图上查得区域逐年平均的年径流量。然后进行频率计算，即可得到不同频率的区域年径流量。

# 第三节  地下水资源量计算

地下水资源是水资源的重要组成部分。区域地下水资源是指区域浅层地下水体在当地降水补给条件下，经水循环后的产水量。在区域水资源分析计算中，要求查清本区域地下水资源的水量、水质及其时空分布特点，分析地下水资源的循环补给规律，了解地下水与地表水之间的相互转化关系，推求多年平均和不同代表年的地下水资源量，为工农业生产和水利规划提供科学依据。

为正确计算和评价地下水资源量，通常按地形地貌特征、地下水类型和水文地质条件，将区域划分为若干不同类型的计算分区。各计算分区采用不同的方法计算地下水资源量，计算成果按流域和行政区划进行汇总。总的来说，按地下水资源计算的项量、方法不同，主要分为山丘区和平原区两大类型。一般山丘区、岩溶区及黄土高原丘陵沟壑区地下水资源的计算项量、方法大体相同，统称为山丘区；平原区、山间盆地平原区、黄土高原阶地区、沙漠区及内陆闭合盆地平原区地下水资源的计算项量、方法相近或类同，统称为平原区。

## 一、山丘区地下水资源量的计算

目前，直接计算山丘区地下水补给量的资料尚不充分，故可根据水均衡法的原理用地下水的排泄量近似作为补给量。计算公式为

$$\overline{W}_{g山} = \overline{R}_{g山} + \overline{C}_{潜} + \overline{C}_{侧山} + \overline{C}_{泉} + \overline{E}_{g山} + \overline{g}_{山} \tag{3-4}$$

式中：$\overline{W}_{g山}$ 为山丘区地下水的总排泄量；$\overline{R}_{g山}$ 为河川基流量；$\overline{C}_{潜}$ 为河床潜流量；$\overline{C}_{侧山}$ 为山前侧向流出量；$\overline{C}_{泉}$ 为未计入河川径流的山前泉水出露量；$\overline{E}_{g山}$ 为山间盆地潜水蒸发量；

$\bar{g}_{\text{山}}$为浅层地下水开采的净消耗量。

各项排泄量中，以河川基流量为主要部分，也是分析计算的主要内容。对于我国南方降水量较大的山丘区，其他各项排泄量相对较小，一般可忽略不计。

**二、平原区地下水资源量的计算**

地下水补给量包括降水入渗补给量、山前侧向补给量、河道渗漏补给量、渠系渗漏补给量、渠灌田间补给量、越流补给量及井灌田间补给量，沙漠区还应包括凝结水补给量。各项补给量之和为总补给量，总补给量扣除井灌田间补给量即为平原区地下水资源量。

1. 降水入渗补给量

降水入渗补给量是指大气降水渗入到土壤并在重力作用下渗透补给地下水的水量。降水入渗补给量的计算公式为

$$P_r = P\alpha F \tag{3-5}$$

式中：$P_r$ 为年降水入渗补给量；$P$ 为年降水量；$\alpha$ 为年降水入渗补给系数；$F$ 为计算面积。

2. 山前侧向补给量

山前侧向补给量是指山丘区的产水，通过地下水径流补给平原地下水的水量。按达西公式分段选取参数进行计算。计算公式为

$$W_f = KAI \tag{3-6}$$

式中：$W_f$ 为山前侧向补给量；$K$ 为含水层的渗透系数；$A$ 为过水断面面积；$I$ 为垂直于剖面方向上的水力坡度。

3. 河道渗漏补给量

当河道水位高于两岸地下水位时，河水渗漏补给地下水。计算公式为

$$Q_{\text{河补}} = \Delta Q (1-\lambda) L \tag{3-7}$$

式中：$Q_{\text{河补}}$ 为河道渗漏补给量；$\Delta Q$ 为单位河长损失量；$L$ 为计算河道或河段长度；$\lambda$ 为河道水面蒸发量和浸润带蒸散发量之和与河道损失水量的比值。

$$\Delta Q = \sqrt[b]{Q_{\text{上}}/a} \tag{3-8}$$

式中：$Q_{\text{上}}$ 为上游站来水量，亿 $m^3$；$a$、$b$ 为反映河床质及流经地区河床岩性的参数。

4. 渠系渗漏补给量

渠道同河道一样，渠水位均高于地下水位，故渠水补给地下水。渠系渗漏补给量采用补给系数法进行计算，计算公式如下：

$$Q_{\text{渠系}} = mQ_{\text{渠首引}} = \gamma(1-\eta)Q_{\text{渠首引}} \tag{3-9}$$

式中：$Q_{\text{渠系}}$ 为渠系渗漏补给量；$m$ 为渠系渗漏补给系数；$\eta$ 为渠系水利用系数；$Q_{\text{渠首引}}$ 为渠首引水量；$\gamma$ 为修正系数。

5. 渠灌田间补给量

渠灌田间补给量是指灌溉水（包括斗渠以下的各级渠道）进入田间后，经过包气带渗漏补给地下水的水量。计算公式为

$$Q_{\text{渠灌}} = \beta_{\text{渠}} Q_{\text{渠田}} \tag{3-10}$$

式中：$Q_{渠灌}$ 为渠灌田间入渗补给量；$Q_{渠田}$ 为渠灌进入田间的水量；$\beta_{渠}$ 为灌溉田间补给系数，与地表岩性有关。

6. 越流补给量

当上下含水层有足够的水头差，且隔水层是弱透水层时，水头高的含水层中的地下水可以通过弱透水层补给水头较低的含水层。其补给量通常可用下式计算。

$$W_0 = \Delta H F t K_e \tag{3-11}$$

式中：$W_0$ 为越流补给量；$\Delta H$ 为水头差；$F$ 为计算面积；$t$ 为计算时段；$K_e$ 为越流系数，是表示弱透水层在垂直方向上导水性能的参数，计算公式为

$$K_e = k'/m' \tag{3-12}$$

式中：$k'$ 为弱透水层的渗透系数；$m'$ 为弱透水层的厚度。

7. 井灌田间补给量

井灌田间补给量是指井灌水（包括输水垄沟）进入田间后，经过包气带渗漏补给地下水的水量，计算公式为

$$Q_{井灌} = \beta_{井} \, Q_{井田} \tag{3-13}$$

式中：$Q_{井灌}$ 为井灌田间回归量；$Q_{井田}$ 为由机电井泵提水用于农田灌溉的水量；$\beta_{井}$ 为井灌回归系数，与地表岩性有关。

# 第四节　区域水资源总量计算

一定区域内的水资源总量是指当地降水形成的地表和地下产水量，即地表产流量与降水入渗补给地下水量之和。在水资源水量评价中，将河川径流量作为地表水资源量，将地下水补给作为地下水资源量分别进行评价，再根据转化关系，扣除互相转化的重复水量，计算出各水资源评价区的水资源总量，即

$$W = R + Q - D \tag{3-14}$$

式中：$W$ 为水资源总量；$R$ 为地表水资源量；$Q$ 为地下水资源量；$D$ 为地表水资源和地下水资源互相转化的重复计算水量。

根据不同地貌类型，计算水资源总量中重复水量的方法也有差异，则水资源总量计算方法也有所区别。一般可分为单一山丘区、单一平原区和山丘与平原混合区水资源总量 3 种类型。

## 一、单一山丘区水资源总量

这种类型的地区一般包括一般山丘区、岩溶山区、黄土高原丘陵沟壑区。地表水资源量为当地河川径流量，地下水资源量按排泄量计算，相当于当地降水入渗补给量，地表水和地下水相互转化的重复水量为河川基流量。单一山丘区水资源总量计算公式为

$$W_m = R_m + Q_m - R_{gm} \tag{3-15}$$

式中：$W_m$ 为山丘区水资源总量；$R_m$ 为山丘区河川径流量；$Q_m$ 为山丘区地下水资源量，即河川基流量和山前侧向流出量；$R_{gm}$ 为河川基流量。

### 二、单一平原区水资源总量

这种类型区包括北方一般平原区、沙漠区、内陆闭合盆地平原区、山间盆地平原区、山间河谷平原区、黄土高原台源阶地区。地表水资源量为当地平原河川径流量。地下水除由当地降水入渗补给外，一般还有地表水体补给（包括河道、湖泊、水库、闸坝等地表蓄水体）和上游山丘区或相邻地区侧向渗入。单一平原区水资源总量计算公式为

$$W_P = R_P + Q_P - D_{rgP} \qquad (3-16)$$

式中：$W_P$ 为平原区水资源总量；$R_P$ 为平原区河川径流量；$Q_P$ 为平原区地下水资源量；$D_{rgP}$ 为平原区重复计算量。

在开发利用地下水较少的地区（特别是我国南方地区），降水入渗补给中有一部分要排入河道，成为平原区河川基流，即成为平原区河川径流的重复量，此部分水量的估算公式为

$$R_{gP} = Q_{SP} \frac{R_{gm}}{Q_P} = \theta_1 Q_{SP} \qquad (3-17)$$

式中：$R_{gP}$ 为降水入渗补给中排入河道的水量；$Q_{SP}$ 为降水入渗补给量；$Q_P$ 为平原区地下水资源量；$\theta_1$ 为平原区河川基流占平原区总补给量的比值；$R_{gm}$ 为河川基流量，可通过分割基流或由总补给量减去潜水蒸发求得。

平原区地下水中的地表水体补给量来自两部分，一部分来自上游山丘区，另一部分来自平原区的河川径流，这两部分的计算公式为

$$\begin{cases} Q_{BBP} = \theta_2 Q_{BB} \\ Q_{BBm} = (1-\theta_2) Q_{BB} \end{cases} \qquad (3-18)$$

式中：$Q_{BB}$ 为平原区地下水的地表水体补给量；$Q_{BBP}$ 为地表水体补给量中来自平原区河川径流的补给量；$Q_{BBm}$ 为地表水体补给量中来自上游山丘区的补给量；$\theta_2$ 为 $Q_{BBP}$ 占 $Q_{BB}$ 的比例，可通过调查确定。

平原区地表水和地下水相互转化的重复水量有地表水体渗漏补给量和降水形成的河川基流量，即

$$D_{rgP} = R_{gP} + Q_{BBP} = \theta_1 Q_{SP} + \theta_2 Q_{BB} \qquad (3-19)$$

### 三、山丘与平原混合区水资源总量

这种类型的评价区域，一般上游区为山丘区，而下游区为平原区，在评价时首先分别对山丘区和平原区计算各自地表水资源量和地下水资源量。然后扣除山丘区与平原区地下水资源量的重复计算量（即山前侧流量和山丘区基流对平原区地下水的补给量），得到全区的地下水资源总量。最后从全区地表水资源和地下水资源总量中扣除重复计算量就得全区水资源总量，重复计算量包括山丘区河川基流量、平原区降水形成的河川基流量和平原区地表水体渗漏补给量。

# 第五节 水资源可利用量计算

水资源可利用量是指在水资源总量中，在不影响生态环境状态的情况下，采用合理的

技术经济手段进行开采和储备，用于人类生活、生产和生态目的的水量。主要内容包括地表水资源可利用量和地下水资源可开采量。

### 一、水资源可利用量计算的内容和要求

1. 地表水资源可利用量计算

地表水资源可利用量计算应符合下列要求。

（1）地表水资源可利用量按流域水系进行分析计算，以反映流域上下游、干支流、左右岸之间的联系以及整体性。

（2）某一分区的地表水资源可利用量，不应大于当地河川径流量与入境水量之和再扣除相邻地区分水协议规定的出境水量。

2. 地下水资源可开采量估算

地下水资源可开采量估算应符合下列要求。

（1）地下水可开采量是指在经济合理、技术可行且利用后不会造成地下水位持续下降、水质恶化、海水入侵、地面沉降等水环境问题和不对生态环境造成不良影响的情况下，允许从地下含水层中取出的最大水量。地下水可开采量应小于相应地区地下水总补给量。

（2）深层承压水因其补给、径流、排泄条件的限制，一般不具备可持续开发利用的条件。如果切实需要开发利用深层地下水的地区，要求计算多年平均深层承压水可开采量。

### 二、地表水资源可利用量的计算

地表水资源可利用量，是指在可预见的时期内，统筹河道内生态环境用水的基础上，通过经济合理、技术可行的措施可供一次性利用的最大水量，不包括回归水重复利用量。

地表水资源可利用量可用地表水资源量减去河道内最小生态需水量和汛期下泄洪水量计算得到：

$$W_{su}=W_q+W_e-W_f \tag{3-20}$$

式中：$W_{su}$ 为地表水资源可利用量；$W_q$ 为地表水资源量；$W_e$ 为河道内最小生态需水量；$W_f$ 为汛期洪水弃水量。

### 三、地下水资源可开采量的计算

地下水资源可开采量是指在经济合理、技术可行且利用后不会造成地下水位持续下降、水质恶化、海水入侵、地面沉降等水环境问题和不对生态环境造成不良影响的情况下，允许从地下含水层中取出的最大水量。计算方法主要有实际开采量调查法、可开采系数法、多年调节计算法。

（1）实际开采量调查法。对于浅层地下水开发利用程度较高、开采量调查资料较准确、潜水埋深大但蒸发量小的地区，且年初、年末浅层地下水水位基本相等时，则浅层地下水多年平均可开采量可近似等于浅层地下水的实际开采量。

（2）可开采系数法。可开采系数指的是地下水可开采量与地下水总补给量的比值。该方法适用于含水层水文地质条件研究程度较高的地区，通过对区域水文地质条件分析，依据地下水总补给量、水位动态特征、多年平均实际开采量等系列资料，确定合理

的可开采系数。可开采系数与多年平均地下水总补给量的乘积即为多年平均地下水可开采量。

（3）多年调节计算法。依据多年平均条件下总补给量等于总排泄量原理，按照水库的调节计算方法对地下水进行多年调节计算。调节计算期的地下水可开采量等于调节计算期间的总补给量与总废弃水量之差，其中总废弃水量包括潜水蒸发消耗量和侧向排泄水量。

**四、水资源可利用总量的计算**

水资源可利用总量是指在可预见的时期内，在统筹考虑生活、生产和生态环境用水的基础上，通过经济合理、技术可行的措施在当地水资源中可以一次性利用的最大水量。

水资源可利用总量即地表水资源可利用量与浅层地下水可开采量之和扣除二者之间的重复计算水量。

$$W_u = W_{su} + W_{gu} - Q_{gr} - Q_c \qquad (3-21)$$

式中：$W_u$ 为水资源可利用总量；$W_{su}$ 为地表水资源可利用量；$W_{gu}$ 为地下水资源可开采量；$Q_{gr}$ 为地下水可开采量本身的重复量；$Q_c$ 为地表水资源可利用量与地下水资源可开采量之间的重复利用量。

# 第六节　水 资 源 质 量 评 价

水资源质量评价，指的是根据评价目的、水体用途、水质特性，选用相关参数和相应的国家、行业或地方水质标准对水资源质量进行评价。

**一、地表水质量评价**

（一）评价标准

地表水水质是指地表水体的物理、化学和生物学的特征和性质。

1. 水域功能和标准分类

依据地表水水域环境功能和保护目标，地表水按功能高低依次划分为五类。

Ⅰ类：主要适用于源头水、国家自然保护区。

Ⅱ类：主要适用于集中式生活饮用水地表水源地一级保护区、珍稀水生生物栖息地、鱼虾类产卵场、仔稚幼鱼的索饵场等。

Ⅲ类：主要适用于集中式生活饮用水地表水源地二级保护区、鱼虾类越冬场、洄游通道、水产养殖区等渔业水域及游泳区。

Ⅳ类：主要适用于一般工业用水区及人体非直接接触的娱乐用水区。

Ⅴ类：主要适用于农业用水区及一般景观要求水域。

对应地表水上述五类水域功能，将地表水环境质量标准基本项目标准值分为五类，不同功能类别分别执行相应类别的标准值。水域功能类别高的标准值严于水域功能类别低的标准值。同一水域兼有多类使用功能的，执行最高功能类别对应的标准值。实现水域功能与达功能类别标准为同一含义。

2. 标准值

（1）地表水环境质量标准基本项目标准限值见表 3-1。

表 3-1　　　　　　　　　　　地表水环境质量标准基本项目标准限值

| 项　目 | | Ⅰ类 | Ⅱ类 | Ⅲ类 | Ⅳ类 | Ⅴ类 |
|---|---|---|---|---|---|---|
| 水温/℃ | | 人为造成的环境水温变化应限制在：周平均最大温升≤1　周平均最大温降≤2 | | | | |
| pH 值 | | 6～9 | | | | |
| 溶解氧/(mg/L) | ≥ | 饱和率90%（或7.5） | 6 | 5 | 3 | 2 |
| 高锰酸盐指数/(mg/L) | ≤ | 2 | 4 | 6 | 10 | 15 |
| 化学需氧量（COD)/(mg/L) | ≤ | 15 | 15 | 20 | 30 | 40 |
| 五日化学需氧量（$BOD_5$)/(mg/L) | ≤ | 3 | 3 | 4 | 6 | 10 |
| 氨氮（$NH_3-N$)/(mg/L) | ≤ | 0.15 | 0.5 | 1.0 | 1.5 | 2.0 |
| 总磷（以 P 计)/(mg/L) | ≤ | 0.02（湖、库 0.01) | 0.1（湖、库 0.025) | 0.2（湖、库 0.05) | 0.3（湖、库 0.1) | 0.4（湖、库 0.2) |
| 总氮（湖、库，以 N 计)/(mg/L) | ≤ | 0.2 | 0.5 | 1.0 | 1.5 | 2.0 |
| 铜/(mg/L) | ≤ | 0.01 | 1.0 | 1.0 | 1.0 | 1.0 |
| 锌/(mg/L) | ≤ | 0.05 | 1..0 | 1.0 | 2.0 | 2.0 |
| 氟化物（以 $F^-$ 计)/(mg/L) | ≤ | 1.0 | 1.0 | 1.0 | 1.5 | 1.5 |
| 硒/(mg/L) | ≤ | 0.01 | 0.01 | 0.01 | 0.02 | 0.02 |
| 砷/(mg/L) | ≤ | 0.05 | 0.05 | 0.05 | 0.1 | 0.1 |
| 汞/(mg/L) | ≤ | 0.00005 | 0.00005 | 0.0001 | 0.001 | 0.001 |
| 镉/(mg/L) | ≤ | 0.001 | 0.005 | 0.005 | 0.005 | 0.01 |
| 铬（六价)/(mg/L) | ≤ | 0.01 | 0.05 | 0.05 | 0.05 | 0.1 |
| 铅/(mg/L) | ≤ | 0.01 | 0.01 | 0.05 | 0.05 | 0.1 |
| 氰化物/(mg/L) | ≤ | 0.005 | 0.05 | 0.2 | 0.2 | 0.2 |
| 挥发酚/(mg/L) | ≤ | 0.002 | 0.002 | 0.005 | 0.01 | 0.1 |
| 石油类/(mg/L) | ≤ | 0.05 | 0.05 | 0.05 | 0.5 | 1.0 |
| 阴离子表面活性剂/(mg/L) | ≤ | 0.2 | 0.2 | 0.2 | 0.3 | 0.3 |
| 硫化物/(mg/L) | ≤ | 0.05 | 0.1 | 0.2 | 0.5 | 1.0 |
| 粪大肠菌群/(个/L) | ≤ | 200 | 2000 | 10000 | 20000 | 40000 |

（2）集中式生活饮用水地表水源地补充项目标准限值见表 3-2。

表 3-2　　　　　集中式生活饮用水地表水源地补充项目标准限值

| 项　目 | 标准值/(mg/L) | 项　目 | 标准值/(mg/L) |
|---|---|---|---|
| 硫酸盐（以 $SO_4^{2-}$ 计） | 250 | 铁 | 0.3 |
| 氯化物（以 $Cl^-$ 计） | 250 | 锰 | 0.1 |
| 硝酸盐（以 N 计） | 10 | | |

（3）集中式生活饮用水地表水源地特定项目标准限值见表3-3。

表3-3　　　　　　　　集中式生活饮用水地表水源地特定项目标准限值

| 序号 | 项目 | 标准值 | 序号 | 项目 | 标准值 |
|---|---|---|---|---|---|
| 1 | 三氯甲烷 | 0.06 | 35 | 2，4-二硝基氯苯 | 0.5 |
| 2 | 四氯化碳 | 0.002 | 36 | 2，4-二氯苯酚 | 0.093 |
| 3 | 三溴甲烷 | 0.1 | 37 | 2，4，6-三氯苯酚 | 0.2 |
| 4 | 二氯甲烷 | 0.02 | 38 | 五氯酚 | 0.009 |
| 5 | 1，2-二氯乙烷 | 0.03 | 39 | 苯胺 | 0.1 |
| 6 | 环氧氯丙烷 | 0.02 | 40 | 联苯胺 | 0.0002 |
| 7 | 氯乙烯 | 0.005 | 41 | 丙烯酰胺 | 0.0005 |
| 8 | 1，1-二氯乙烯 | 0.03 | 42 | 丙烯腈 | 0.1 |
| 9 | 1，2-二氯乙烯 | 0.05 | 43 | 邻苯二甲酸二丁酯 | 0.003 |
| 10 | 三氯乙烯 | 0.07 | 44 | 邻苯二甲酸二(2-乙基己基)酯 | 0.008 |
| 11 | 四氯乙烯 | 0.04 | 45 | 水合肼 | 0.01 |
| 12 | 氯丁二烯 | 0.002 | 46 | 四乙基铅 | 0.0001 |
| 13 | 六氯丁二烯 | 0.0006 | 47 | 吡啶 | 0.2 |
| 14 | 苯乙烯 | 0.02 | 48 | 松节油 | 0.2 |
| 15 | 甲醛 | 0.9 | 49 | 苦味酸 | 0.5 |
| 16 | 乙醛 | 0.05 | 50 | 丁基黄原酸 | 0.005 |
| 17 | 丙烯醛 | 0.1 | 51 | 活性氯 | 0.01 |
| 18 | 三氯乙醛 | 0.01 | 52 | 滴滴涕 | 0.001 |
| 19 | 苯 | 0.01 | 53 | 林丹 | 0.002 |
| 20 | 甲苯 | 0.7 | 54 | 环氧七氯 | 0.0002 |
| 21 | 乙苯 | 0.3 | 55 | 对硫磷 | 0.003 |
| 22 | 二甲苯① | 0.5 | 56 | 甲基对硫磷 | 0.002 |
| 23 | 异丙苯 | 0.25 | 57 | 马拉硫磷 | 0.05 |
| 24 | 氯苯 | 0.3 | 58 | 乐果 | 0.08 |
| 25 | 1，2-二氯苯 | 1.0 | 59 | 敌敌畏 | 0.05 |
| 26 | 1，4-二氯苯 | 0.3 | 60 | 敌百虫 | 0.05 |
| 27 | 三氯苯② | 0.02 | 61 | 内吸磷 | 0.03 |
| 28 | 四氯苯③ | 0.02 | 62 | 百菌清 | 0.01 |
| 29 | 六氯苯 | 0.05 | 63 | 甲萘威 | 0.05 |
| 30 | 硝基苯 | 0.017 | 64 | 溴氰菊酯 | 0.02 |
| 31 | 二硝基苯④ | 0.5 | 65 | 阿特拉津 | 0.003 |
| 32 | 2，4-二硝基苯 | 0.0003 | 66 | 苯并（a）芘 | $2.8 \times 10^{-6}$ |
| 33 | 2，4，6-三硝基苯 | 0.5 | 67 | 甲基汞 | $1 \times 10^{-6}$ |
| 34 | 硝基氯苯⑤ | 0.05 | 68 | 多氯联苯⑥ | $2 \times 10^{-5}$ |

| 序号 | 项目 | 标准值 | 序号 | 项目 | 标准值 |
|------|------|--------|------|------|--------|
| 69 | 微囊藻毒素-LR | 0.001 | 75 | 锑 | 0.005 |
| 70 | 黄磷 | 0.003 | 76 | 镍 | 0.02 |
| 71 | 钼 | 0.07 | 77 | 钡 | 0.7 |
| 72 | 钴 | 1.0 | 78 | 钒 | 0.05 |
| 73 | 铍 | 0.002 | 79 | 钛 | 0.1 |
| 74 | 硼 | 0.5 | 80 | 铊 | 0.0001 |

① 二甲苯：指对-二甲苯、间-二甲苯、邻-二甲苯。
② 三氯苯：指 1，2，3-三氯苯；1，2，4-三氯苯；1，3，5-三氯苯。
③ 四氯苯：指 1，2，3，4-四氯苯；1，2，3，5-四氯苯；1，2，4，5-四氯苯。
④ 二硝基苯：指对-二硝基苯、间-二硝基苯、邻-二硝基苯。
⑤ 硝基氯苯：指对-硝基氯苯、间-硝基氯苯、邻-硝基氯苯。
⑥ 多氯联苯：指 PCB-1016、PCB-1221、PCB-1232、PCB-1242、PCB-1248、PCB-1254、PCB-1260。

**（二）评价方法**

**1. 河流水体水质评价**

河流水体水质评价方法很多，实际工作中可根据需要选定适宜的方法。这里仅介绍水体污染指数法。污染指数是表征水体环境质量的一种数量指标，以原始监测数据的统计值为输入数据，以选定的评价标准为依据，通过拟定的数学指数公式，获得一个无量纲系数。

（1）常用的污染指数法为直接评分法。根据污染物的监测值及其对环境的影响，进行评分或根据污染情况分级给分。以分值表示污染指数的方法，即评分法。一般评分法用百分制，分数越高，说明水质越好。各参数评分后，计算总分的公式为

$$f = \sum_{i=1}^{n} A_i \qquad (3-22)$$

式中：$f$ 为总分，$A_i$ 为第 $i$ 个参数的评分值，$i=1，2，\cdots，n$。

（2）等标污染负荷法。等标污染负荷法是考虑污染物排放量及排放浓度的不同对受纳水体的水质影响也不相同，而通过计算评价水域接纳的各污染源及其各种污染物分别占评价水域总污染水平的比重（对评价水域的污染贡献），以更明确地确定评价水域的主要污染源和污染物。

$$\begin{cases} P_i = \dfrac{C_i}{C_{oi}} \times Q \times 10^{-6} \\[2mm] P_n = \displaystyle\sum_{i=1}^{n} P_i \\[2mm] P_m = \displaystyle\sum_{n=1}^{m} P_n \\[2mm] K_i = \dfrac{P_i}{P_m} \times 100\% \\[2mm] K_n = \dfrac{P_n}{P_m} \times 100\% \end{cases} \qquad (3-23)$$

式中：$K_i$ 为某污染物等标污染负荷占评价区域等标污染负荷之比，%；$K_n$ 为某污染源等标污染负荷占评价区域等标污染负荷之比，%；$P_i$、$P_n$、$P_m$ 分别为某污染物、某污染源、评价区域等标污染负荷，t/a；$C_i$ 为某污染物实测浓度，mg/L；$C_{oi}$ 为某污染物的排放标准，mg/L；$Q$ 为某污染物的废水排放量，t/a。

2. 湖泊和水库水质评价

湖泊是陆地上较大的蓄水洼地，水库是在山沟或河流的狭口处建造拦河坝形成的人工湖泊（以下把湖泊、水库统称为湖泊）。上游和湖区的入湖河道及沟渠可将其流经地区的各种工业污水、生活污水带入湖泊，湖区周围的农用化肥、农药残留和其他污染物质可随农业回归水和降水径流进入湖泊，常造成污染物来源多、种类复杂的后果。

湖泊水体水质评价的目的是找出湖泊污染的主要来源，阐明污染在湖泊环境内（水质、生物、底质）含量的时空分布，评价其环境质量对国民经济各部门影响情况。

水质评价方法有分段叠加法、聚类分析法和污染指数法等，各种方法在实际应用中发现其评价结果基本相近。而污染指数法较其他方法具有概念清楚、计算简便和可比性强等一系列优点，因此在湖泊水质评价中经常被采用。

**二、地下水质量评价**

（一）评价标准

地下水质量指地下水的物理、化学和生物性质的总称。

1. 地下水质量分类

依据我国地下水质量状况和人体健康风险，参照生活饮用水、工业、农业等用水质量要求，依据各组分含量高低（pH 值除外）分为以下五类。

Ⅰ类：地下水化学组分含量低，适用于各种用途；Ⅱ类：地下水化学组分含量较低，适用于各种用途；Ⅲ类：地下水化学组分含量中等，以《生活饮用水卫生标准》（GB 5749—2006）为依据，主要适用于集中式生活饮用水水源及工农业用水；Ⅳ类：地下水化学组分含量较高，以农业和工业用水质量要求以及一定水平的人体健康风险为依据，适用于农业和部分工业用水，适当处理后可作生活饮用水；Ⅴ类：地下水化学组分含量高，不宜作为生活饮用水水源，其他用水可根据使用目的选用。

2. 地下水质量指标

地下水质量指标分为常规指标和非常规指标，其分类及限值分别见表 3-4 和表 3-5。

表 3-4　　　　　　　　　　地下水质量常规指标及限值

| 指　　标 | Ⅰ类 | Ⅱ类 | Ⅲ类 | Ⅳ类 | Ⅴ类 |
|---|---|---|---|---|---|
| 感官性状及一般化学指标 | | | | | |
| 色（铂钴色度单位） | ≤5 | ≤5 | ≤15 | ≤25 | >25 |
| 嗅和味 | 无 | 无 | 无 | 无 | 有 |
| 浑浊度/NTU[a] | ≤3 | ≤3 | ≤3 | ≤10 | >10 |
| 肉眼可见物 | 无 | 无 | 无 | 无 | 有 |
| pH 值 | 6.5≤pH≤8.5 | | | 5.5≤pH<6.5<br>8.5<pH≤9.0 | pH<5.5<br>或 pH>9 |

| 指　　标 | Ⅰ类 | Ⅱ类 | Ⅲ类 | Ⅳ类 | Ⅴ类 |
|---|---|---|---|---|---|
| 总硬度（以 $CaCO_3$ 计）/(mg/L) | ≤150 | ≤300 | ≤450 | ≤650 | >650 |
| 溶解性总固体/(mg/L) | ≤300 | ≤500 | ≤1000 | ≤2000 | >2000 |
| 硫酸盐/(mg/L) | ≤50 | ≤150 | ≤250 | ≤350 | >350 |
| 氯化物/(mg/L) | ≤50 | ≤150 | ≤250 | ≤350 | >350 |
| 铁/(mg/L) | ≤0.1 | ≤0.2 | ≤0.3 | ≤2.0 | >2.0 |
| 锰/(mg/L) | ≤0.05 | ≤0.05 | ≤0.10 | ≤1.50 | >1.50 |
| 铜/(mg/L) | ≤0.01 | ≤0.05 | ≤1.00 | ≤1.50 | >1.50 |
| 锌/(mg/L) | ≤0.05 | ≤0.50 | ≤1.00 | ≤5.00 | >5.00 |
| 铝/(mg/L) | ≤0.01 | ≤0.05 | ≤0.20 | ≤0.50 | >0.50 |
| 挥发性酚类（以苯酚计）/(mg/L) | ≤0.001 | ≤0.001 | ≤0.002 | ≤0.01 | >0.01 |
| 阴离子表面活性剂/(mg/L) | 不得检出 | ≤0.1 | ≤0.3 | ≤0.3 | >0.3 |
| 耗氧量（$COD_{Mn}$ 法，以 $O_2$ 计）/(mg/L) | ≤1.0 | ≤2.0 | ≤3.0 | ≤10.0 | >10.0 |
| 氨氮（以 N 计）/(mg/L) | ≤0.02 | ≤0.10 | ≤0.50 | ≤1.50 | >1.50 |
| 硫化物/(mg/L) | ≤0.005 | ≤0.01 | ≤0.02 | ≤0.10 | >0.10 |
| 钠/(mg/L) | ≤100 | ≤150 | ≤200 | ≤400 | >400 |
| 微生物指标 | | | | | |
| 总大肠菌群/(MPN[b]/100mL 或 CFU[c]/100mL) | ≤3.0 | ≤3.0 | ≤3.0 | ≤100 | >100 |
| 菌落总数/(CFU/mL) | ≤100 | ≤100 | ≤100 | ≤1000 | >1000 |
| 毒理学指标 | | | | | |
| 亚硝酸盐（以 N 计）/(mg/L) | ≤0.01 | ≤0.10 | ≤1.00 | ≤4.80 | >4.80 |
| 硝酸盐（以 N 计）/(mg/L) | ≤2.0 | ≤5.0 | ≤20.0 | ≤30.0 | >30.0 |
| 氰化物/(mg/L) | ≤0.001 | ≤0.01 | ≤0.05 | ≤0.10 | >0.10 |
| 氟化物/(mg/L) | ≤1.0 | ≤1.0 | ≤1.0 | ≤2.0 | >2.0 |
| 碘化物/(mg/L) | ≤0.04 | ≤0.04 | ≤0.08 | ≤0.50 | >0.50 |
| 汞/(mg/L) | ≤0.0001 | ≤0.0001 | ≤0.001 | ≤0.002 | >0.002 |
| 砷/(mg/L) | ≤0.001 | ≤0.001 | ≤0.01 | ≤0.05 | >0.05 |
| 硒/(mg/L) | ≤0.01 | ≤0.01 | ≤0.01 | ≤0.10 | >0.10 |
| 镉/(mg/L) | ≤0.0001 | ≤0.001 | ≤0.005 | ≤0.01 | >0.01 |
| 铬（六价）/(mg/L) | ≤0.005 | ≤0.01 | ≤0.05 | ≤0.10 | >0.10 |
| 铅/(mg/L) | ≤0.005 | ≤0.005 | ≤0.01 | ≤0.10 | >0.10 |
| 三氯甲烷/(μg/L) | ≤0.5 | ≤6 | ≤60 | ≤300 | >300 |

续表

| 指 标 | Ⅰ类 | Ⅱ类 | Ⅲ类 | Ⅳ类 | Ⅴ类 |
|---|---|---|---|---|---|
| 四氯化碳/(μg/L) | ≤0.5 | ≤0.5 | ≤2.0 | ≤50.0 | >50.0 |
| 苯/(μg/L) | ≤0.5 | ≤1.0 | ≤10.0 | ≤120 | >120 |
| 甲苯/(μg/L) | ≤0.5 | ≤140 | ≤700 | ≤1400 | >1400 |
| 放射性指标[d] | | | | | |
| 总α放射性/(Bq/L) | ≤0.1 | ≤0.1 | ≤0.5 | >0.5 | >0.5 |
| 总β放射性/(Bq/L) | ≤0.1 | ≤1.0 | ≤1.0 | >1.0 | >1.0 |

a NTU 为散射浊度单位。
b MPN 表示最可能数。
c CFU 表示菌落形成单位。
d 放射性指标超过指导值，应进行核素分析和评价。

表 3-5　　　　　　　　地下水质量非常规指标及限值

| 指　　标 | Ⅰ类 | Ⅱ类 | Ⅲ类 | Ⅳ类 | Ⅴ类 |
|---|---|---|---|---|---|
| 毒理学指标 | | | | | |
| 铍/(mg/L) | ≤0.0001 | ≤0.0001 | ≤0.002 | ≤0.06 | >0.06 |
| 硼/(mg/L) | ≤0.02 | ≤0.10 | ≤0.50 | ≤2.00 | >2.00 |
| 锑/(mg/L) | ≤0.0001 | ≤0.0005 | ≤0.005 | ≤0.01 | >0.01 |
| 钡/(mg/L) | ≤0.01 | ≤0.10 | ≤0.70 | ≤4.00 | >4.00 |
| 镍/(mg/L) | ≤0.002 | ≤0.002 | ≤0.02 | ≤0.10 | >0.10 |
| 钴/(mg/L) | ≤0.005 | ≤0.005 | ≤0.05 | ≤0.10 | >0.10 |
| 钼/(mg/L) | ≤0.001 | ≤0.01 | ≤0.07 | ≤0.15 | >0.15 |
| 银/(mg/L) | ≤0.001 | ≤0.01 | ≤0.05 | ≤0.10 | >0.10 |
| 铊/(mg/L) | ≤0.0001 | ≤0.0001 | ≤0.0001 | ≤0.001 | >0.001 |
| 二氯甲烷/(μg/L) | ≤1 | ≤2 | ≤20 | ≤500 | >500 |
| 1,2-二氯乙烷/(μg/L) | ≤0.5 | ≤3.0 | ≤30.0 | ≤40.0 | >40.0 |
| 1,1,1-三氯乙烷/(μg/L) | ≤0.5 | ≤400 | ≤2000 | ≤4000 | >4000 |
| 1,1,2-三氯乙烷/(μg/L) | ≤0.5 | ≤0.5 | ≤5.0 | ≤60.0 | >60.0 |
| 1,2-二氯丙烷/(μg/L) | ≤0.5 | ≤0.5 | ≤5.0 | ≤60.0 | >60.0 |
| 三溴甲烷/(μg/L) | ≤0.5 | ≤10.0 | ≤100 | ≤800 | >800 |
| 氯乙烯/(μg/L) | ≤0.5 | ≤0.5 | ≤5.0 | ≤90.0 | >90.0 |
| 1,1-二氯乙烯/(μg/L) | ≤0.5 | ≤3.0 | ≤30.0 | ≤60.0 | >60.0 |
| 1,2-二氯乙烯/(μg/L) | ≤0.5 | ≤5.0 | ≤50.0 | ≤60.0 | >60.0 |
| 三氯乙烯/(μg/L) | ≤0.5 | ≤7.0 | ≤70.0 | ≤210 | >210 |
| 四氯乙烯/(μg/L) | ≤0.5 | ≤4.0 | ≤40.0 | ≤300 | >300 |
| 氯苯/(μg/L) | ≤0.5 | ≤60.0 | ≤300 | ≤600 | >600 |
| 邻二氯苯/(μg/L) | ≤0.5 | ≤200 | ≤1000 | ≤2000 | >2000 |
| 对二氯苯/(μg/L) | ≤0.5 | ≤30.0 | ≤300 | ≤600 | >600 |

续表

| 指　　标 | Ⅰ类 | Ⅱ类 | Ⅲ类 | Ⅳ类 | Ⅴ类 |
|---|---|---|---|---|---|
| 三氯苯（总量）/（μg/L）[a] | ≤0.5 | ≤4.0 | ≤20.0 | ≤180 | >180 |
| 乙苯/（μg/L） | ≤0.5 | ≤30.0 | ≤300 | ≤600 | >600 |
| 二甲苯（总量）/（μg/L）[b] | ≤0.5 | ≤100 | ≤500 | ≤1000 | >1000 |
| 苯乙烯/（μg/L） | ≤0.5 | ≤2.0 | ≤20.0 | ≤40.0 | >40.0 |
| 2，4-二硝基甲苯/（μg/L） | ≤0.1 | ≤0.5 | ≤5.0 | ≤60.0 | >60.0 |
| 2，6-二硝基甲苯/（μg/L） | ≤0.1 | ≤0.5 | ≤5.0 | ≤30.0 | >30.0 |
| 萘/（μg/L） | ≤1 | ≤10 | ≤100 | ≤600 | >600 |
| 蒽/（μg/L） | ≤1 | ≤360 | ≤1800 | ≤3600 | >3600 |
| 荧蒽/（μg/L） | ≤1 | ≤50 | ≤240 | ≤480 | >480 |
| 苯并（b）荧蒽/（μg/L） | ≤0.1 | ≤0.4 | ≤4.0 | ≤8.0 | >8.0 |
| 苯并（a）芘/（μg/L） | ≤0.002 | ≤0.002 | ≤0.01 | ≤0.50 | >0.50 |
| 多氯联苯（总量）/（μg/L）[c] | ≤0.05 | ≤0.05 | ≤0.50 | ≤10.0 | >10.0 |
| 邻苯二甲酸二（2-乙基己基）酯/（μg/L） | ≤3 | ≤3 | ≤8.0 | ≤300 | >300 |
| 2，4，6-三氯酚/（μg/L） | ≤0.05 | ≤20.0 | ≤200 | ≤300 | >300 |
| 五氯酚/（μg/L） | ≤0.05 | ≤0.90 | ≤9.0 | ≤18.0 | >18.0 |
| 六六六（总量）/（μg/L）[d] | ≤0.01 | ≤0.50 | ≤5.0 | ≤300 | >300 |
| γ-六六六（林丹）/（μg/L） | ≤0.01 | ≤0.20 | ≤2.00 | ≤150 | >150 |
| 滴滴涕（总量）/（μg/L）[e] | ≤0.01 | ≤0.10 | ≤1.00 | ≤2.00 | >2.00 |
| 六氯苯/（μg/L） | ≤0.01 | ≤0.10 | ≤1.00 | ≤2.00 | >2.00 |
| 七氯/（μg/L） | ≤0.01 | ≤0.04 | ≤0.40 | ≤0.80 | >0.80 |
| 2-4-滴/（μg/L） | ≤0.1 | ≤6.0 | ≤30.0 | ≤150 | >150 |
| 克百威/（μg/L） | ≤0.05 | ≤1.40 | ≤7.00 | ≤14.0 | >14.0 |
| 涕灭威/（μg/L） | ≤0.05 | ≤0.60 | ≤3.00 | ≤30.0 | >30.0 |
| 敌敌畏/（μg/L） | ≤0.05 | ≤0.10 | ≤1.00 | ≤2.00 | >2.00 |
| 甲基对硫磷/（μg/L） | ≤0.05 | ≤4.00 | ≤20.0 | ≤40.0 | >40.0 |
| 马拉硫磷/（μg/L） | ≤0.05 | ≤25.0 | ≤250 | ≤500 | >500 |
| 乐果/（μg/L） | ≤0.05 | ≤16.0 | ≤80.0 | ≤160 | >160 |
| 毒死蜱/（μg/L） | ≤0.05 | ≤6.00 | ≤30.0 | ≤60.0 | >60.0 |
| 百菌清/（μg/L） | ≤0.05 | ≤1.00 | ≤10.0 | ≤150 | >150 |
| 莠去津/（μg/L） | ≤0.05 | ≤0.40 | ≤2.00 | ≤600 | >600 |
| 草甘膦/（μg/L） | ≤0.1 | ≤140 | ≤700 | ≤1400 | >1400 |

a 三氯苯（总量）为1，2，3-三氯苯、1，2，4-三氯苯、1，3，5-三氯苯3种异构体加和。

b 二甲苯（总量）为邻二甲苯、间二甲苯、对二甲苯3种异构体加和。

c 多氯联苯（总量）为PCB28、PCB52、PCB101、PCB118、PCB138、PCB153、PCB180、PCB194、PCB206等9种多氯联苯单体加和。

d 六六六（总量）为α-六六六、β-六六六、γ-六六六、δ-六六六4种异构体加和。

e 滴滴涕（总量）为o，p′-滴滴涕、p，p′-滴滴伊、p，p′-滴滴滴、p，p′-滴滴涕4种异构体加和。

（二）评价方法

评价方法可选用单因子指数法、综合评分法、尼梅罗指数法、双指数法、模糊数学法及灰色关联度法等。各种方法的评价目标、适用范围不同，所满足的评价目的要求亦不同，监测因子数量要求也有很大区别，应根据实际情况和评价要求具体选用。本节主要介绍单因子指数法、综合评分法、尼梅罗指数法。

1. 单因子指数法

实际工作中，一般评价范围较小，工程评价要求较简单，常采用单因子指数法。单因子指数法计算评价简单，使用方便，可以明确表示污染因子与标准值的相关情况，但该方法只能就单项指标进行评述，不能综合评价水体的质量状况。

计算公式：

$$P_i = \frac{C_i}{C_{si}} \tag{3-24}$$

式中：$P_i$ 为污染物的单因子指数；$C_i$ 为污染物的实测浓度，mg/L；$C_{si}$ 为污染物的评价标准，mg/L；

2. 综合评分法

将水质各单项组分（不包括细菌学指标）按《地下水质量标准》（GB/T 14848—2017）划分所属质量类别，对各类别按表 3-6 确定单项组分评分值 $F_i$；不同类别标准相同时取优不取劣。例如挥发酚Ⅰ、Ⅱ类标准均不大于 0.001mg/L，如果水质监测结果不大于 0.001mg/L，应定为Ⅰ类而不定为Ⅱ类。

综合评价分值：

$$F = \sqrt{\frac{\overline{F}^2 + F_{\max}^2}{2}} \tag{3-25}$$

其中

$$\overline{F} = \frac{1}{n} \sum_{i=1}^{n} F_i$$

式中：$\overline{F}$ 为各单项组分评分值 $F_i$ 的平均值；$F_{\max}$ 为单项组分评分值 $F_i$ 中最大值；$n$ 为项目数（不少于 20 项）。

表 3-6 地下水环境质量单项组分评分表

| 类别 | Ⅰ类 | Ⅱ类 | Ⅲ类 | Ⅳ类 | Ⅴ类 |
|---|---|---|---|---|---|
| $F_i$ | 0 | 1 | 3 | 6 | 10 |

根据计算的 $F$ 值，按表 3-7 可划分地下水环境质量级别，再将细菌学指标评价类别注在级别定名之后。

表 3-7 地下水环境质量分级表

| 级别 | 优良 | 良好 | 较好 | 较差 | 极差 |
|---|---|---|---|---|---|
| $F$ | <0.8 | 0.8~2.5 | 2.5~4.25 | 4.25~7.2 | >7.2 |

3. 尼梅罗指数法

尼梅罗指数是比标指数类的一种，该方法选取最大值和平均值的平方和，强调最大值的作用。

$$PI_n = \sqrt{\frac{(C_i/C_{oi})^2_{cp} + (C_i/C_{oi})^2_{max}}{2}} \qquad (3-26)$$

式中：$PI_n$ 为尼梅罗指数；$C_i$ 为实测浓度，mg/L；$C_{oi}$ 为评价标准，mg/L。

考虑到所选择评价项目对人体健康的危害性不同，仅对其作最高限量（评价标准）尚不足以显示出各项组分对地下水整体质量状态的影响。因此，需对各评价因子取一反映其在饮用水质量中所起的作用强弱的数值 $\varepsilon_i$，称为人体健康效应系数。

$$\varepsilon_i = \lg \frac{\sum\limits_{i=1}^{n} C_{oi}}{C_{oi}} \qquad (3-27)$$

以此系数对尼梅罗公式作一修正变为

$$PI_n = \sqrt{\frac{\left(\varepsilon_i \dfrac{C_i}{C_{oi}}\right)^2_{cp} + \left(\varepsilon_i \dfrac{C_i}{C_{oi}}\right)^2_{max}}{2}} \qquad (3-28)$$

式中：$\varepsilon_i$ 为评价因子权重（人体健康效应系数）。

根据监测计算结果，按如下指数大小进行分级：

（1）地下水环境质量较好：$PI_n < 3.5$，各项组分均不超标。

（2）地下水环境质量一般：$3.5 \leqslant PI_n \leqslant 7.0$，有 $1 \sim 2$ 项组分超标。

（3）地下水环境质量较差：$PI_n > 7.0$，有 3 项及以上组分超标。

需要指出，目前并没有统一的分级标准，以上划分标准是根据华北平原多年的工作经验上提出来的，只适用于某一特定的区域，在此只注重其评价方法。

# 第七节　水资源开发利用影响评价

水资源开发利用影响评价是对如何合理进行水资源的综合开发利用和保护规划的基础性前期工作，其目的是增强在进行具体的流域或区域水资源规划时的全局观念和宏观指导思想，是水资源评价工作中的重要组成部分。主要包括以下几方面内容。

## 一、水资源开发程度调查分析

水资源开发程度调查分析是指对评价区域内现有的各类水利工程及措施情况进行调查了解，主要有各种类型及功能的水库、塘坝、引水渠首及渠系、水泵站、水厂、水井等，包括其数量和分布。对水库要调查其设立的防洪库容、兴利库容、泄洪能力、设计年供水能力及正常或不能正常运转情况；对各类供水工程措施要了解其设计供水能力和有效供水能力；对于有调节能力的蓄水工程，应调查其对天然河川径流经调节后的改变情况。供水能力是指现状条件下相应供水保证率的可供水量。有效供水能力是指当天然来水条件不能适应工程设计要求时实际供水量比设计条件有所降低的实际运行情况，也包括因地下水位下降而导致水井出水能力降低的情况。

## 二、供用水量现状调查统计及供用水效率分析

（1）选择具备资料条件的最近一年作为基准年，调查统计分析该年及近几年河道外用

水和河道内用水情况。

（2）河道外供水应分区按当地地表水、地下水、入境水、外流域调水、利用海水替代淡水、利用处理或未处理过的废污水等多种来源，以及按蓄、引、堤、机电井等四类工程分别统计，分析各种供水占总供水的百分比，并分析年供水和组成的调整变化趋势。分区统计的各项供水量均为包括输水损失在内的毛供水量。

（3）河道外用水应分区按生活、生产、生态三大类用水户分别统计各年用水总量、用水定额和人均用水量。其中，生活用水可分为城镇居民生活、农村居民生活等亚类。生产用水分为第一产业用水、第二产业用水及第三产业用水，第一产业包括农田灌溉和林、牧、畜、渔用水等亚类；第二产业包括工业及建筑业等亚类，工业用水可分为电力工业、一般工业、乡镇工业等亚类；第三产业包括旅游及餐饮业等亚类。统计分析年用水量增减变化及其用水结构调整状况。分区统计的各项用水量均为包括输水损失在内的毛用水量。

（4）河道内用水指水力发电、航运、冲沙、防凌和维持生态环境等方面的用水。同一河道内的各项用水可以重复利用，应确定重点河段的主要用水项，并分析近年河道内用水的发展变化情况。

（5）在供用水调查统计的基础上，分析各项供用水的消耗系数和回归系数，估算耗水量、排污量和灌溉回归量；计算农业用水指标、工业用水指标、生活用水指标以及综合用水指标；对供用水有效利用率及其节水潜力做出评价。

**三、水资源开发利用程度评价**

在上述分析评价的基础上，需要对区域水资源的开发利用程度作一个综合评价。具体计算指标包括地表水资源开发率、平原区浅层地下水开采率、水资源利用消耗率。地表水资源开发率是指地表水源供水量占地表水资源量的百分比，平原区浅层地下水开采率是指地下水开采量占地下水资源量的百分比，水资源利用消耗率是指用水消耗量占水资源总量的百分比。

在这些指标计算的基础上，综合水资源利用现状，分析评价水资源开发利用程度，说明水资源开发利用程度是较高、中等还是较低。

**四、水资源综合评价**

水资源综合评价是在水资源数量、质量和开发利用现状评价以及对环境影响评价的基础上，遵循生态良性循环、资源永续利用、经济可持续发展的原则，对水资源时空分布特征、利用状况及与社会经济发展的协调程度所做的综合评价。

1. 水资源开发利用现状及其存在问题分析

以基准年社会经济指标和现有工程条件为依据，根据不同供水保证率的供水量和基准年实际用水量，按流域自上而下、先支流后干流分区进行供需平衡分析，对各分区和全流域的余缺水量做出评价，揭示水资源供需矛盾，以及水资源开发、利用、保护、管理方面存在的主要问题。对当地地表水、地下水开发利用程度进行分析，并结合现有的供水工程分布和控制状况，对当地水资源进一步开发潜力做出分析评价。

2. 水资源供需发展趋势分析

依据国民经济和社会发展五年计划及远景规划选取不同水平年；对不同水平年进行工

业、农业、生活及环境需水预测；依据不同水平年经济、社会、环境发展目标以及可能的开发利用方案，进行不同保证率条件下地表水工程、地下水工程、再生水工程的可供水量预测。

开展不同水平年不同保证率下的水资源供需平衡分析。在此基础上，分析全区及不同分区不同水平年水资源供需发展趋势及其可能产生的各种问题，其中包括河道外用水和河道内用水的平衡协调问题、水污染问题、地下水环境问题和河流水生态问题。

3. 水资源开发利用对策与措施

在进行水资源综合评价的基础上，应结合评价区水资源开发利用中存在的问题，按照"全面节流、多方开源、厉行保护、强化管理、优化配置"的水资源开发利用方针，在开源、节流、保护和管理等方面提出宏观策略及具体措施，包括工程措施、水资源政策与管理措施。

# 习　题

1. 简述水资源评价的概念。
2. 地表水资源数量评价内容主要包括哪几项？
3. 水资源总量计算中，重复计算水量有哪几项？
4. 简述水资源质量评价方法。

第三章习题答案

# 第四章 水资源供需分析

## 第一节 需水量预测

需水量预测是在充分考虑资源约束和节约用水等因素的条件下，按生活、生产和生态用水三类口径研究各规划水平年的需水量。需水预测时需要考虑市场经济条件下对水需求的抑制，充分研究节水发展及其对需水的抑制效果。需水预测是一个动态预测过程，与节约用水及水资源配置不断循环反馈。需水量的变化与经济发展速度、国民经济结构、工农业生产布局、城乡建设规模等诸多因素有关。科学的需水预测是水资源规划和供水工程建设的重要依据[20-21]。

### 一、生活需水预测

生活需水主要是指城镇居民和农村居民生活需水。由于它的增长速度快，用水高度集中，与人们生活息息相关，关系到千家万户，因此必须给以高度重视，尤其在我国北方水资源供需矛盾突出，更需及时通过调查，摸清生活需水的现状和发展动向，统筹规划，早做安排，以满足人民生活需水的要求。

（一）生活需水的分类

（1）按需水性质可分为：①居民日常生活需水，指维持日常生活的家庭和个人需水，包括饮用、洗涤等室内需水和洗车、绿化等室外需水；②公共设施需水，包括浴池、商店、旅店、饭店、学校、医院、影剧院、市政绿化、清洁、消防等需水。

（2）按地区分为市区城市需水和市郊城镇需水。

（3）按供水系统分为自来水供给的城镇生活需水和自备水源供给的城镇生活需水。

（4）按供水对象分为可分为家庭、商业、饭店、学校、机关、医院、影剧院、街道绿化、清洁、消防、市政需水等。

（5）按供水水源分为：①地表水（不需调节的地表水与需要调节流量的地表水）；②地下水（泉水、浅层地下水与深层地下水）；③中水（经过处理的污水用于生活需水的那部分水）。

（二）生活需水预测思路

生活需水可采用人均日用水量方法进行预测。

1. 趋势外延法或简单相关法

城市生活需水和工业需水一样，在一定范围内，其增长速度是比较有规律的，因而可以用趋势外延和简单相关法推求未来需水量。由于对生活用水采取节水措施，在今后一定的年数内合理用水达到节约指标，会使用水定额有所减少，需水量的预测要考虑这一条件变化。

（1）总需水量的估算：

$$W = 0.365 \sum_{i=1}^{2} n_i m_i \qquad (4-1)$$

$$n_i = p_{0i}(1 + \varepsilon_i)^k \qquad (4-2)$$

式中：$W$ 为某水平年生活需水量，$m^3$；$n_i$ 为某水平年城镇、农村居民人口数，人；$p_0$ 为现状年城镇、农村居民人口数，人；$\varepsilon_i$ 为城镇、农村居民人口增长率；$m_i$ 为某水平年份的城镇、农村居民人均用水定额，L/（人·d）；$i$ 为 1、2，分别指城镇和农村两种情况；$k$ 为现状年与某水平年的时间间隔。

对总需水量的估算，考虑的因素是用水人口和用水定额。人口数可以用式（4-2）预测，也可以计划部门预测数为准。用水定额以现状调查数字为基础，根据经济社会发展水平、人均收入水平、水价水平、节水器具推广与普及情况，结合生活用水习惯，参照建设部门已制定的城市（镇）用水标准，参考国内外同类地区或城市生活用水定额，分别拟定各水平年城镇和农村居民生活用水定额，利用式（4-1）预测某水平年的生活需水量。根据供水预测成果以及供水系统的水利用系数，结合生活净需水量可进行生活毛需水量的预测。城市居民生活用水量标准见表4-1，村镇最高日居民生活用水定额见表4-2。

表 4-1　　　　　　　　　　城市居民生活用水量标准

| 地域分区 | 日用水量/<br>[L/（人·d）] | 适 用 地 域 |
|---|---|---|
| 一 | 80~135 | 黑龙江、吉林、辽宁、内蒙古 |
| 二 | 85~140 | 北京、天津、河北、山东、河南、山西、陕西、宁夏、甘肃 |
| 三 | 120~180 | 上海、江苏、浙江、福建、江西、湖北、湖南、安徽 |
| 四 | 150~220 | 广西、广东、海南 |
| 五 | 100~140 | 重庆、四川、贵州、云南 |
| 六 | 75~125 | 新疆、西藏、青海 |

表 4-2　　　　　　　　村镇最高日居民生活用水定额　　　　　　单位：L/（人·d）

| 主要用（供）水条件 | 一区 | 二区 | 三区 | 四区 | 五区 |
|---|---|---|---|---|---|
| 集中供水点取水，或水龙头入户<br>且无洗涤和其他设施 | 30~40 | 30~45 | 30~50 | 40~55 | 40~70 |
| 水龙头入户，有洗涤池，<br>其他卫生设施较少 | 40~60 | 45~65 | 50~70 | 50~75 | 60~100 |
| 全日供水，户内有洗涤池和<br>部分其他卫生设施 | 60~80 | 65~85 | 70~90 | 75~95 | 90~140 |
| 全日供水，室内有给水排水设施<br>且卫生设施较齐全 | 80~110 | 85~115 | 90~120 | 95~130 | 120~180 |

注　1. 本表所列用水量包括了居民散养禽畜、散用汽车和拖拉机用水量、家庭小作坊生产用水量。

　　2. 一区包括：新疆、西藏、青海、甘肃、宁夏、内蒙古西北部、陕西和山西两省黄土沟壑区、四川西部。二区包括：黑龙江、吉林、辽宁，内蒙古西北部以外的地区，河北北部。三区包括：北京、天津、山东、河南，河北北部以外的地区，陕西和山西两省黄土沟壑以外的地区，安徽、江苏两省的北部。四区包括：重庆、贵州、云南、四川西部以外的地区，广西西北部，湖北、湖南两省的西部山区。五区包括：上海、浙江、福建、江西、广东、海南、台湾，安徽、江苏两省北部的以外地区，广西西北部，湖北、湖南两省西部山区的以外地区。

（2）年内分配。在求出年总需水量后，年内分配可采用自来水供水系统月供水分配系数，再做一些修正后，用于不同水平年生活用水的月水量分配。

$$W_{i-m} = a_m p_0 (1+\varepsilon)^n k \qquad (4-3)$$

式中：$W_{i-m}$ 为某一水平年内某一月份城镇生活需水量，$m^3$；$a_m$ 为某一月份需水量占全年总需水量百分数；其他符号意义同上。

2. 分类分析权重变化估算法（双因子分析）

一个城镇生活用水的各种用水项目之间存在一定的比例，而且这种定量比例与许多因素有关。同时各种用户的用水定额也是随着时间的推移而有所变化。因此，必须对各类用户的权重和定额进行分析，其变化趋势可通过历史资料分析，综合考虑各项影响因素确定，如住房和公共设施规划、供水普及率的变化、用水设备的普及程度，以及受水源、价格等因素影响，节约用水的推广程度等，提出一个合理的权重和用水定额，然后按下式计算总需水量：

$$W_i = \sum_{i=1}^{h} \varepsilon_i K_i M_i \qquad (4-4)$$

式中：$W_i$ 为某一水平年的总需水量，$m^3/a$；$\varepsilon_i$ 某一类用户在某一水平年所占的权重，%；$K_i$ 为某一类用户在某一水平年的单位需水量，$m^3/(人·a)$；$M_i$ 为某一类用户在某一水平年的用水人数，人。

各类用户权重变化可以用趋势外延法和简单相关法进行外延推算，定额预测考虑历史的变化，并通过典型用户的定额变化过程进行累积推算。

**二、生产需水预测**

（一）农业需水量预测

农业生产也被称为第一产业，包括种植业、林业、畜牧业、渔业。相应的需（用）水可分为农田灌溉、林业灌溉、牲畜需水和鱼塘需水。农业需水的特点是，牲畜和鱼塘需水对水质的要求高于农田灌溉和林业灌溉的要求；从数量上看，农田灌溉需水量则占主要地位。此外，灌溉需水还有一些其他特征，例如灌溉需水量不仅取决于作物种类、品种、生长阶段等，而且受气候、土壤等因素影响显著，因而需水量季节变化大，地区差异明显。由于灌溉需（用）水量大，影响因素又复杂，所以无论在生产实践中还是科学研究中都是关注的重点。

1. 农田灌溉需水

农田灌溉需水是为满足作物生育期用水需求，除天然降水供给外，通过各种水利设施补送到农田的水量。农业需水中，主要是农田灌溉需水，占70%以上。

（1）作物腾发量及其计算。作物在生长期中主要消耗于维持正常生长的生理用水量称为作物需水量，它包括叶面蒸腾和棵间（土壤或水面）蒸发两个部分，这两部分合在一起简称腾发量。其大小与气象条件（温度、日照、湿度、风速等）、土壤性状及含水状况、作物种类及其生长发育阶段、农业技术措施和灌溉排水方法等有关，即受着大气-作物-土壤综合系统中众多因素的影响，且这些因素对需水量的影响又是互相关联的、错综复杂的。所以，目前尚难从理论上对作物田间需水量做出精确的计算。按照作物腾发量影响因素处理方式的不同，现有计算作物 ET 的方法，大致可归纳为两大类：一类是直接计算法，另一类是通过参考作物腾发量来计算。

1）直接法。

a. 蒸发器法。以水面蒸发为参数的需水系数法（简称 $\alpha$ 值法）。国内外大量灌溉试验资料表明，水面蒸发量能综合地反映各项气象因素的变化。作物田间需水量与水面蒸发量之间存在一定关系，并可用下列线性公式表示：

$$ET = aE_0 + b \qquad (4-5)$$

式中：$ET$ 为某时段（月、旬、生育阶段、全生育期）内的作物田间需水量，mm；$E_0$ 为与 $ET$ 同时段的水面蒸发量（一般指 80cm 口径蒸发皿的蒸发值），mm；$a$、$b$ 分别为经验常数，由实测资料分析确定。

该法只要求具有水面蒸发量资料，即可计算作物田间需水量。由于水面蒸发资料比较容易获得，所以该法为我国水稻产区广泛采用。但该法中未考虑非气象因素（如土壤、水文地质、农业技术措施、水利措施等），因而在使用时应注意分析这些因素对 $\alpha$ 值的影响。

b. 产量法（$k$ 值法）。农作物的产量是太阳能的累积与水、土、肥、热、气诸因素及农业措施综合作用的结果。在一定的气象条件下和一定的产量范围内，作物田间需水量随产量的提高而增加。但两者并不成直线比例关系，随着产量的提高，单位产量的需水量逐渐减少，当产量达到一定水平后，单位产量的需水量将趋于稳定。以产量为指标计算作物田间需水量的公式为

$$ET = kY \qquad (4-6)$$

或

$$ET = kY^n + c \qquad (4-7)$$

式中：$ET$ 为作物全生育期的田间总需水量，mm；$Y$ 为作物单位面积产量，kg/hm$^2$；$k$ 为需水系数，即单位产量所消耗的水量，m$^3$/kg，根据试验资料确定，一般水稻 $k = 0.50 \sim 1.15$，小麦 $k = 0.60 \sim 1.70$，玉米 $k = 0.50 \sim 1.50$，棉花 $k = 1.20 \sim 3.40$；$n$ 为经验指数，根据试验确定，一般 $n = 0.3 \sim 0.5$；$c$ 为经验常数，根据试验确定，小麦一般 $c = 11.3 \sim 16.0$。

$k$ 值法简便易行，只要确定了作物计划产量即可计算出它的田间需水量，因此曾在我国得到广泛应用，这一方法主要适用于确定供水不充分的旱作物的田间需水量。

2）基于参考作物腾发量的方法。在自然条件下，作物腾发耗水主要受气象条件、土壤水分条件和作物的生物学特征的影响。基于参考作物腾发量的计算方法，大致分为以下两步：第一步，考虑气象因素对参考作物腾发量 $ET_0$ 的影响，计算参考作物腾发量 $ET_0$；第二步：考虑作物因素和土壤水分的影响，修正参考作物 $ET_0$，从而计算出实际作物腾发量。

a. 参考作物 $ET_0$ 的计算。目前为止，FAO 推荐的 Penman - Monteith 公式是应用最为广泛的计算参考作物 $ET_0$ 的公式。用于计算 24h 参考作物 $ET_0$ 的 Penman - Monteith（P-M）公式表达如下：

$$ET_0 = \frac{0.408\Delta(R_n - G) + \frac{900}{T+273}\gamma u_2(e_s - e_a)}{\Delta + \gamma(1 + 0.34u_2)} \qquad (4-8)$$

$$ET = k_w K_c ET_0 \tag{4-9}$$

式中：$ET_0$ 为参照作物蒸发蒸腾量，mm/d；$\Delta$ 为平均气温时饱和水汽压随温度的变化率，kPa/℃；$R_n$ 为冠层表面净辐射，MJ/(m² · d)；$G$ 为土壤热通量，MJ/(m² · d)；$\gamma$ 为湿度计常数，kPa /℃；$u_2$ 为 2 m 高处的风速，m/s；$e_s$ 为饱和水汽压，kPa；$e_a$ 为实际水汽压，kPa；$k_w$ 为土壤水分修正系数；$K_c$ 为作物系数，反映作物的需水特性。

b. 实际作物腾发量的计算。实际作物腾发量的计算不仅要考虑气象因素，还应考虑作物因素与土壤水分胁迫作用。试验结果表明，实际作物腾发量与参考作物腾发量两者受气象因素的影响是具有同步性的。因此，对于某种具体作物，其全生育期各生长阶段潜在腾发量可由参考作物腾发量乘以作物系数得到。计算式如下：

$$ET_p = K_c ET_0 \tag{4-10}$$

式中：$ET_p$ 为实际作物的潜在腾发量，即土壤水分充足时腾发量；$K_c$ 为作物系数；$ET_0$ 意义同上。

表 4-3 为山西省冬小麦不同生育阶段或月份的作物系数。表中结果表明，作物系数 $K_c$ 在作物全生育期内的变化规律是：前期和后期相对较小，生长旺盛期较大。

表 4-3　　　　　　　　　　　山西省冬小麦作物系数 $K_c$ 值

| 生育阶段 | 播种—越冬 | 越冬—返青 | 返青—拔节 | 拔节—抽穗 | 抽穗—灌浆 | 灌浆—收割 | 全生育期 |
|---|---|---|---|---|---|---|---|
| $K_c$ | 0.86 | 0.48 | 0.82 | 1.00 | 1.16 | 0.87 | 0.87 |

（2）灌溉制度。作物腾发耗水主要来源于土壤水，而天然状况下土壤水又依靠降水和地下水补充。当土壤水不能满足作物对水分的需要时，为保证作物稳产高产，需要采取人工措施来补充土壤水分。这种人工补充土壤水分以改善作物生长条件的技术措施就称为灌溉。

下面根据农田水量平衡原理，推求作物每次灌水所需的水量及总灌溉水量。为表述方面，先介绍几个常用术语：灌水定额是指一次灌水时单位灌溉面积上的灌水量；全生育期内各次灌水定额之和称为灌溉定额；灌溉制度则是指作物播种前（或水稻栽秧前）及全生育期内的灌水次数、每次的灌水日期和灌水定额以及灌溉定额。灌水定额和灌溉定额常以 m³/hm² 或 mm 表示，它是灌区规划及水资源管理的重要依据。

1）旱作田水量平衡方程。在旱作物生育期中任何一个时段内，土壤计划湿润层内储水量的消长变化可用以下水量平衡方程式表示：

$$W_t - W_0 = \Delta W + P_0 + K + M - ET \tag{4-11}$$

式中：$W_0$ 为时段初土壤计划湿润层内的储水量；$W_t$ 为时段末土壤计划湿润层内的储水量；$\Delta W$ 为由于计划湿润层加深而增加的水量；$P_0$ 为降雨入渗量，即降雨量减去地面径流损失后的水量；$K$ 为时段内的地下水补给量；$M$ 为时段内的灌水量；$ET$ 为时段内作物田间需水量。

土壤计划湿润层系指在旱田进行灌溉时，计划调节控制土壤水分状况的土层。其深度随作物根系活动层深度、土壤性质、地下水埋深等因素而变。在作物生长初期，一般采用 30~40cm；生长末期，一般不超过 0.8~1.0m。在地下水位较高的盐碱化地区，计划湿润层深度不宜大于 0.6m。计划湿润层深度应通过试验来确定。在作物生育期内计划湿润层是变化的，由于计划湿润层增加，可利用一部分深层土壤的原有储水量，所以引入 $W_r$ 项。

土壤计划湿润层储水量可根据计划湿润层土壤总容积和土壤体积含水率计算出来。单位面积土壤储水量计算式如下：

$$W = H\theta \qquad (4-12)$$

式中：$H$ 为土壤计划湿润层的深度，m；$\theta$ 为土壤体积含水率，它表示单位土壤总容积中水所占的容积百分比，含水率越高土壤的储水量越多。

作物生长最适宜的土壤含水率随作物种类、生育阶段的需水特点、施肥情况和土壤性质（包括含盐状况）等因素而异，一般在一个区间范围内变化。其中，允许最大含水率（$\theta_{max}$）一般以不致造成深层渗漏为原则，通常取为土壤田间持水率，作物允许最小含水率（$\theta_{min}$）应大于凋零系数。具体数值可根据试验确定。给定作物各生长阶段的 $\theta_{min}$ 和 $\theta_{max}$，可确定作物允许的最小储水量 $W_{min}$ 和最大储水量 $W_{max}$。

此外，式（4-11）中 $P_0$ 指降雨量减去地面径流损失后的水量，可通过降雨入渗系数计算。地下水补给量（$K$）系指地下水借土壤毛细管作用上升至作物根系吸水层而被作物利用的水量，其大小与地下水埋藏深度、土壤性质、作物种类、作物耗水强度、计划湿润土层含水量等有关。地下水补给量应随灌区地下水动态和各阶段计划湿润土层深度不同而变化。在设计灌溉制度时，应根据当地或条件类似地区的试验、调查资料估算。

2）水稻田水量平衡方程。水稻田的灌水可发生在泡田期及插秧以后的生育期内。泡田期的灌溉用水量可用下式确定：

$$M_1 = 10(h_0 + S_1 + e_1 t_1 - P_1) \qquad (4-13)$$

式中：$M_1$ 为泡田期灌溉用水量，mm，又称泡田定额；$h_0$ 为插秧时田面所需的水层深度，mm；$S_1$ 为泡田期的渗漏量，即开始泡田到插秧期间的总渗漏量，mm；$t_1$ 为泡田期的日数；$e_1$ 为泡田期的水田田面平均蒸发强度，mm/d，可用水面蒸发强度代替；$P_1$ 为泡田期的降雨量，mm。

在水稻生育期中任何一个时段内，稻田田面水层的消长变化可用以下水量平衡方程表示：

$$H_1 + P + m - E - d = H_2 \qquad (4-14)$$

式中：$H_1$ 为时段初田面水层深度；$H_2$ 为时段末田面水层深度；$P$ 为时段内的降水量；$m$ 为时段内的灌水量；$E$ 为时段内的田间耗水量；$d$ 为时段内的排水量。

在逐时段水量平衡计算中，应先确定田面适宜水层下限 $H_{min}$、上限 $H_{max}$ 及雨后最大蓄水深度 $H_p$。如果时段初水深为 $H_1$，先不考虑灌水和排水（即令 $m=0$，$d=0$），按式（4-14）求出 $H_2$。

接着，判断 $H_2$ 是否在适宜水层范围。当 $H_2 < H_{min}$，说明时段末水深将低于适宜水层下限，需要灌溉。灌水量（灌水定额）$m$ 变化范围为

$$H_{min} - H_2 < m \leqslant H_{min} - H_2 \qquad (4-15)$$

为了避免频繁灌水，一般每次灌水应以灌至田面适宜水层上限 $H_{max}$ 为限，相应灌水量为

$$m = H_{max} - H_2 \qquad (4-16)$$

但在具体计算时，通常以 10mm 为单位计算灌水量，所以灌水后田面水层深度不一定刚好等于 $H_{max}$，而是略高于或低于 $H_{max}$。

当 $H_2 > H_p$，说明田面水深过高，则应计算排水量。排水量为

$$d = H_2 - H_p \tag{4-17}$$

因此，当确定了水稻各生育阶段的适宜水层 $H_{min}$、$H_{max}$ 及阶段耗水强度，便可逐时段推算出田面水层深度及灌水定额、排水量。从而获得全生育期灌溉定额，即各次灌水定额之和 $M_2$，同时可获得全生育期排水量。

将泡田定额和全生育期灌溉定额相加，获得水稻的灌溉定额 $M$：

$$M = M_1 + M_2 \tag{4-18}$$

（3）灌溉用水量。

1）灌溉水的利用效率。为了对农田进行灌溉就需要修建一个灌溉系统，以便把灌溉水输送、分配到各田块。一般的灌溉系统主要由各级渠道连成的渠道网及渠道上的各类建筑物所组成。渠道的级数视灌区面积和地形等条件而定，常分为五级，即干渠、支渠、斗渠、农渠和毛渠。农渠为末级固定渠道，农渠以下的毛渠、输水沟和灌水沟、畦等为临时性工程，统称为田间工程。

一个灌溉系统由渠首将水引入后，在各级渠道的输水过程中有蒸发、渗漏等水量损失，水到田间后，也还有深层渗漏和田间流失等损失。为了反映灌溉水的利用效率，衡量灌区工程质量、管理水平和灌水技术水平，通常用灌溉水有效利用系数[*]（$\eta_{水}$）来表示。灌溉水有效利用系数是指灌区灌溉面积上田间所需要的净水量与渠首引进的总水量的比值。可用下式计算：

$$\eta_{水} = \frac{\sum_{i=1}^{n} A_i M_i}{W} \tag{4-19}$$

式中：$\eta_{水}$ 为灌溉水有效利用系数；$A_i$ 为 $i$ 种作物的灌溉面积，$hm^2$；$M_i$ 为 $i$ 种作物的灌水定额，$m^3/hm^2$；$W$ 为从水源的引水量，$m^3$；$i$ 为灌溉作物的种类。

当缺少相关资料时，灌溉水有效利用系数也可通过式（4-20）计算：

$$\eta_{渠} = \eta_{系} \eta_{田} \tag{4-20}$$

式中：$\eta_{系}$ 为整个渠道系统中各条末级固定渠道（农渠）放出的净流量与从渠首引进的毛流量的比值；$\eta_{田}$ 为田间水利用系数，是指田间所需要的净水量与末级固定渠道（农渠）放进田间工程的水量之比，表示农渠以下（包括临时毛渠直至田间）的水的利用率。

渠系水利用系数反映了从渠首到农渠的各级渠道的输水损失情况，其数值等于各级渠道水利用系数的乘积，即

$$\eta_{渠} = \eta_{干} \eta_{支} \eta_{斗} \eta_{农} \tag{4-21}$$

2）灌溉用水量计算。灌溉用水量是灌区需要水源供给的灌溉水量，其数值与灌区各种作物的灌溉制度、灌溉面积以及渠系输水和田间灌水的水量损失等因素有关。一般将灌溉面积上实际需要供水到田间的水量称为净灌溉用水量，而将净灌溉用水量与损失水量之和，也就是从水源引入渠首的总水量，称为毛灌溉用水量。

灌溉用水量的计算公式为

$$W = \sum A_i M_i / \eta_水 \tag{4-22}$$

式中：$W$ 为灌溉用水量，$m^3$；$M_i$ 为第 $i$ 种作物的灌溉定额，$m^3/hm^2$；$A_i$ 为第 $i$ 种作物的灌溉面积，$hm^2$。

2. 林牧渔业用水量

林牧渔业用水量包括林果地灌溉、牧草灌溉、鱼塘补水和牲畜用水等 4 类。林牧渔业用水的研究不像农作物那样系统全面，通常是通过调查或试验得出不同年型的林牧渔业的用水定额，再根据林牧渔业的规模确定不同年型的用水量。

（1）林果地灌溉用水量。根据调查或灌溉试验，分别确定不同年型的净灌溉定额；根据灌溉水源及灌溉方式，确定灌溉水利用系数；根据林果地灌溉面积计算林果地灌溉用水量。

（2）牧草灌溉用水量。根据调查或灌溉试验，分别确定不同年型的牧草净灌溉定额；根据灌溉水源及灌溉方式，确定灌溉水利用系数；根据牧草的灌溉面积计算牧场灌溉用水量。

人工牧草的灌溉定额，也可以通过计算牧草的需水量，利用水量平衡原理来确定。

（3）鱼塘补水量。鱼塘补水是为了维持鱼塘一定水面面积和相应水深所需要补充的水量，通常采用补水定额的方法计算。补水定额可根据鱼塘渗漏量及水面蒸发量与降水量，利用水量平衡原理来确定。

$$m = \alpha E - P + S \tag{4-23}$$

式中：$m$ 为鱼塘补水定额，$mm$；$E$ 为水面蒸发量，由水文气象部门蒸发器测得，$mm$；$\alpha$ 为蒸发皿折算系数；$P$ 为年降水量，$mm$；$S$ 为年渗漏量，$mm$。

根据灌溉水源及灌溉方式，确定灌溉水利用系数；根据鱼塘补水面积和补水定额计算鱼塘补水量。

（4）牲畜用水量。将牲畜分为大牲畜（牛、马、驴等）、小牲畜（猪、羊、兔等）和禽类，分别调查其用水定额（该定额与年型关系不大，一般不分年型来统计）；然后按牲畜的数量计算牲畜的用水量。饲养畜禽最高日用水定额见表 4-4。

表 4-4　　　　　　　　　　　　饲养畜禽最高日用水定额表

| 畜禽类别 | 用水定额 /[L/(头或只·d)] | 畜禽类别 | 用水定额 /[L/(头或只·d)] | 畜禽类别 | 用水定额 /[L/(头或只·d)] |
|---|---|---|---|---|---|
| 马 | 40～50 | 育成牛 | 50～60 | 育肥猪 | 30～40 |
| 骡 | 40～50 | 奶牛 | 70～120 | 羊 | 5～10 |
| 驴 | 40～50 | 母猪 | 60～90 | 鸡 | 0.5～1.0 |

（二）工业需水量预测

工业需水一般是指工矿企业在生产过程中，用于制造、加工、冷却、空调、净化、洗涤等方面的需水量。目前，我国工业用水量约占全国总用水量的 20%，随着工业经济的快速发展，工业用水量所占的比例还会逐渐上升。工业用水中冷却用水占 60%～70%，其余是工艺和冲洗用水、锅炉用水、工厂职工生活用水。

目前，没有哪个工业部门在没有水的情况下会得到发展，因此，人们称"水是工业的血液"。一个城市工业需水的多少，不仅与工业发展的速度有关，而且还与工业的结构、工业生产的水平、节约用水的程度、用水管理水平、供水条件和水资源的多寡等因素有关。需水不仅随部门不同而不同，而且与生产工艺有关，同时还取决于气候条件等。

1. 工业需水分类

尽管现代工业分类复杂、产品繁多、需水系统庞大，需水环节多，而且对供水水流、水压、水质等有不同的要求，但仍可按下述 4 种分类方法进行分类研究。

(1) 按工业需水在生产中所起的作用分类。按工业需水在生产中所起的作用可分为：①冷却需水，是指在工业生产过程中，用水带走生产设备的多余热量，以保证进行正常生产的那一部分需水量；②空调需水，是指通过空调设备用水来调节室内温度、湿度、空气洁度和气流速度的那一部分需水量；③产品需水（或工艺需水），是指在生产过程中与原料或产品掺混在一起，有的成为产品的组成部分，有的则为介质存在于生产过程中的那一部分需水量；④其他需水，如清洗场地需水等。

(2) 按工业需水过程分类。按工业需水过程可分为：①总需水，即工矿企业在生产过程中所需要的全部水量（$V_t$），总需水量包括空调、冷却、工艺、洗涤和其他需水，在一定设备条件和生产工艺水平下，其总需水量基本是一个定值，可以测试计算确定；②取用水（或称补充水），即工矿企业取用不同水源（河水、地下水、自来水或海水）的总取水量（$V_f$）；③排放水，即经过工矿企业使用后，向外排放的水（$V_d$）；④耗用水，即工矿企业生产过程中耗用掉的水量（$V_c$），包括蒸发、渗漏、工艺消耗和生活消耗的水量；⑤重复用水，在工业生产过程中，二次以上的用水，称为重复用水，重复用水量（$V_r$）包括循环用水量和二次以上的用水量。

(3) 按水源分类。按水源可分为：①地表水，工矿企业直接从河流、湖泊、水库等水体中取水，一般水质达不到饮用水标准，可作工业生产需水；②地下水，工矿企业在厂区或邻近地区自备设施提取地下水，供生产或生活用的水，在我国北方城市，工业需水中取用地下水占相当大的比重；③海水，沿海城市将海水作为工业需水的水源，有的将海水直接用于冷却设备，有的海水淡化处理后再用于生产；④再生水，城市排出废污水经处理后再利用的水。

(4) 按工业组成的行业分类。在工业系统内部，各行业之间需水差异很大，由于我国历年的工业统计资料均按行业划分统计，因此，按行业分类有利于需水调查、分析和计算。一般可分为高用水工业、一般工业和火（核）电工业三类用户分别进行预测。

工业需水分类，其中按行业划分是基础，如再结合需水过程、需水性质和需水水源进行组合划分，将有助于工业需水调查、统计、分析、预测工作的开展。一般说，按行业划分越细，研究问题就越深入，精度就越高，但工作量增加；而分得太粗，往往掩盖了矛盾，需水特点不能体现，影响需水问题的研究和成果精度。

2. 工业需水调查及计算

研究城市工业需水必须掌握可靠的第一手资料。但由于过去长期对用水问题不够重视，用水缺少观测，缺乏资料。因此，工业用水调查是获得用水资料的重要手段，是研究城市需水极其重要的一项工作。

工业需水调查内容主要包括：①基本情况，包括人口、土地、职工人数、工业结构和布局，历年工业产值及主要工业产品、产量等；②供排水情况，包括供水水源、供水方式、排水出路和水质情况等，水源情况调查除自来水用量可直接从自来水公司记载中取得外，各单位自取河水、地下水都要进行调查；③用水情况，包括地区的工业发展规划，城市建设发展规模，将来的工业结构及布局，工业产值、产量的计划，供排水工程设施规划等。

工业用水调查不仅提供了工业用水的一般情况，更重要的是：通过调查了解一个地区工业用水的水平，可以找出合理用水的途径和措施，挖掘工业用水的潜力，同时为工业需水量的计算奠定基础。

工业需水分析计算方法可采用水平衡法。

一个地区，一个工厂，乃至一个车间的每台用水设备，在用水过程中水量收支保持平衡。即一个用水单元的总需水量，与消耗水量、排出水量和重复利用水量相平衡。

$$V_t = V_c + V_d + V_r \qquad (4-24)$$

式中：$V_t$ 为总需水量，在设备和工艺流程不变时，为一定值；$V_c$ 为消耗水量，包括生产过程中蒸发、渗漏等损失水量和产品带走的水量；$V_d$ 为经工矿企业使用后向外排放的水量；$V_r$ 为重复用水量，包括二次以上用水量和循环水量。

3. 工业需水预测

工业需水预测是一项比较复杂的工作，涉及因素较多。一个城市或地区的工业用水的发展与国民经济发展计划和长远规划密切相关。通常采用的方法是：研究工业用水的发展史，分析工业用水的现状，考察未来工业发展的趋向和用水水平的变化，从中得出预测的规律。工业用水预测方法一般有以下几种。

(1) 趋势法。用历年工业用水增长率来推算将来工业需水量。用水量的递增率基本稳定时，预测不同水平年的需水量计算式为

$$V_i = V_0 (1+P)^n \qquad (4-25)$$

式中：$V_i$ 为预测的某一水平年工业需水量；$V_0$ 为预测起始年份工业用水量；$P$ 为工业用水年平均增长率；$n$ 为从起始年份至预测某一水平年份所间隔时间。

用水量的递增率呈现递增或递减规律时，预测不同水平年的需水量计算式为

$$p_i = p_1 (1+q)^{i-1} \qquad (4-26)$$

$$V_i = V_{i-1} \left[ 1 + \frac{p_1}{(1+q)^{i-1}} \right] \qquad (4-27)$$

式中：$p_1$ 为第一年的用水量递增；$q$ 为用水量递增率 $p$ 的递变率，$q$ 为正值时，$p$ 逐年上涨，$q$ 为负值时，$p$ 逐年下降。

(2) 重复利用率提高法。对于同一行业，设备条件和工艺流程不变，生产相同数量产品（假定产品的增加值也相同）所需的总用水量 $W_u$ 不变。设基准年重复利用率为 $\theta_1$ 取水量为 $W_1$，万元增加值取水量为 $m_1$。对于规划水平年（记为第 $t$ 年），当产品数量不变（记为 $Y$），总用水量 $W_u$ 不变时，重复利用率提高到 $\theta_t$，取水量为 $W_t$，万元增加值取水量为 $m_t$，则有

$$\frac{W_1}{W_t}=\frac{1-\theta_1 W_u}{1-\theta_t W_u}=\frac{m_1 Y}{m_t Y} \tag{4-28}$$

即

$$m_t=\frac{1-\theta_t}{1-\theta_1}m_1 \tag{4-29}$$

如果考虑工业技术进步对取水量的影响，则有

$$m_t=\frac{1-\theta_t}{1-\theta_1}m_1(1-\gamma)^t \tag{4-30}$$

式中：$\gamma$ 为工业技术进步系数，各行业不同，目前 $\gamma$ 取值范围为 0.01～0.05。

【例 4-1】 某市黑色冶金行业的现状年增加值为 18.62 亿元，年取水量 9217 万 $m^3$，万元增加值取水量为 $495 m^3$/万元，重复利用率 75.8%，计划 10 年后增加值为 45 亿元（以现状年不变价格估计），重复利用率提高到 90%。求 10 年后该行业的需水量。

解：①计算 10 年后该行业万元增加值取水量：

$$m_2=\frac{1-0.90}{1-0.758}\times 495\approx 204.5(m^3/万元)$$

②计算 10 年后该行业取水量：

$$W_t=45\times 204.5=9202.5(万\ m^3)$$

即该行业 10 年后增加值比现状年增长 141.7%，由于重复利用率的提高，需水量还略有减少。

求得的 $W_t$ 是净需水量，除以供水系统的水利用系数，即得到毛工业需水量。对于一个地区而言，由于各类工业的万元增加值取水量、重复利用率差别较大，为提高预测精度，一般应分行业进行工业需水量预测。

（3）需水量弹性系数法。需水量弹性系数是指工业需水量增长率与工业年产值增长率的比值。该法是依据企业往年的年需水量增长率和工业产值增长率，计算需水量弹性系数；而后根据企业发展规划确定今后的年产值增长率，进而求出需水量增长率，再根据趋势法计算工业用水量。

【例 4-2】 某企业 2000—2010 年工业总产值和年需水量见表 4-5，"十二五"规划确定年工业产值增长率为 15%，试用弹性系数法预测企业的 2015 年的需水量。

表 4-5　　　　　　　　　　　　　　某企业需水量及产值表

| 年份 | 2000 | 2001 | 2002 | 2003 | 2004 | 2005 | 2006 | 2007 | 2008 | 2009 | 2010 |
|---|---|---|---|---|---|---|---|---|---|---|---|
| 工业产值/万元 | 5.45 | 6.58 | 7.93 | 9.57 | 11.54 | 13.91 | 16.78 | 20.24 | 24.41 | 29.43 | 35.5 |
| 需水量/万 $m^3$ | 1240 | 1400 | 1595 | 1810 | 2055 | 2333 | 2650 | 3010 | 3450 | 3870 | 4400 |

解：①根据历年资料，计算工业产值与用水增长率。

经计算多年平均用水增长率为 13.50%，工业产值增长率为 20.61%，见表 4-6。

| 表 4-6 | | | | | 某企业工业产值与用水增长率表 | | | | | | |
|---|---|---|---|---|---|---|---|---|---|---|---|
| 年份 | 2000 | 2001 | 2002 | 2003 | 2004 | 2005 | 2006 | 2007 | 2008 | 2009 | 2010 | 均值 |
| 工业产值增长率/% | | 20.73 | 20.52 | 20.68 | 20.59 | 20.54 | 20.63 | 20.62 | 20.60 | 20.57 | 20.63 | 20.61 |
| 需水量增长率/% | | 12.90 | 13.93 | 13.48 | 13.54 | 13.53 | 13.59 | 13.58 | 14.62 | 12.17 | 13.70 | 13.50 |

②计算需水弹性系数

$$\bar{r}=\frac{\bar{d}}{\bar{e}}=\frac{13.50\%}{20.61\%}\approx0.66$$

③计算 2010—2015 年用水增长率

$$d=\bar{r}\times e=0.66\times15\%=9.9\%$$

④按趋势法计算 2015 年用水量

$$V_t=V_0(1+d)^n=4400\times(1+9.9\%)^5\approx7054(万\ m^3)$$

（4）相关法。工业用水的统计参数（单耗、增长率等）与工业增加值有一定的相关关系，如把增加值作为横轴，描绘上实际值，进行回归分析，则适合这种相关分析的回归方程有以下形式：

$$\log y=a\log x+b \tag{4-31}$$

$$y=\frac{a}{1+be^{-a\log x}} \tag{4-32}$$

$$y=ax+b \tag{4-33}$$

式中：$y$ 为单位用水量或增长率；$x$ 为工业增加值；$a$、$b$ 为常数。

根据企业发展规划确定今后的年产值增长率，进而求出预测年的工业增加值。采用回归分析得到的经验公式，计算预测年的工业用水量。

（三）第三产业需水量预测

第三产业用水包括商饮业（含商业、饮食业）用水和服务业（含货运邮电业、其他服务业、公共服务及城市特殊行业）用水。由于第三产业用水大多与人的使用水有关，其对水质和水量保证程度的要求与居民生活用水相同。第三产业需水量预测方法可参照工业需水量预测方法。建筑业需水预测可采用建筑业万元增加值用水量法，也可采用单位建筑面积用水量法。第三产业需水可采用万元增加值用水量法进行预测，也可参考城市建设部门分类口径及其预测方法进行复核。根据这些产业发展规划成果，结合用水现状分析，预测各规划水平年的净需水定额和水利用水系数，进行净需水量和毛需水量的预测。第三产业需水量年内分配相对比较均匀。对年内用水量变幅较大的地区，通过典型调查进行用水量分析，计算需水月分配系数，确定用水量的年内过程。

三、生态需水预测

（一）基本概念与内涵

生态需水是指为了维持给定目标下生态与环境系统一定功能所需要保留的自然水体和需要人工补充的水量。要结合当地水资源开发利用状况、经济社会发展水平、水资源演变情势等，确定切实可行的生态与环境保护、修复和建设目标，分别进行河道外和河道内的生态与环境需水量的预测。

河道内生态与环境需水指维持河流生态系统一定形态和一定功能所需要保留的水（流）量，按维持河道一定功能的需水量和河口生态与环境需水量分别计算。河道内生态与环境需水量要以河流水系主要控制断面为计算节点，对上、下游不同计算节点的计算值经综合分析后确定成果。河道内生态与环境需水量与河道内非消耗性生产需水量之间有重复的，计算时应予以注明。

河道外生态与环境需水指保护、修复或建设给定区域的生态与环境需要人为补充的水量，按城镇生态与环境需水、湖泊沼泽湿地生态与环境补水、林草植被建设需水和地下水回灌补水分别计算。

河道内生态与环境用水一般分为维持河道及河湖泊湿地基本功能和河口生态环境（包括冲淤保港等）的用水。河道外生态与环境需水分为美化城市景观建设和其他生态环境建设用水等。

（二）河道内生态与环境需水

从河流生态平衡来看，河川基流量不宜全部取用，而应留下相当部分作为枯水期河流的生态用水。保持枯水期河流水量的多少，视不同的河流而异。一般河道内用水需考虑以下几个方面：维持河流的水环境容量，以径污比为指标；河流水生生物保护和利用，以水位和流速为指标；河流航运，以河道水深与河面水宽为指标；河流水力发电用水，以流量与水头为指标；多沙河流的水沙平衡，以流量与流速为指标。

以上问题在国内尚无较系统的研究，在国外也无更多的报道，但综合国外的经验，并从宏观上分析，基流利用的上限不宜超过其总量的 60%（刘昌明等，1996）。而在生态环境需水范畴内所指的河道内需水主要是指具有重大的社会、环境效益，包括防淤冲沙、水质净化、维持野生动植物生存和繁殖、维护沼泽及湿地一定面积等的生态环境用水，不包括诸如水力发电、航运等生产活动所需的水量。由于河道内生产活动用水主要利用河水的势能和生态功能，基本上不消耗水量或污染水质，因此属于非耗损性清洁用水。同时河道内生产活动用水具有多功能性，可以"一水多用"，在满足一种主要用水要求的同时，还可兼顾其他用水要求。下面对几类河道内生态与环境需水量的计算方法进行介绍。

1. 维持河道一定功能的需水量

维持河道一定功能的需水量包括生态基流、输沙需水量和水生生物需水量等。根据各地河流水系实际情况，选择不同的方法计算，经比较选取合理结果。

（1）湿周法。湿周法是基于满足临界区域水生生物栖息地的思想提出来的，是根据河道的水力特性参数，如湿周、水力半径、平均水深等，由实测的河道断面湿周与断面流量之间的对应关系，绘制流量-湿周关系图，由图中找出突变点或影响点（point of effection），与该点对应的流量值即为河道生态流量推荐值。

湿周法主要适用于：①小型河流或者是流量很小且相对稳定的河流；②泥沙含量少，水环境污染不明显的河流；③推荐的流量主要为了满足某些大型无脊椎动物以及特殊物种保护的要求。

从关系图中直接判断突变点有时比较困难，甚至无法判断，尤其对于山区河流，变化点多数不明显，需要借助数学方法来加以判别。因此，该法较适用于平原地区河道。

（2）水文学法。水文学法主要基于某一频率的流量过程来确定生态环境需水。

1）Tennant 法。Tennant 在对美国 11 条河流的断面数据进行分析后，依据流量对应的流速、水深等增幅大小，认为年均流量的 10% 是河流生境得以维持的最小流量，并以预先确定的年平均流量百分比将河流生境划分为不同的等级。

Tennant 法将全年分为两个计算时段：10 月至次年 3 月和 4—9 月，根据多年平均流量百分比和河道内生态与环境状况的对应关系，直接计算维持河道一定功能的生态与环境需水量。Tennant 法中，河道内不同流量百分比和与之相对应的生态与环境状况见表 4 - 7。

表 4 - 7　　　　Tennant 法中不同流量百分比对应的河道内生态与环境状况

| 流量等级描述 | 推荐的基流百分比标准（年平均流量百分数）/% | | 流量等级描述 | 推荐的基流百分比标准（年平均流量百分数）/% | |
| --- | --- | --- | --- | --- | --- |
| | 10 月至次年 3 月 | 4—9 月 | | 10 月至次年 3 月 | 4—9 月 |
| 最大流量 | 200 | 200 | 好 | 20 | 40 |
| 最佳流量 | 60～100 | 60～100 | 中等或差（退化） | 10 | 30 |
| 极好 | 40 | 60 | 最小 | 10 | 10 |
| 非常好 | 30 | 50 | 极差 | <10 | <10 |

根据 Tennant 法，维持河道一定功能需水量计算式为

$$W_R = 24 \times 3600 \times \sum_{i=1}^{12} M_i Q_i P_i \tag{4-34}$$

式中：$W_R$ 为多年平均条件下维持河道一定功能的需水量，$m^3$；$M_i$ 为第 $i$ 月的天数，$d$；$Q_i$ 为第 $i$ 月多年平均流量，$m^3/s$；$P_i$ 为第 $i$ 月生态与环境需水百分比。

2）最小月流量平均法。计算式为

$$W_{Eb} = 365 \times 24 \times 3600 \times \frac{1}{10} \sum_{i=1}^{10} Q_{mi} \tag{4-35}$$

式中：$W_{Eb}$ 为河道生态基流，$m^3$；$Q_{mi}$ 为最近 10 年中第 $i$ 年最小月平均流量，$m^3/s$。

3）典型年最小月流量法。选择满足河道一定功能、未出现较大生态环境问题的某一年作为典型年，将典型年最小月平均流量作为满足年生态环境需水的平均流量。典型年最小月流量法计算公式为

$$W_{Eb} = 365 \times 24 \times 3600 \times Q_{sm} \tag{4-36}$$

式中：$Q_{sm}$ 为典型年最小月平均流量，$m^3/s$。

4）$Q_{95}$ 法。指将 95% 频率下的最小月平均流量作为河道内生态基流，该法主要是用来计算河流纳污容量的。

2. 汛期河流输沙用水

河流的输沙用水不仅随着年内水沙分配特点发生变化，还与河流中含沙量的变化密切相关。在汛期，水流中含沙量较高，单位泥沙的输沙用水较小，输沙效率较高，而非汛期水流含沙较低，单位泥沙的输沙用水较多，输沙效率也相对较低。从提高单位水资源利用率的角度出发，同时考虑到河流的输沙功能主要在汛期完成，因此，汛期用水应该优先满足河流输沙功能的基本要求，在满足输沙用水的同时，兼顾河流生态用水和河流水污染防治用水的要求。把汛期用于输沙的水量计算为河流生态环境需水量的一部分。河流汛期输

沙用水量的计算公式为

$$W_{TS} = \frac{S_i}{C_{max}}$$ (4-37)

式中：$W_{TS}$ 为输沙用水量，$m^3$；$S_i$ 为汛期多年平均输沙量，kg；$C_{max}$ 为多年最大月平均含沙量的平均值，$kg/m^3$。

3. 湿地恢复用水

湿地是自然界中生物多样性最为丰富、独特的生态系统，并且由于其物理、生物和化学组分，如土壤、水、植物和动物之间的相互作用，使它能够发挥很多极其重要的生态、经济、社会功能，诸如调蓄洪水、调节小气候、控制侵蚀、维护生物多样性等。针对湿地状况和可获得的实际资料，一般选用最低水位法来计算湿地恢复水量。所谓最低水位法就是综合考虑为实现湿地的生态、社会、经济各项功能所需要的最低水位，确定出整个湿地生态系统的最低生态水位，然后根据降水、蒸发和渗漏量计算出年补水量，作为生态环境需水量，可采用下式计算。

$$W_{WL} = A(E-P) + F$$ (4-38)

式中：$W_{WL}$ 为湿地生态与环境需水量，$m^3$；$A$ 为水面面积，$km^2$；$E$ 为相应的水面蒸发量，mm；$P$ 为降水量，mm；$F$ 为水体的渗漏水量，$m^3$。

4. 城市河湖用水

近年来，随着城市居民生活水平的显著提高，人们对城市景观功能和娱乐休闲的要求也上升到了一个新的高度。集美化环境、休闲娱乐等功能于一体的城市河湖已融入到现代城市发展和建设的理念之中，成为城市生态环境建设的一道亮丽风景线。保证城市河湖用水量是生态与环境用水中的一项重要内容。

目前，对城市河湖用水量计算主要有两种方法：直接计算法、间接计算法。直接计算法就是根据城市湖泊水面面积乘以用水定额直接计算得到，计算公式为

$$W_{CRL} = A_i W_D$$ (4-39)

式中：$A_i$ 为城市河湖水面面积；$W_D$ 为单位水面用水定额。

间接计算法是根据城市人均河湖生态与环境用水指标乘以人口间接计算得到。计算公式为

$$W_{CRL} = pU$$ (4-40)

式中：$p$ 为城市人口总数；$U$ 为人均城市河湖用水指标。

由于河道内用水在满足某一种主要用水目标时，还可兼顾其他用水要求，因此，河道内的生态与环境需水量不是上述各项分量的简单叠加，而要根据它们在水循环过程中的相互关系来综合计算。

（三）河道外生态与环境需水

河道外生态与环境需水计算步骤为：首先，依据一定的标准，如地形、地质差异，径流与人为影响因子，土地利用单元等，将河道外的生态系统进行逐级分区，并识别出不同生态分区中植被（林、灌、草等）覆盖的土地类型面积；其次，参考相关国家生态实验站的草地需水实验、林地需水实验等文献资料，确定不同区域不同植被类型的蒸散量；最后，根据不同植被类型的空间分布情况，扣除其消耗的有效降雨量后，确定其消耗的水资

源量，即为现状条件下各种植被的河道外生态与环境需水量。

计算河道外生态与环境需水量的常用方法是"直接计算法"，其计算公式为

$$W_{out} = \sum_i A_i (ET_i - P) \tag{4-41}$$

式中：$W_{out}$ 为河道外生态与环境需水量；$A_i$ 为第 $i$ 种植被相应的面积；$ET_i$ 为第 $i$ 种植被的年蒸散量；$P$ 为年降水量。

在干旱地区，当土壤的含水量 $\theta$ 大于土壤的临界含水量 $\theta_k$ 时，植被的蒸散发是充足的，不受土壤水分的限制；而当土壤的含水量小于土壤的凋萎含水量 $\theta_p$ 时，植被的蒸散发完全停止，植被趋于凋萎。为此，干旱地区植被的实际蒸散发 $E_{ci}$ 计算公式可表达为

$$E_{ci} = \begin{cases} \beta_i K_{ci} E_0, & \theta \geqslant \theta_k \\ \beta_i K_{ci} E_0 \dfrac{\theta - \theta_p}{\theta_k - \theta_p}, & \theta_k > \theta \geqslant \theta_p \\ 0, & \theta < \theta_p \end{cases} \tag{4-42}$$

式中：$\beta_i$ 为第 $i$ 种植被的郁闭度；$K_{ci}$ 为第 $i$ 种植物的蒸散系数；$E_0$ 为水面蒸发量。

以一年为时间区间，对式（4-42）进行时间积分，可以得到某种植物相应的年蒸散量为

$$ET_i = \beta_i \overline{K}_{ci} \overline{E}_0 \overline{K}_\theta \tag{4-43}$$

式中：$\overline{K}_{ci}$ 为某种植物年平均蒸散系数；$\overline{E}_0$ 为年平均水面蒸发量；$\overline{K}_\theta$ 为土壤的年平均含水量相对系数。

# 第二节 供 水 预 测

随着国民经济的持续稳定发展，工农业各部门用水量的不断增加，有些地区由于水资源的不足而制约了工农业的进一步发展。为了利于工农业生产的规划与发展，对区域水资源进行评价与管理就显得尤为重要，而可供水量计算是水资源供需分析的重要环节[20-21]。

## 一、可供水量的概念与影响因素

水资源供需分析应着重分析清楚在各种保证率情况下的水资源供需现状，同时也要分析近期和远景水平年在各种保证率情况下的水资源供需情况。从供水的角度讲，不仅要摸清现状水利工程系统实际的供水量，而且要分析清楚现状、近期、远景不同水平年在各种保证率情况下的可能供水量。

（一）可供水量的定义

可供水量是指在不同来水条件下，工程设施根据需水要求可提供的水量。

（1）可供水量的"可"字，表示某种计算条件下，供水工程"可能"或"可以"提供的水量。供水工程的可供水量与工程的最大供水能力是不同的，最大供水能力为工程充分发挥作用可提供的水量，不考虑需水要求；而可供水量只是最大供水能力中为用户利用了的那部分供水量。

（2）"根据需水要求"指的是计算可供水量时，把供水和需水结合考虑，弃水和不能为用户利用的水量（用户不需要的水）不能算可供水量。

（3）"不同来水条件"可视为供水工程对用户供水的保证程度。水资源的补给来源为

大气降水，具有年际丰枯变化和年内季节性变化，供水工程的供水能力和用户的需水量也因不同的年景而有变化，因此，可供水量要针对几种不同年景的代表进行。

（4）"工程设施提供的"是指供水量由供水工程提供。没有通过供水工程设施直接为用户所利用的水量，如农作物利用天然降水量后需要补充的水分，不能计入可供水量。所以，供水工程设施未控制的集水面积上的水资源量不可能成为可供水量。

> **【例 4 - 3】**　某灌溉水库灌区面积 8 万亩，保证率 $P = 75\%$，代表年供水量 8000 万 $m^3$，其中灌溉期 7000 万 $m^3$，非灌溉期 1000 万 $m^3$；综合亩毛灌溉定额为 700$m^3$/亩。则该水库 $P = 75\%$，年灌溉最大供水能力为 7000 万 $m^3$（非灌溉期的 1000 万 $m^3$ 不能为灌溉用户利用）。由于灌区面积仅 8 万亩。则 $P = 75\%$ 时，年该水库可供水量为 700$m^3$/亩×8 万亩＝5600 万 $m^3$，而不是 7000 万 $m^3$。
>
> 　　可供水量分为单项工程可供水量与区域可供水量。一般来说，区域内相互联系的工程之间具有一定的补偿和调节作用，因此，区域可供水量不是区域内各单项工程可供水量简单相加之和。区域可供水量是由新增工程与原有工程所组成的供水系统，根据规划水平年的需水要求，经过调节计算后得出的。

（二）可供水量的影响因素

从可供水量的定义出发，影响可供水量的因素主要有以下几个方面。

1. 供水工程条件

由于天然水资源年际、年内变化大，且与用水需求的变化不一致，水土资源的配置不相适应，天然水资源很难直接满足各类用户的需要。因此，要修建各类供水工程设施，调节水资源的时空分布，或远处引水，或蓄丰补枯，或提高水位，以满足用户需求。供水量（利用的水资源量）总是与供水工程设施相联系的。一般说来，供水工程设施有蓄水工程（水库、塘坝）、引水工程（有坝引水、无坝引水）、提水工程（抽水站）和再生水工程等。

供水工程设施的改变，如现有工程参数的变化、不同的调节运用方式以及不同发展时期新增工程设施等情况，都会使得算出的可供水量有所不同。

2. 来水条件

我国大部分地区受季风影响，水资源的年际、年内变化大。我国南方地区最大年径流量与最小年径流量的比值为 2～4 倍，北方可达 3～8 倍。南方汛期水量可占年水量的 60%～70%，北方汛期水量可占年水量的 80%以上。而可供水量的计算与年来水量及年内变化有着非常密切的关系。不同年的来水变化，以及年内的时间和空间变化，都会使可供水量的计算结果不一致。

3. 用水条件

因为不同年的用水特性（包括用水结构、分布、性质、要求、规模等）和合理用水节约用水情况是不相同的，所以不同年计算出的可供水量也是不相同的。另外，用水条件也往往相互影响，如河道的冲淤、河口生态用水要求，可能直接影响河道外直接供水的可供水量；河道上游的用水要求可能影响到下游的可供水量等。

除了上述三个影响可供水量的主要因素外，水质条件对可供水量也有一定影响。不同年的水源泥沙和污染程度等情况直接影响所提供可供水量的大小。如高矿化度地下水，未经改良和处理，是不能供工农业使用，更不能供城乡人畜饮用。

### 二、水利工程可供水量计算

水利工程可供水量包括地表水可供水量、地下水可供水量、其他水源可供水量。其中地表水可供水量中包含蓄水工程供水量、引水工程供水量、提水工程供水量以及外流域调入的水量。在向外流域调出水量的地区（跨流域调水的供水区）不统计调出的水量，相应其地表水可供水量中不包括这部分调出的水量。其他水源可供水量包括深层承压水可供水量、微咸水可供水量、雨水集蓄工程可供水量、污水处理再利用量、海水利用量（包括折算成淡水的海水直接利用量和海水淡化量）。地表水可供水量除按供需分析的要求提出长系列的供水量外，还需提出不同水平年 $P=50\%$、$P=75\%$、$P=95\%$ 三种保证率的可供水量；浅层地下水资源可供水量一般只需多年平均值。

可供水量的计算时段划分应适中，不能过大，也不能过小。计算时段划分过大，往往会掩盖供需之间的矛盾，因为一个地区的缺水，往往只是几个关键时期，甚至是很短的一段时间，所以只有计算时段划分变小，才能把供需之间的矛盾暴露出来。但计算时段划分过小，则分析计算工作量大，有时还受资料的限制。所以，计算时段的划分应以能客观反映供需矛盾为准则。一般来说，北方供需矛盾突出的地区按月进行分析可能满足要求，南方供需矛盾突出的地区在作物灌溉期甚至要按旬或按周进行分析才可能满足要求；对一些供需矛盾不突出地区，则可能按主要作物灌溉期和非灌溉期进行分析，甚至可能按年进行分析等。

（一）地表水可供水量计算

1. 蓄水工程

蓄水工程能在时间上对水资源重新分配，在来水多时把水蓄起来，在来水少时根据用水要求适时适量地供水。这种把来水按用水需求在时间上和数量上重新分配的过程，称为水库调节。

（1）年调节水库可供水量。年调节水库可供水量一般采用典型代表年计算法。

【例 4-4】　某水库为灌溉为主兼有发电的水库，控制流域面积 $F=324\text{km}^2$，设计灌溉面积 13.9 万亩，灌溉设计保证率 $P=85\%$，典型代表年为 1963 年。不同保证率的综合亩毛灌溉定额为：$P=50\%$ 时为 490m³/亩，$P=75\%$ 时为 700m³/亩，$P=85\%$ 时为 799.7m³/亩，$P=90\%$ 时为 839m³/亩。$P=85\%$ 设计枯水典型年的调节计算见表 4-8。

求：$P=85\%$ 时水库的年可供水量以及 $P$ 分别为 50%、75%、90% 时水库的年可供水量。

表 4-8　　　　　　　　　某水库 $P=85\%$ 设计枯水典型年的年调节计算

| 日期<br>（年.月） | 净来水量<br>$W$/万 m³ | 综合亩<br>灌溉定额<br>/(m³/亩) | 灌溉<br>用水量<br>$M$/万 m³ | $(W-M)$/万 m³ | 水库<br>放水量<br>/万 m³ | 月初调节<br>库容蓄水量<br>/万 m³ |
|---|---|---|---|---|---|---|
| 1963.1 | 170 | 3.6 | 50 | 120 | 520 | 750 |
| 1963.2 | 170 | 1.4 | 20 | 150 | 520 | 400 |

续表

| 日期<br>（年·月） | 净来水量<br>$W$/万 $m^3$ | 综合亩<br>灌溉定额<br>/($m^3$/亩) | 灌溉<br>用水量<br>$M$/万 $m^3$ | $(W-M)$/万 $m^3$ | 水库<br>放水量<br>/万 $m^3$ | 月初调节<br>库容蓄水量<br>/万 $m^3$ |
|---|---|---|---|---|---|---|
| 1963.3 | 450 | 0.7 | 10 | 440 | 500 | 50 |
| 1963.4 | 5030 | 0 | 0 | 5030 | 2930 | 0 |
| 1963.5 | 6920 | 28.0 | 390 | 6530 | 2930 | 2100 |
| 1963.6 | 3730 | 111.3 | 1550 | 2180 | 2940 | 6090 |
| 1963.7 | 640 | 173.8 | 2420 | −1780 | 2420 | 6880 |
| 1963.8 | 780 | 156.1 | 2180 | −1400 | 2180 | 5100 |
| 1963.9 | 660 | 230.0 | 3200 | −2540 | 3200 | 3700 |
| 1963.10 | 150 | 94.1 | 1310 | −1160 | 1310 | 1160 |
| 1963.11 | 1330 | 0.7 | 10 | 1320 | 520 | 0 |
| 1963.12 | 460 | 0 | 0 | 460 | 520 | 810 |
| 合计 | 20490 | 799.7 | 11140 | 6880 | 20490 | 27040 |

**解：**①根据表4-8提供的各月水库净来水量、由水库补充的灌溉用水量及水库放水量（调度规则），经过水库调节计算，可求得调节库容为6880万 $m^3$。

$P=85\%$ 设计枯水年水库年来水量为20490万 $m^3$。年可供水量为11140万 $m^3$。

②$P=50\%$ 和 $P=75\%$ 均低于该水库的设计保证率85%，灌区13.9万亩灌溉需水量均比设计枯水年小。因此，无须动用全部水库调节库容（6880万 $m^3$）就可满足该年的灌溉用水需求。因此，$P=50\%$，$P=75\%$ 的可供水量可按"以需定供"的原则求解。

③$P=90\%$ 高于水库灌溉设计保证率 $P=85\%$，灌溉需水量大，来水小，调节库容6880万 $m^3$ 无法满足灌溉面积13.9万亩的灌溉需水要求。经计算，$P=90\%$ 水库保灌面积为12.4万亩，因此求的 $P=90\%$ 的水库可供水量为 $12.4 \times 10^4 \times 839 \approx 10404$（万 $m^3$）。

各种保证率下，该水库的可供水量及复蓄指数见表4-9。

表4-9           **某水库可供水量及复蓄指数**

| 保证率/% | 50 | 75 | 85 | 90 |
|---|---|---|---|---|
| 可供水量/万 $m^3$ | 6811 | 9730 | 11140 | 10400 |
| 复蓄指数 | 0.99 | 1.41 | 1.62 | 1.51 |

由例4-4可知：①保证率低于设计保证率，其可供水量可按"以需定供"的原则求解，且必定小于设计保证率年份的可供水量，由于用户需水的限制，水库供水能力未能充分发挥；②保证率高于设计保证率，水库只能保证设计灌溉面积的一部分，其可供水量可由保证灌溉面积与该年综合毛灌定额的乘积得出。

（2）多年调节水库可供水量。水库库容系数 $\beta$ 大于 0.3，即可能为多年调节水库。对于多年调节水库，尽可能由来水、用水量（已知灌溉面积）的长系列资料，用时历法逐年做调节计算，可求得已知有效库容及保证率和逐年的可供水量，对应于区域典型代表年份的可供水量即为所求。也可采用下述计算原则：低于设计保证率年份的可供水量，按"以需定供"求得，高于设计保证率年份的可供水量，由计算得出的保灌面积（小于设计灌溉面积）乘以该年综合亩毛灌溉定额求得。

（3）小型蓄水工程可供水量的估算。小型水库和塘坝数量多，资料缺乏，蓄水量小，多采用简化法估算其不同保证率代表年可供水量。

1）复蓄指数法。水库、塘坝年可供水量与有效库容的比值称为复蓄指数。小型水库、塘坝库容小，可利用供水期天然来水量和有效库容多次充蓄，复蓄指数可大于 1.0。对于来水量小，供水期断流的特枯年份，复蓄指数则小于 1.0。

$$W_{供} = nV \tag{4-44}$$

式中：$W_{供}$ 为水库、塘坝年可供水量，万 $m^3$；$V$ 为有效库容，万 $m^3$；$n$ 为复蓄指数。

复蓄指数一般通过典型工程调查或计算，综合分析后得出。显然，复蓄指数与来水情况（集水面积、不同保证率）、有效库容、灌溉面积等因素有关。表 4-10 为湖南省某地区复蓄指数。

表 4-10　　　　　　　　　　　湖南省某地区复蓄指数

| 塘坝有效容积/万 m³ | | 100 | 150 | 200 | 25 | 300 | 350 |
|---|---|---|---|---|---|---|---|
| 复蓄指数 | $P=90\%$ | 1.10 | 1.00 | 0.90 | 0.80 | 0.85 | 0.70 |
| | $P=75\%$ | 1.40 | 1.25 | 1.00 | 0.90 | 1.00 | 0.80 |

2）抗旱天数和灌溉面积估算法。根据小型水库、塘坝抗旱天数和灌溉面积的调查资料，估算其可供水量：

$$W_{供} = 0.667TEA \times 10^{-4} \tag{4-45}$$

式中：$W_{供}$ 为水库、塘坝可供水量，万 $m^3$；$T$ 为抗旱天数，d；$E$ 为抗旱期间水稻田日耗水强度，mm/d；$A$ 为灌溉面积，亩。

据湖南、湖北、江西丘陵区的调查，$T=20\sim30$d，$E=8\sim10$mm/d。

2. 引水工程

引水工程是指从河道或其他地表水体能够自流取水的水利工程。一般按典型年计算。引水工程可供水量的大小与河道天然来水量、下游河道过水流量要求、引水工程过水能力、用户的用水要求有关。

$$W_{引} = \min(D, Q_{max}, Y_{up} - Y_{down}) \tag{4-46}$$

式中：$W_{引}$ 为引水工程可供水量；$D$ 为用户需水量；$Q_{max}$ 为引水工程供水能力；$Y_{up}$ 为河道来水量；$Y_{down}$ 为河道下游要求下泄水量。

（1）一用户情形。有一河流引水工程向某地区供水，引水渠道过水能力为 $Q_{max}=70m^3/s$，取水口流量过程与需水量过程见表 4-11，设下泄流量要求不低于 $60m^3/s$。试计算该工程的年可供水量。

**表 4-11**　　　　　　　　　　　　　　　取水口流量过程与需水量过程

| 月份 | 1 | 2 | 3 | 4 | 5 | 6 | 7 | 8 | 9 | 10 | 11 | 12 |
|---|---|---|---|---|---|---|---|---|---|---|---|---|
| 来水 $Y_t$ | 110 | 150 | 120 | 140 | 130 | 110 | 110 | 115 | 150 | 100 | 90 | 130 |
| 需水 $D_t$ | 65 | 80 | 50 | 70 | 50 | 90 | 60 | 70 | 75 | 60 | 50 | 80 |

可供水量受到过水能力、需求和可引水量的制约，即

$$W = \sum_{t=1}^{12} \min(D_t, Y_t - 60, Q_{\max}) \tag{4-47}$$

据此可计算可供水量为 $1.7 \times 10^9 \text{ m}^3$。

（2）两用户情形。有一河流引水工程向两用户供水，设引水渠道的过水能力和取水口下泄流量不受限制，河流来水与用户需水情况如图 4-1 所示，试计算可供水量。

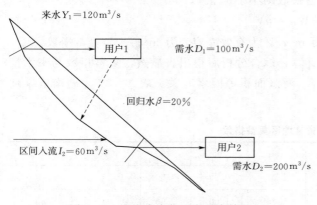

图 4-1　河流来水与用户需水情况

按照不同的计算原则，有不同的计算方法。

第一种方法，自上而下计算，按"属地优先权"原则，先尽量满足用户 1 的要求，然后再进行用户 2 的分析计算。

$$\begin{cases} \text{用户 1：} Q_1 = 100 \text{ m}^3/\text{s} \\ \text{用户 2：} Q_2 = 100 \text{ m}^3/\text{s} \end{cases}$$

第二种方法，按两用户"均衡受益"原则进行分析计算。"均衡受益"是指如果在资源紧缺的条件下，两用户供水量与需水量之比应相等。因无调节能力，以一个时段为例说明，其他时段类似计算。

设 $Q_1$ 代表向用户 1 供水量，$Q_2$ 代表向用户 2 供水量，则有方程式：

$$\begin{cases} 120 - Q_1 + Q_1 \times 20\% + 60 = Q_2 & \text{水连续方程} \\ \dfrac{Q_1}{100} = \dfrac{Q_2}{200} & \text{均衡受益方程} \end{cases} \tag{4-48}$$

联立求解得：$Q_1^* = 180/2.8 \approx 64.28$（$\text{m}^3/\text{s}$），$Q_2^* = 360/2.8 \approx 128.57$（$\text{m}^3/\text{s}$）。

（3）考虑用户重要性不同。为方便计，在两用户情形，如图 4-1 所示，可建立优化模型，其中，目标函数为

$$\min Z = \left(\frac{D_1 - Q_1}{D_1}\right)^2 + \left(\frac{D_2 - Q_2}{D_2}\right)^2 \tag{4-49}$$

$$\text{s. t.} \quad Y_2 = I_2 + (Y_1 - Q_1) + \beta Q_1 \tag{4-50}$$

式中：$Y_2$ 为用户 2 引水工程位置处的来水量。

求最优解，得到：

$$\frac{D_1 - Q_1}{D_1} = \frac{D_2 - Q_2}{D_2} \tag{4-51}$$

如果用户 2 较用户 1 重要，这样供水就是不合理的，因为它使两用户的缺水率相等，未能考虑用户重要性的不同。设 $\Delta Q_1 = D_1 - Q_1$，$\Delta Q_2 = D_2 - Q_2$，下面用权重来考虑用户的重要性。设用户 1 权重为 $\alpha_1$，用户 2 权重为 $\alpha_2$，把目标函数修改为

$$\min Z = \left(\alpha_1 \frac{\Delta Q_1}{D_1}\right)^2 + \left(\alpha_2 \frac{\Delta Q_2}{D_2}\right)^2 \tag{4-52}$$

通过求解，可得到：

$$\alpha_1 \frac{\Delta Q_1}{D_1} = \alpha_2 \frac{\Delta Q_2}{D_2} \tag{4-53}$$

$$\frac{\Delta Q_2}{D_2} = \frac{\alpha_1}{\alpha_2} \frac{\Delta Q_1}{D_1} \tag{4-54}$$

如果选用户 1 为参考用户，用户 2 作为比较用户，假定用户 2 的重要性是用户 1 的 2 倍，即 $\alpha_1 = 1$，$\alpha_2 = 2$，则

$$\frac{\Delta Q_2}{D_2} = \left(\frac{\Delta Q_1}{D_1}\right)/2 \tag{4-55}$$

两用户用水情况下可供水量计算方程式变为

$$\begin{cases} 120 - Q_1 + Q_1 \times 20\% + 60 = Q_2 \\ \left(\dfrac{100 - Q_1}{100}\right)/2 = \dfrac{200 - Q_2}{200} \end{cases} \tag{4-56}$$

求解得：$Q_1 = 80/1.8 \approx 44.44$（$m^3/s$），$Q_2 = 260/1.8 \approx 144.44$（$m^3/s$）。

这是理论上分析结果，实际问题中，由于受到约束条件制约，不可能完全达到理论解，但结果将是靠近理论解的情形。一般地，以农业部门用户为参考，对其他部门进行加权，形成相对重要性权重系数，如生活：工业：农业＝4：2：1等。

3. 提水工程

地表提水工程可供水量是指通过动力机械设备从江河、湖泊中提取的水量。

从河道提水，其最大可提水量取决于河道来水情况、下游河道的水流要求以及提水设备能力，如图 4-2 所示。

图 4-2 中，$Q_t$ 为某取水点的年逐日流量；$Q_设$ 为提水设备能力；$Q_下$ 为下游河道的水流要求。

那么，全年最大可提水量可用下式计算：

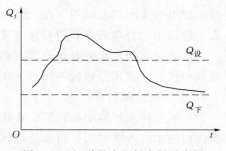

图 4-2　河道最大可提水量示意图

$$W_{可提} = \int_t q(t)\,\mathrm{d}t \tag{4-57}$$

其中

$$q(t) = \min[Q_t - Q_下, Q_设] \tag{4-58}$$

这样算出的可能最大提水量，并不是提水工程可供水量，因为不是全年任一时刻都需

要提如此计算的水量，要根据水情况进行提水；另外提水设备不可能全年开机，它需要维护、检修。因此，提水工程的可供水量必定小于可能最大提水量。

（二）地下水可供水量的计算

地下水可用于农田、草地、林地的灌溉（井灌）及工业和生活用水。地下水工程可供水量与当地地下水开采量、机井提水能力及需水量等有关。地下水工程可供水量计算公式：

$$W_{GT} = \sum_{i=1}^{I} \min(Q_i, H_i, X_i) \tag{4-59}$$

式中：$Q_i$ 为第 $i$ 时段机井提水量；$H_i$ 为第 $i$ 时段当地地下水可开采量；$X_i$ 为第 $i$ 时段的需水量；$I$ 为计算时段数。

对于地下水开采利用程度较高的地区，要特别考虑补给量与开采量之间的平衡关系，对照地下水动态观测资料，估算有一定补给保证的地下水可开采量，作为该地区的地下水可供水量。对于地下水开采利用程度低的地区，只要提水设备能力允许，可按"以需定供"。

（三）其他水源开发利用

其他水源开发利用主要指参与水资源供需分析的雨水集蓄利用、微咸水利用、污水处理再利用、海水利用和深层承压水利用等。

1. 雨水集蓄利用

雨水集蓄利用主要指收集储存屋顶、场院、道路等场所的降雨或径流的微型蓄水工程，包括水窖、水池、水柜、水塘等。通过调查、分析现有集雨工程的供水量以及对当地河川径流的影响，提出各地区不同水平年集雨工程的可供水量。

2. 微咸水利用

（1）微咸水（矿化度 2~3g/L）一般可补充农业灌溉用水，某些地区矿化度超过 3g/L 的咸水也可与淡水混合利用。在北方一些平原地区，微咸水的分布较广，可利用的数量也较大，微咸水的合理开发利用对缓解某些地区水资源紧缺状况有一定的作用。

（2）通过对微咸水的分布及其可利用地域范围和需求的调查分析，综合评价微咸水的开发利用潜力，提出各地区不同水平年微咸水的可利用量。

3. 污水处理再利用

（1）城市污水经集中处理后，在满足一定水质要求的情况下，可用于农田灌溉及生态环境。对缺水较严重城市，污水处理再利用对象可扩及水质要求不高的工业冷却用水，以及改善生态环境和市政用水，如城市绿化、冲洗马路、河湖补水等。

（2）污水处理再利用于农田灌溉，要通过调查，分析再利用水量的需求、时间要求和使用范围，落实再利用水的数量和用途。现状部分地区存在直接引用污水灌溉的现象，在供水预测中，不能将未经处理、未达到水质要求的污水量计入可供水量中。

（3）对污水处理再利用需要新建的供水管路和管网设施实行分质供水的，或者需要建设深度处理或特殊污水处理厂的，以满足特殊用户对水质的目标要求，要计算再利用供水管路、厂房及有关配套设施的投资，单列统计并附说明。

（4）估算污水处理后的入河排污水量，分析对改善河道水质的作用。

（5）调查分析污水处理再利用现状及存在的问题，落实用户对再利用的需求，制定各规划水平年再利用方案。要求不同水平年各提出两种方案：一为正常发展情景下的再利用方案，简称"基本再利用方案"；二为根据需要和可能，加大再利用力度的方案，简称"加大再利用方案"。污水处理再利用要分析再利用对象，并进行经济技术比较（主要对再利用配水管道工程的投资进行分析），提出实施方案所需要满足的条件和相应的保障措施与机制。

4. 海水利用

海水利用包括海水淡化和海水直接利用两种方式。

（1）对沿海城市海水利用现状情况进行调查。海水淡化和海水直接利用要分别统计，其中海水直接利用量要求折算成淡水替代量。

（2）分析海水利用的潜力，除要摸清海水利用的现状、具备的条件和各种技术经济指标外，还要了解国内外海水利用的进展和动态，并估计未来科技进步的作用和影响，根据需求和具备的条件分析不同地区、不同时期海水利用的前景。各地可根据需要和可能，提出规划水平年两套海水利用的方案：一为按正常发展情景下的海水利用量，简称"基本利用方案"；二为考虑科技进步和增加投资力度加大海水利用力度的情景下的利用量，简称"加大海水利用方案"。海水利用以有条件的城市为单位分析计算，按计算分区进行汇总。

5. 深层承压水利用

深层承压水利用应详细分析其分布、补给和循环规律，做出深层承压水的可开发利用潜力的综合评价，并在严格控制不超过其可开采数量和范围的基础上，提出各规划水平年深层承压水的可供水量。

### 三、区域可供水量的计算

区域可供水量与工程的数量、类型、各水利工程的运行调度、用户需水要求等因素有关，需要对整个区域水利工程系统进行分析，从而确定区域可供水量。计算时，遵循如下原则：先用小工程的水，后用大工程的水；先用自流水，后用蓄水和提水；先用离用户较近的水，后用远处的水；先用地表水，后用地下水；先用本流域的水（包括过境水），后用外流域调水；自来水用于生活和一部分工业，其他水用于水质较低的农业和部分工业。

（一）系统概化

水资源系统的概化就是选取并提炼与模拟过程相关元素的特征参数，以"点"和"线"作为水资源系统网络组成的主要构件，并规范处理要求，为水资源系统网络概化奠定基础。从逻辑关系上，水资源系统一般由水源、调蓄工程、输配水系统、用水户、排水系统等部分组成[21]。从水源、调蓄工程系统通过输水系统将水分配到用水系统使用，然后由排水系统排放。

1. 元素的概化处理

根据水资源系统概化的基本原则，可以分类概括出一般水资源系统中的主要元素。表4-12给出了一般情况下系统概化后的点、线元素及其对应的实体。

**表 4 - 12**　　　　　　　　　　　**水资源系统元素概化对应关系**

| 元素构件 | 类型 | 水资源系统对应实体 | 承担功能 |
|---|---|---|---|
| 点 | 水利工程 | 蓄水工程 、跨流域调水工程 、引提水工程 | 水量存储 |
| | 计算单元 | 计算单元是系统内最基本的用水户，是一定区域研究范围内多类实体的概化集合，包括面上分布的用水工程（包括不做单独考虑的地表水工程和地下水工程）、非常规水源（海水或雨水利用工程 、污水处理与再利用工程等） | 水量消耗 |
| | 水汇 | 汇水节点，系统水源最终流出处，如海洋、湖泊、河流等 | 水量转化 |
| | 控制断面 | 有水量或水质控制要求的河道或渠道断面 | 水量传输 |
| 线 | 河道/渠道 | 代表水源流向或水量相关关系的节点间有向线段，如天然河道、供水渠道、污水排放途径、地表水和地下水转换关系等 | 水量传输 |

　　2. 水源和用户结构

　　由于水源分布在系统中的各个元素中间，水源受自身水力约束的限制、用户需求和调度规则的不同，系统内部各水源的传输转化会产生很大的不同。如供水优先序的不同，从水资源供应的一方看会导致各水源的耗用量有所不同；用户用水优先序不同，从水资源需求的一方看会导致各用户满足程度有所不同。因此，在确定了系统计算单元和工程等基本元素的基础上，有必要对计算单元内的用水户、水源做进一步的划分，明晰不同水量到各类用户的配置关系。对于水源，根据系统用户对水质的不同要求、系统概化结构及对实际状况模拟的精细程度等需要，可以在一般意义的水源类别做进一步细分，使配置模拟能更接近实际情况。对于用水户，可以根据其对水源的不同要求和供水方式上存在的差别以及资料的可获取程度，在满足同类用户对水源供给要求和供水保证程度一致原则下进一步划分。

　　对于用水户的结构来说，一般根据《全国水资源综合规划技术细则》，将用水户分为河道外用水和河道内用水，其中河道外用水属消耗性用水行为，河道内用水属于非消耗性用水行为。河道外用水又进一步细分为生产、生活和生态用水。水资源系统一般是多水源多用户的结构。对于多水源的供水结构，存在一个供水利用次序的问题。对于多用户的需水结构，也存在着先供给谁、后供给谁的问题。供水次序和用水次序需要根据研究区域的具体特点来分析。

　　3. 系统网络图绘制

　　根据前面介绍的水资源系统概化的基本原则及元素概化的处理方式，可以编制水资源系统网络概化图。系统网络概化图是系统概化的最终直观表现形式，在分析系统概化元素的基本关系后，可以得到如图 4 - 3 所示的水资源系统网络概化示意图。该图反映了不同区域水资源系统模化模式的通用性分析。

　　系统网络图中不同元素以有向弧线连接，表示水量在各基本元素间的传输转化。不同的水量转换关系以不同类别的弧线表示（如直接供水线和间接供水线）。系统网络图是进行水资源供需平衡的工作基础，通过水资源系统网络概化图可以明确各水源、各用水户、水利工程相互关系，建立系统供、用、耗、排等各种水量传输转化关系，指导水资源供需平衡模型编制。

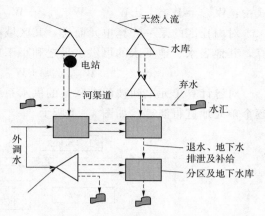

图 4-3　水资源系统网络概化示意

（二）基于模拟的可供水量计算

区域中的各项供水工程组成一个体系，共同为用户供水，彼此既相互联系，又相互影响。按系统网络概化图，有串联、并联、混联多种情况，比较复杂。在计算区域总可供水量时，应根据系统具体情况分析，但总的要求是统筹兼顾各分区各种类型的用水需求，合理安排各种水源各类工程的供水策略，以利于系统供需平衡。

基于模拟的可供水量计算方法，是以概化的系统网络图为基础，以事先拟定的各种调配规则为依据，按一定次序，对各水源、各计算单元进行各水利工程调节计算的方法。区域水资源一般性的调配原则主要有以下几方面。

1. 计算程序

可供水量计算程序为：自上而下，先支流后干流，逐单元计算。每一单元的计算遵循水量平衡的原则。计算时，可把水源划分为本计算单元内部分配和多个单元间联合分配两种情形。前者包括对当地地表水及地下水等水源的分配，这类水源原则上只对所在计算单元内部各类用户进行供水，不跨单元利用。后者包括大型水库、外流域调水、处理后污水等水源或水量的分配与传递，这类水源可为多个计算单元所使用，其水量的传递和利用关系由系统网络图传输线路确定；根据事先制定的调配规则，将水量合理分配到相关单元。如一条河流上有上下两个计算单元，可以应用"分散余缺"方式进行计算等。后者也是系统模拟的重点和难点。

2. 供水次序

通常的调节计算原则为：先用自流水，后用蓄水和提水；先用地表水，后用地下水；先用本流域的水（包括过境水），后用外流域调水；水质优的水用于生活等用户，其他水用于水质要求较低的农业或部分工业用户。此外，应充分考虑各类水源之间存在的相互影响关系。

3. 用水次序

在水资源紧缺时，各类用户的用水次序为：先尽量满足生活需水，再依次是河道内最小生态需水、工业和第三产业需水、农业需水、河道外生态需水等。

4. 区域可供水量计算

区域可供水量由若干个单项工程、计算单元的可供水量组成。

对某一个供需平衡计算单元，其可供水量的平衡式为

$$W_{可供} = W_{来地表} - W_{弃损} + W_{地下} \qquad (4-60)$$

式中：$W_{可供}=W_{区内供}\pm W_{调出}=W_{区地表水}+W_{区地下水}\pm W_{调}+W_{污回}+W_{海}$

对山丘区的某一计算单元而言，其区域内地表水、地下水的可供水量进行统一平衡计算，其地表水、地下水的可供水量之和小于或等于水资源总量，即

$$W_{区地表水供}+W_{区地下水供}\leqslant W_{区水资源总量} \tag{4-61}$$

对各计算单元之间彼此有联系的供水系统而言，按照自上而下、先支流后干流的顺序逐个单元地进行演算，如图 4-4 所示。

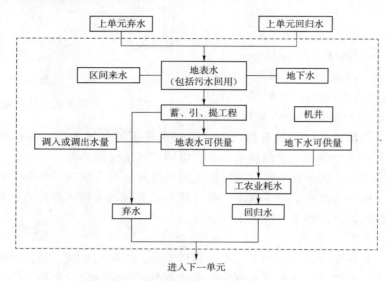

图 4-4　区域可供水量计算推演过程

$$W_{来}=W_{上退}+W_{区来}+W_{调入}+W_{调出} \tag{4-62}$$

其中
$$W_{上退}=(W_{上来}-W_{可供})+\beta W_{可供}=W_{上弃}+\beta W_{上供}$$

则

$$W_{来}=W_{上弃}+\beta W_{上可供}+W_{区来}+W_{调入}+W_{调出} \tag{4-63}$$

式中：$\beta$ 为工农业用水回归系数；$W_{区来}$ 为区间来水量；$W_{上弃}$ 为上单元弃水；$W_{上可供}$ 为上单元可供水量。

当区内缺乏灌水定额和灌区面积回归系数的测验资料，农业用水回归系数采用经验数取值 0.2。城市工业生活用水回归系数是根据用水量与废水排放量的关系估算，取值 0.5。对于山丘区城市的废污水进入河道与清水混在一起，无法区分，一般均参与下游各级计算单元的供需平衡。

平原灌区的灌溉回归水计入地下水资源量。计算中供水区内区灌水量的改变和渠系利用系数的提高对地下水资源量的影响可根据情况考虑。

## 第三节　水资源供需平衡计算与分析

天然状态下的水资源在时间和空间上的分布是不均匀的，与人类社会经济发展用水和生态环境用水的要求往往不相一致，为此需要建设水利工程，对天然状态下的水资源进行

调节，以满足社会经济发展和生态环境用水的需要。在特定的水资源条件和需水要求下，充分发挥水利工程的作用，通过水利工程的调节计算，可得到水利工程供水与需水之间的关系，这就是水资源供需分析[20-21]。

## 一、分区、水平年及代表年

水资源供需分析是以系统分析的理论与方法，综合考虑社会、经济、环境和资源的相互关系，分析不同发展时期、各规划方案的水资源供需状况。在此基础上，综合评价各方案对社会、经济和环境发展的作用与影响，规划工程的必要性及合理性，为制定水中、长期供求计划及有关对策措施提供依据。

（一）分区

区域内划分为几个较小的供需平衡区域（或计算单元）分别进行水资源供需分析，是区域水资源供需分析通常采用的方法。这样，才能揭示区域内各地水资源开发利用的特点和规律，真实反映供需矛盾和余缺水量的状况，有针对性地提出水资源合理开发利用的建议。

1. 分区原则

（1）按流域水系划分。同一流域可按上、中、下游或山丘区、平原区划分。大河干流区间不应以河为界分区。分区要便于清算各分区入、出境水量，便于从上游到下游顺利进行供需平衡计算。

（2）按骨干供水工程设施的供水范围分区。

（3）按自然条件和水资源开发利用特点的相似性分区，便于突出各分区的特点，提出相应的对策。

（4）照顾行政区划分。便于基本资料的统计和供需分析成果的汇总。

（5）参考水资源评价、农业区划等以往的研究工作的区域划分，便于以往研究成果资料的引用和成果的对比论证。

2. 分区方法

以我国现行水资源分区为例，分区采取逐级划区的方法，全国水资源共分为 10 个一级区分别为：松花江区，辽河区，海河区，黄河区，淮河区，长江区，东南诸河区，珠江区，西南诸河区，西北诸河区。以下再划分 44 个二级区和 406 个三级区。

（二）水平年

水平年需要根据水资源开发利用的水平，即供水设施建设和各类用户用水量达到的水平来进行划分。一般说，水资源供需分析应针对现状、近期、远景三种不同的水平年进行。现状水平年的供需资料来自实际调查统计，供需分析得出的供需平衡余、缺水与存在的问题均为客观现实，因此，现状水平年的供需分析是最重要的基础性工作。现状水平年又称基准年，其供需分析是指在现状经济发展水平时，现有水利工程在不同来水情况下，根据各用水部门的需要，分析可能提供的水量以及能否满足各部门需水要求的余、缺水量。基准年与实际典型年主要差别在于来水条件不同。

（三）代表年及其选择

水资源的补给来源为大气降水，具有年际丰枯变化和年内季节性变化，供水工程设施的供水能力和用户的需水量也因不同的年景而有变化，因此，水资源供需分析要针对几种不同年景的代表进行。代表性年份有：平水代表年，相应保证率 $P＝50\%$；一般枯水年（中等干旱年），相应保证率 $P＝75\%$；特殊枯水年（特殊干旱年），相应保证率 $P＝90\%$（也有采用 $P＝95\%$）。

水资源供需分析常选用实际年份作为某一种代表年的典型年，这样较便于处理各分区同一代表年的供需水量的组合问题，也便于供需分析成果的逐年汇总。选出某一代表年的实际典型年，要求与本区域实际发生的丰枯变化情况（旱情情况）相一致。所以，代表年的选择要兼顾天然水资源量的年际变化和用户需水量的变化两个方面。一般采用区域代表站年降水量（每年河川径流量）或关键供水期降水量（或径流量）系列排频选年。为了便于供需分析成果的汇总，次级区（或计算单元）除按自身丰枯变化特点选出本区典型代表年进行供需平衡计算外，还必须对上级（面上）选定的典型代表年作供需分析，以便于面上的成果汇总。

### 二、供需分析的原则和方法

（一）原则

（1）按照全面规划、统筹兼顾的原则，正确处理截留与开源的关系、水资源开发利用与环境保护的关系、水质与水量的关系以及各用水部门之间的关系。

（2）充分考虑各区域之间非均衡发展的特点和综合协调原则，分阶段协调水资源开发利用与社会经济发展之间的矛盾。

（3）重视生态环境和水环境的保护，促进资源、经济、环境的协调发展。

（4）水资源供需分析要根据需要与可能，使水资源开发与资金投入相协调。

（二）方法

（1）区域水资源供需分析，一般采用供需平衡计算、分层次逐级汇总协调方法。供需平衡计算顺序为先支流后干流，先上游后下游。上游分区域计算出的出境水量即为下游分区或计算单元的入境水量。

（2）计算单元供需分析，根据用户需水要求，考虑供需关系的互相影响，逐时段分析计算。计算时段一般采用月为单位。

（3）供需平衡计算时，不同计算单元的余、缺水量不得互相平衡，正负相抵；同一计算单元不同时段的余、缺水量也不得相互平衡，正负相抵。出现余水时，若蓄水水库尚未蓄满，余水可作为调蓄水量参加下一时段的供需分析，否则为下游单元的入境水量，参加下游单元的供需分析。

（4）河道外用水与河道内用水既相互联系又相互影响。一般先按河道外用水做供需平衡分析。得出各有关河道外的出境水量，验算是否能满足该河段河道内用水的需求，如不能满足，则要对河道外用水的供需平衡分析做必要的调整。

（5）现状水平年农业灌溉需水量计算，只考虑现状有效灌溉面积（或实灌面积）的灌溉需水量。未来水平年农业灌溉需水量计算，只考虑新建供水工程和现有工程挖潜扩灌后的有效灌溉面积的灌溉需水量。如将区域内无灌溉设施农田（总耕地面积与有效灌溉面积之差）的需水量考虑在内，即就区域总耕地面积的灌溉需求而言，缺水量将远大于供需平衡计算的结果。

（6）拟定的供水要求不能满足需水要求时，要反馈分析供水增加与需水调整的可能性与合理性，进行综合分析。对于供需缺口，应提出有关的对策和措施，供进一步制定和修改国民经济发展规划参考。

（7）出境水量按式（4-63）计算：

$$W_O = W_I + W_L - W_S + W_R \qquad (4-64)$$

式中：$W_O$ 为本区域供需平衡计算后的出境水量，亿 $m^3$；$W_I$ 为入境本区域的水量，亿 $m^3$；$W_L$ 为本区域当地径流量，亿 $m^3$；$W_S$ 为本区域地表可供水量，亿 $m^3$；$W_R$ 为本区域回归水量，亿 $m^3$。

### 三、实例

某县水资源开发利用现状（1990年）供需平衡简介。

（1）全县土地面积 2695 $km^2$，耕地面积 52.82 万亩，人口 357045 人，1990年工农业总值 49642 万元。全县现有：水库 1073 座，总有效库容 12887 $m^3$，有效灌溉面积 21.8898万亩；提水工程 281 座，总装机容量 5662kW，其中用于农业灌溉的 275 座，装机容量5218kW，有效灌溉面积 50834 万亩；引水工程 1834 座，有效灌溉面积 10.2262 万亩，全县总有效灌溉面积 37.95 万亩。另有水井 2427 处，主要供农业生活用水。

（2）从保持水系完整性、骨干工程供水范围和行政区划出发，全县划分三个计算单元做水资源供需平衡分析。

（3）该县多年平均年河川径流量（即水资源总量）为 23.4 亿 $m^3$，平均年产水模数86.8万 $m^3/km^2$。根据年径流量、7—9月径流量两种净流量的 34 年系列数据排频，选定不同保证率条件下的典型代表年。县境上游入境河流集雨面积 1515 $km^2$。不同保证率代表年入境水量，本区域水量均列入表 4-13，根据水文地质资料，地下水资源模数平均为8.05 万 $m^3/km^2$，全县地下水资源量 2.17 亿 $m^3$。全县基本上属丘陵山区，地下水资源量全为河川径流量的重复计算水量。

（4）根据不同保证率典型代表年降水、蒸发实测资料、作物组成、灌溉制度，平均灌溉水有效利用系数 0.65，求得全县平均综合亩毛灌溉定额：1990年为 625 $m^3$/亩，$P=50\%$ 为 594 $m^3$/亩，$P=75\%$ 为 660 $m^3$/亩，$P=90\%$ 为 757 $m^3$/亩。

（5）1990年全县用水量 2.1456 亿 $m^3$，其中，地表水 2.0466 亿 $m^3$，地下水 0.099 亿 $m^3$。实灌面积约 37.36 万亩，农业灌溉用水量 1.9675 亿 $m^3$，占总水量的 91.7%，工业用水万元产值综合用水定额为 592 $m^3$/万元，乡镇企业为 350 $m^3$/万元。

（6）农业灌溉需水量的计算面积采用有效灌溉面积约 37.95 万亩。未考虑水利灌溉设施耕地 14.87 万亩的灌溉需水量。

（7）不同保证率典型年的保灌面积：$P=50\%$ 为 37.95 万亩，供需平衡；$P=75\%$ 为36.412 万亩；$P=90\%$ 为 28.606 万亩。

（8）回归水量计算。农业灌溉用水回归系数仅为 0.20，工业、城市生活用水及其他用水的回归系数取为 0.80。

（9）按式（4-64）计算出境水量见表 4-13，可校核是否满足该河道内用水需求（本例略）。

（10）全部供需平衡分析计算见表 4-13。

表4-13　　　　　　　　　　　某县水资源开发利用现状（1990年）供需分析计算

| 项目 | | | 全　年 | | | | 7—9月 | | |
|---|---|---|---|---|---|---|---|---|---|
| | | | 1990年 | P=50% | P=75% | P=90% | 1990年 | P=50% | P=75% | P=90% |
| 水资源量/万m³ | | 入境径流量 | 131440 | 117706 | 88585 | 66689 | 27990 | 23542 | 17764 | 6269 |
| | | 本区径流量 | 255000 | 223000 | 169200 | 128800 | 54300 | 44600 | 33900 | 24400 |
| | | 径流量小计 | 386440 | 340706 | 257785 | 195498 | 82290 | 68142 | 51664 | 30669 |
| | | 其中：地下水 | 21700 | 21700 | 21700 | 21700 | 6500 | 6500 | 6500 | 6500 |
| 可供水量/万m³ | 地表水 | 蓄水工程 | 13608 | 13018 | 13577 | 12620 | 7095 | 7754 | 8512 | 6635 |
| | | 引水工程 | 6367 | 6218 | 6863 | 7109 | 3297 | 3702 | 4257 | 4221 |
| | | 提水工程 | 4487 | 4357 | 4704 | 5000 | 2143 | 2334 | 2662 | 2661 |
| | | 小计 | 24462 | 23593 | 25144 | 24729 | 12535 | 13790 | 15431 | 13517 |
| | 地下水 | | 989 | 989 | 989 | 989 | 297 | 297 | 297 | 297 |
| | 合计 | | 25451 | 24582 | 26133 | 25718 | 12832 | 14087 | 15728 | 13814 |
| 需水量/万m³ | 地表水 | 工业 | 1029 | 1029 | 1029 | 1029 | 330 | 330 | 330 | 330 |
| | | 农业灌溉 | 23719 | 22542 | 25047 | 28728 | 12372 | 13434 | 15711 | 17457 |
| | | 城市生活 | 69 | 69 | 69 | 69 | 21 | 21 | 21 | 21 |
| | | 其他 | 16 | 16 | 16 | 16 | 5 | 5 | 5 | 5 |
| | | 小计 | 24833 | 23656 | 26161 | 29842 | 12728 | 13790 | 16067 | 17873 |
| | 地下水 | 工业 | 116 | 116 | 116 | 116 | 35 | 35 | 35 | 35 |
| | | 农业灌溉 | 9 | 9 | 9 | 9 | 3 | 3 | 3 | 3 |
| | | 城市生活 | 864 | 864 | 864 | 864 | 259 | 259 | 259 | 259 |
| | | 小计 | 989 | 989 | 989 | 989 | 297 | 297 | 297 | 297 |
| | 合计 | | 25822 | 24645 | 27140 | 30821 | 13025 | 14087 | 16364 | 18110 |
| 供需平衡 | 地表水/万m³ | | −371 | −63 | −1071 | −5113 | −193 | 平衡 | −636 | −4296 |
| | 地下水 | | 平衡 | 平衡 | 平衡 | 平衡 | 平衡 | 平衡 | 平衡 | 平衡 |
| 回归水量/万m³ | 农灌水 | | 4670 | 4508 | 4806 | 4723 | 2436 | 2687 | 3015 | 2632 |
| | 工业、生活及其他 | | 891 | 891 | 891 | 891 | 285 | 285 | 285 | 285 |
| | 合计 | | 5561 | 5399 | 5697 | 5614 | 2721 | 2972 | 3300 | 2917 |
| 出境水量/万m³ | | | 367539 | 322449 | 238338 | 176383 | 72476 | 57324 | 39533 | 20069 |
| 水资源利用率/% | 地表水 | | 9.6 | 10.6 | 14.9 | 19.2 | | | | |
| | 地下水 | | 4.6 | 4.6 | 4.6 | 4.6 | | | | |
| 缺水率/% | | | 1.4 | 不缺 | 3.8 | 16.6 | 1.5 | 不缺 | 3.9 | 23.7 |

# 习　题

1. 简述需水的概念。
2. 农业需水的概念。
3. 工业需水的概念及计算方法。
4. 水利工程的可供水量是什么？
5. 如何确定蓄水工程的可供水量？

第四章习题答案

# 第五章　水资源配置与调度

## 第一节　水资源系统

水资源配置是在水资源系统的基础上完成的。而水资源系统是一个由水资源、生态环境、生存物种、人类活动所构成的复合系统。本节将重点介绍系统的概念、水资源系统内涵与组成、水资源系统结构与功能、水资源系统特点与特征四个方面内容。

### 一、系统的概念

"系统"（system）一词最早源于古希腊语，其含义是指由部分组成的整体。即系统是指由两个或两个以上相互联系的要素组成的、具有整体功能和综合行为的集合。系统是由组成要素集、要素集上的关系集共同决定的，其中关系集是系统工程的工作重点。任意一个系统必须满足三个条件：① 组成系统的要素必须两个或两个以上，它反映了系统的载体基础的多样性与差异性，是系统不断演化的重要机制；② 各要素之间必须具有关联性，系统中不存在与其他要素无关的孤立要素，它反映了系统各要素相互作用、相互激励、相互依存、相互制约、相互补充、相互转化的内在相关性，也是系统不断向特定结构或秩序演化的重要机制；③ 系统的整体功能和综合行为必须不是系统各单个要素或这些要素之和所具有的，而是由各要素通过相互作用而涌现（即某种非加和的整体性突然出现）出来的，与系统要素相关联的其他外部要素（物质、量或信息）构成的集合称为系统的环境，它是研究对象全空间 $R$ 中系统集合 $S$ 与非系统集合下的过渡集合 $E$，它们之间存在如下关系：$R = S \cup E \cup F$，$S \cap F = \varnothing$（空集）。系统的边界把系统与系统的环境区分开来，环境的边界把系统的环境与非系统集合区分开来，系统的边界和环境的边界具有弹性和动态性，在不同目标、不同条件、不同时期内可能会发生变化，反映了研究系统的不同要求、不同条件和不同时间属性，由此决定了系统的层次性，即一个系统既可以向下分解为一系列子系统，又可以向上隶属于更大的系统。

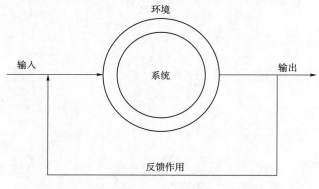

图 5-1　基本系统模型

系统包括系统本身和系统所处的环境两个部分，而系统环境就是系统工作的限制条件。系统在特定环境下对输入进行响应，然后产生输出，这就是系统的功能，如图 5-1 所示。

系统本身又是它所隶属的一个更大系统的组成部分。也就是说，系统总是有总系统和子系统（分系统）之分，子系统是总系统的组成部分。总之，系统的概念是相对的，在某种场合下它是总系统，而在另一种场合下它可能是子系统。

一般来说，一个系统应具有如下特性：

（1）目的性。系统的目的决定了系统的基本作用和功能。一个系统可能有若干个功能，这些功能的实现也就完成了系统的中间或最终目的。通过系统的目的性分析，可以将目的用系统目标来具体化，系统目标进一步通过模型来描述，这样就可以把问题变成有可能求解的形式。因此，系统的目的性是系统设计的一个重要方面。

（2）相关性。系统是由两个或两个以上的可以相互区别的要素所组成。各要素之所以能成为一个整体，是因为它们之间存在着相互作用、相互依存和相互制约的关系，即各要素间的内在联系。如果有要素存在但各要素间没有相互联系，是无法构成一个系统的。

（3）整体性。系统是作为一个整体而存在的，而且也只有作为一个整体，系统才能充分发挥其功能。这就要求系统的各要素必须服从整体的要求，在实现系统的整体功能基础上开展其相互间的活动与作用。

（4）环境适应性。任何一个系统都存在于一定的环境（或更大的系统）之中。系统本身必须要与外部环境进行物质、能量和信息的交换，必须适应外部环境的变化，不能适应环境变化的系统是没有生命力的系统。一个生产系统，其输入来自环境，而输出又进入环境，如果环境断绝了输入，系统的正常运行将无法维持。因此，任何系统都必须适应环境。

### 二、水资源系统内涵与组成

#### （一）水资源系统内涵

水资源系统（water resources system）是指在一定区域内由在水文、水力和水利上相互联系的、可为人类利用的各种形态的水体及其有关的水利工程所构成的综合体。水资源系统中各类水体相互联系并依一定规律相互转化，体现出明显的整体功能、层次结构和特定行为。水资源系统内部具有协同性和有序性，与外部进行物质和量的交换[22-23]。

水资源系统中的主要水体有大气水、地表水、土壤水和地下水，以及经处理后的污水和从系统外调入的水。各类水体间具有联系，并在一定条件下相互转化。如降雨入渗和灌溉可以补充土壤水，土壤水饱和后继续下渗形成地下水，地下水由于土壤毛细管作用形成潜水蒸发补充大气水，还可通过侧渗流入河流、湖泊而补充地表水。地表水一方面通过蒸发补充大气水，而另一方面通过河湖入渗补充土壤水和地下水。由此可见，不同的水资源利用方式会影响到水资源系统内各类水体的构成比例、地域分布和转化特性。

水资源系统具有明显的层次结构。水资源系统是一空间上分布的系统，根据水循环、水资源形成和转化规律，一个水资源系统可以包含一个或若干个流域、水系、河流或河段，地下水资源的分区通常与地表水资源分区一致。一个水资源系统内还可进一步划分成若干子系统。同时，其本身又是更大的水资源系统的子系统。

水资源系统具有若干整体功能。水本身不仅为各类生物的生存所必需，而且一定质与量的供水，又是国民经济发展的重要物质基础。利用大坝和水轮机可以把天然径流中蕴藏的巨大势能积累起来并转化为电能；通过水库一方面可以拦蓄洪水减轻灾害，又可以发展灌溉；河流又兴舟楫之利；湖泊可以发展水产养殖和旅游业。同时，在生态环境方面，水可以调节气候，保持森林、草原的生态稳定以及湿地的生物多样性。

（二）水资源系统的组成

水资源系统由其内部的组成要素、外部的环境以及协调要素和环境的组织方式构成，其内部的组成要素具体为不同时间、空间、数量、质量、用途的水；外部的环境包括与水资源系统互相影响的经济、社会以及生态系统；协调要素和环境的组织包括相应的技术、相关的政策、管理和工程措施等。由于水资源系统的复杂性，对系统的全部特性和演变规律都详尽地模拟是不现实的。因此需要根据水资源配置的目的与需要，紧紧抓住主要问题和主要矛盾，深入分析和研究具体的水资源系统，对各种相关的重要特性和规律要真实地反映在模型中，而对其他次要方面需做适当概化。

以水资源配置系统为例，该系统一般可概化为水源系统、供输水系统、用水系统和排水系统四部分组成。系统根据系统输入的信息，通过输水系统从水源系统将水分配到各用水部门，然后由用水系统和排水系统反馈信息给水资源配置系统，水资源配置系统根据其特点和反馈信息，调整水量在各部门间的分配。如此反复，直到得到最后结果，水资源配置系统各部分关系如图5-2所示。

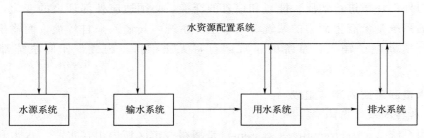

图5-2 水资源配置系统各部分关系示意图

### 三、水资源系统结构与功能

水资源系统是以水为主体构成的一种特定的系统，是与生态环境、社会经济相耦合形成水资源生态经济复合系统，是自然资源与人工系统相结合的复合系统。它是指处于一定范围或环境下，为实现水资源开发目标，由相互联系、相互制约、相互作用的若干水资源工程单元和管理技术单元所组成的有机体。这些物质的和非物质的（概念的）单元之间既存在着关联性，也存在着相对独立性。前者是构成系统整体性的前提，后者是划分系统（子系统）与环境、识别系统内部结构的必要条件。

系统的整体性是系统工作的基础。以水资源系统为例，从规划与管理目标的确定、决策方案的选择，到决策实施的整个过程中，一切工作都要建立在系统整体性原则的基础上。系统的整体性表现在系统内部诸要素之间及系统与环境之间的有机联系上。这种联系是通过系统结构和系统功能这两个媒介来沟通的。如果系统结构与功能之间经常处于良好状态，则系统的整体属性就可以永远发挥作用；否则，系统的整体属性就要受到损害，甚至失去效用。因此，系统的结构和功能在系统中的作用是非常重要的。

系统结构是构成系统的要素间相互联系、相互作用的方式和秩序，或者说是系统联系的全体集合。在水资源系统中，水工建筑物群体是系统的物质单元；系统设计方案，管理策略，以及人、财、物的组织管理等则是概念性的单元。它们的相互联系构成了概念化的结构术语。水资源系统运转效应的好坏，取决于系统实体结构形式和组织管理技术的协调，亦即取决于系统内部结构的好坏。

系统功能是系统内部与外部相互关联、相互作用的结果，由系统结构和系统环境所决定。水资源系统的功能，一般以防洪、除涝、发电、灌溉、给水、航运和它们的综合利用目标来表示。

随着人类取用水范围的扩展和程度的加深，水资源人工化程度不断加深，系统规模、结构、功能和行为也越来越综合化。它不仅涉及与水有关的自然生态系统，而且与经济社会乃至人文法规等有着密切的联系。从系统本身及水资源系统的含义分析，水资源系统是由自然系统和人工系统组成的复合系统，水资源系统与环境存在相互协调和适应关系，水资源系统具有多种开发目标和多种用途以及水资源系统要素具有关联性等特点。根据系统网络描述法，水资源系统概念图如图 5-3 所示。

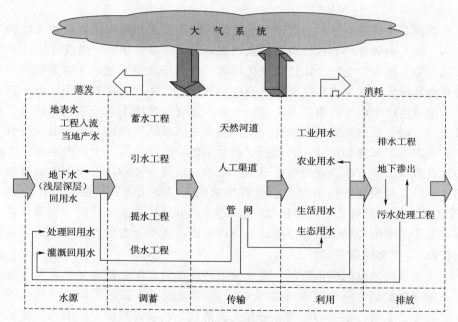

图 5-3 水资源系统概念图

### 四、水资源系统特点与特征

（一）水资源系统特点

（1）水资源的内涵具有层次性。与人类社会经济和生态环境的生存与发展密切相关的所有淡水（例如大气降水、地表水、地下水、土壤水等），称为广义水资源。人类社会只有通过对广义水资源的开发利用才能实现从自然资源向实物资源的转变，转变的那部分广义水资源（例如径流性水资源），称为狭义水资源。

（2）水资源的不可替代性与可再生性。水资源对于饮用、卫生、农业、林业、畜牧业、渔业、工业、水力发电、航运、娱乐和许多其他人类活动，以及对于人类社会赖以生存和发展的大自然环境的正常运行而言，都是不可替代的。同时，水资源通过各种水分循环的形式来反映其可再生性。

（3）水资源承载力的多样性、有限性与时空分布的不均衡性。

（4）水资源系统工程建设和管理的前瞻性与长期性。随着社会经济的发展和人民生活水平的不断提高，对狭义水资源的数量需求和质量需求也在不断提高，相应的水资源工程系统的建设和管理的前瞻性与长期性要求也日益明显。

（5）水资源系统组成要素的层次性和大规模性。水资源系统也可表示为由天、地、人三大子系统组成的复杂耦合系统，而每个子系统又包括各自的子系统。逐层分解，形成了庞大的层次结构，具有很高的维数，系统所覆盖的时间和空间范围大（长期、中期、短期，全球、国家、流域、省市、地县、镇村，大气水、地面水、地下水、泉水、土壤水和生物水），造成计算机的沉重计算负荷，且难以满足系统在线实时控制的需要。在不同层次上研究所关心的问题是不同的，系统的运行方式和机制也存在着很大差异，实际常遇到的水资源系统，都是由天文、气象、下垫面、生态、人文等地球表层众多要素组成的复杂系统。

（6）水资源系统各要素之间或各子系统之间的关联形式多种多样，这些关联的复杂性表现在结构上是各种各样的非线性关系，表现在内容上可以是物质、能量或信息的关联。

（7）水资源系统的演化特性以适应变化环境。作为开放的系统，水资源系统不断地与其所在的自然环境和人文环境发生着物质、能量和信息方面的交换和作用，由于这些环境的变化和不确定性，引起了水资源系统的输入输出强度与性质不断地变化，并进一步引起水资源系统的结构、功能和目的的变化，从而使水资源系统呈现出显著的演化特性。这种演化，一方面表现为系统趋近并达到均衡（相对平衡状态）并从一个均衡向另一个均衡转移的非均衡过程，另一方面表现为整个系统的结构、功能的变动，以及由此引发的系统均衡格局的变迁。这种演化的行为方式主要有多重均衡（演化问题可能同时存在多个最优解）、路径相依（演化过程与系统的初始状态有关）、分岔、突变、锁定（当系统进入一个均衡态后，若无足够的外界扰动等条件，系统将只能在该均衡态附近波动，而无法转移至其他的均衡态）、复杂周期等。

（8）水资源系统的空间结构特征。受水分循环规律的支配，降水量具有明显的地域分布特征（我国降水量呈由东到西递减的趋势），从而确定了水资源系统空间结构的主要特征；另外，地势、土壤、植被的不同分布和人类活动也在一定程度上影响水资源的空间格局。所有这些因素决定了水资源系统的空间结构经纬交叉、错综复杂。目前水资源可持续利用与管理研究已从单一河段、单一河流的开发利用研究，转移到全域、跨流域的水资源统一调配研究，地表水与地下水统一开发利用研究，水资源系统的空间结构特征越来越受到关注。

（9）水资源系统的社会政治特征。一方面，水是万物生命之源，一个国家或地区经济发展和社会发展越来越受水资源系统运行状况的约束，水资源短缺危机在世界各地日益加深，导致许多地区冲突；另一方面，水量过多将产生水灾，水量过少又会引起旱灾，水质污染还会导致重大环境问题。水资源系统问题已成为国家或地区社会经济可持续发展的瓶颈，已成为重大战略性问题。

以上9个方面的复杂性往往是相互联系，交织在一起的，水资源系统是自然系统与社会系统相复合的典型开放系统，随着水资源系统工程理论和实践在深度和广度方面的展开，这些复杂性的程度将越来越高。

（二）水资源系统特征

不同于一般的系统，水资源系统具有自然属性和社会属性两方面。其一，水资源系统是自然系统的一员，与自然界的生态、环境有着天然的渊源；其二，它又是社会系统的一部分，与人类社会和经济发展有着密切的联系。因此，水资源系统是一个自然与社会（人工）相结合的、开放性的复合系统。水资源系统主要有以下三个特点。

1. 水资源系统的结构和功能受自然规律的影响和制约

作为自然系统之一的水资源系统，存在着许多不以人们意志为转移的自然规律。它们对系统的结构、功能和行为起着重要的制约和支配作用，对系统环境包括自然环境和社会环境也有着重要的影响。

在新建立的水资源系统设计阶段，任何流域或地区水资源开发和治理的规模、方式、措施和目的，无不受自然地理、地质、生态、水循环、水量、水质等约束，有时这些约束或某种约束是起决定性作用的。对于一个已建立且在运行阶段的系统在运行阶段，外界对系统结构的影响较小，系统保持着相对的稳定性。但是，系统功能却易受外界影响。如径流式水电站，洪水期可能被迫停产或不能正常生产；又如供水系统，可能因外界用水性质的改变，而不得不调整原系统的功能和相应的系统结构。

在任何水资源工程的建设期和运行期，都会对自然环境和社会环境带来影响。这种影响或大或小，或正或负，因具体情况而异。因此，水资源开发利用的策略只能在不断认识自然、合理利用自然规律的基础上进行。那种以"人定胜天"的征服者姿态，粗暴地对待自然、掠夺自然资源的行为，必将招致大自然的无情惩罚。

2. 水资源系统的正负效应受人类意识和活动的主宰和支配

作为社会经济系统一部分的水资源系统，是人类为了自身的利益，长期以来对自然过程进行干预控制的产物。人类生存离不开水，社会经济发展更离不开水资源的供给。然而，当水资源不能满足人类生活和生产的需求时，人们更倾向于通过各类措施，主要是工程技术措施，来改变水资源的自然时空分布特性，使之为人类自身的利益服务。由于人类对自然规律认识的不足，对自然进行粗暴干预的结果往往是自然对人类越来越严重的惩罚。

人在干预自然的过程中，既是组织者，又是受益者，还是自然反作用的承受者。总之，人在水资源系统中越来越成为主宰者和支配者。主宰者的社会意识包括人的水意识，往往就决定了水资源系统的规模、作用和方向。

3. 水资源系统是连接生态环境与社会经济的桥梁，是协调自然与社会经济系统良性发展的不可替代的必要条件

社会发展和经济增长需要水资源为其提供必要的支撑和服务，而水资源的可持续利用，同样也离不开一个良好的生态系统来作为保障。如果万物赖以生存的生态系统遭到了破坏，那么水资源的更新再生能力必然下降，人类社会也将受到相应的伤害和威胁。相反，如果能有效利用水资源系统这根联系纽带，保护和改善生态环境，并将其与社会经济连接起来，通过工程技术和人力、物力的投入，调节控制生态环境与社会经济的协同发展，就可使自然与社会系统持续稳定地沿着良性循环的轨道运转。这样，水资源系统在协

调和维持自然与社会良性发展过程中，不仅起到了联系二者的媒介作用，更重要的是成为促使它们协调发展的必要条件。

水资源规划与管理对于维护社会经济和生态环境可持续发展的重要作用，是由水资源系统与其外部环境的特殊关系和水资源系统的开放性质所决定的。水资源具有的三大功能：构成生命的基本要素；物质、能量、信息交换的媒介；人类社会经济、资源、环境联系的纽带。这三大功能是其他系统所无法替代的。因此，水资源系统与生态环境和社会经济系统一起构成了更大范围的社会经济-水资源-生态环境复合大系统，也是水资源规划与管理需要研究的对象。

21世纪我国水利的发展战略将从工程水利向水资源可持续利用方向进行重大转移，研究水资源系统已不能就水论水、就河论河、就工程论工程，而必须把水资源与生态环境、经济结构、人口结构、社会结构组织在同一个复杂大系统（社会经济资源与环境可持续发展系统）下进行综合研究，这给水资源系统工程的理论与实践的快速发展带来了难得的机遇和挑战。针对这样的复杂系统，目前普遍认为，采用常规的机理描述和推理难以建立完整的模型。这是因为复杂系统的行为本质既包含"高维性"又包含"混杂性"。所谓"高维性"是指复杂系统要素繁多，往往需要做"多目标-多要素-多层次分析"；所谓"混杂性"是指确定性与不确定性、正态与非正态、定性与定量、静态与动态、宏观与微观、平衡与非平衡等特征的混杂。水资源系统工程的大量实践证明，随着水资源工程实践中所遇到的水资源系统日益大型化、综合化和智能化，研究水资源系统问题已避不开它的复杂性，常规的系统工程方法和手段已难以胜任水资源复杂系统中涉及多因子、多层次的综合分析，只有打破学科、部门、行业界线，把系统科学的其他理论和方法以及计算机、人工智能等现代科学与技术中的最新成果进一步引入水资源系统工程的研究中并进行相应创新，采用多学科交叉渗透和综合集成的研究方法，才能系统地探讨和研究水资源复杂系统的预测、评估与决策等综合性复杂问题，从而实现人类对水资源复杂系统的有效调控和科学管理。

# 第二节　水资源配置理论

水资源配置是实现水资源在不同区域和用水户的有效公平分配，从而达到水资源可持续利用的重要手段。通过水资源配置可以实现对流域水循环及其影响的自然与社会诸多因素进行整体调控。本节将重点介绍水资源配置的概念和内涵、目标与原则、水资源配置的手段三个方面的内容[24]。

**一、水资源配置的概念和内涵**

（一）水资源配置的概念

水资源配置是指在流域或特定的区域范围内，遵循高效、公平和可持续的原则，在考虑市场经济的规律和资源配置准则下，通过合理抑制需求、有效增加供水，积极保护生态环境等各种工程与非工程措施和手段，对多种可利用的水源在区域间和各用水部门间进行的调配。

水资源配置的本质是依据自然规律和经济规律，对流域水循环及其影响水循环的自然、社会、经济和生态诸因素进行整体多维调控，并遵循水平衡机制、经济机制和生态机制进行的水资源配置的决策方法和决策过程。

（二）水资源配置的内涵

水资源配置需要以水资源评价、开发利用评价以及需水预测、供水预测、节水规划、水资源保护等工作的成果为基础，针对流域水资源系统的实际状况，建立配置模型，计算不同需水，节水方案和供水策略下区域的供需平衡以及供、用、耗、排状况；组合不同供需方案、水资源保护要求和工程调度措施等形成配置方案，通过计算和反馈调整得到各个方案合理的结果，最终采用评价筛选的方法得到推荐配置方案；通过水资源配置模型的模拟计算，对总体布局的确定和完善提供建议性成果，并最终结合方案比选和评价的分析计算平台，使得模型成为水资源规划的实用工具。

水资源配置的实质是提高水资源的配置效率，一方面是提高水的分配效率，合理解决各部门和各行业（包括环境和生态用水）之间的竞争用水问题。另一方面则是提高水的利用效率，促使各部门或各行业内部高效用水。

水资源配置包括需水管理和供水管理两方面的内容。在需水方面通过调整产业结构与调整生产力布局，积极发展高效节水产业，抑制需水增长势头，以适应较为不利的水资源条件。在供水方面则是协调各用水部门竞争性用水，加强管理，并通过工程措施改变水资源天然时空分布与生产力布局不相适应的被动局面。水资源配置主要研究内容包括以下几方面。

（1）水资源需求问题。研究现状条件下各部门的用水结构、水资源利用率、提高用水效率的技术和措施，分析未来各种经济发展模式下的水资源需求。

（2）供需平衡分析。进行不同的水利工程开发模式和经济发展模式下的水资源供需平衡分析，确定水利工程的供水范围和可供水量，以及各用水单位的供水量、供水保证率、供水水源构成、缺水量、缺水过程和缺水破坏深度分布等。

（3）社会经济发展问题，探索适合流域或区域现实可行的社会经济发展模式和发展方向，推求合理的工农业生产布局。

（4）水资源开发利用方式、水利工程布局等问题。现状水资源开发利用评价，供水结构分析，水资源可利用量分析，规划工程的可行性研究，各种水源的联合调配，各类规划水利工程的配置规模及建设次序。

（5）水环境污染问题。评价现状水环境质量，研究工农业生产和人民生活所造成的水环境污染程度，分析各经济部门再生产过程中各类污染物的排放率及排放总量，预测河流水体中各主要污染物的浓度，制定合理的水环境保护和治理标准。

（6）生态环境问题。生态环境质量评价，生态保护准则研究，生态耗水机理与生态耗水量研究，分析生态环境保护与水资源开发利用的关系。

（7）供水效益问题。分析各种水源开发利用所需的投资及运行费用，根据水源的特点分析各种水源的供水效益，分析水利工程的防洪、发电、供水三方面的综合效益。

（8）水价问题。研究水资源短缺地区由于缺水造成的国民经济损失，水的影子价格分析，水利工程经济评价，水价的制定依据，分析水价对社会经济发展的影响和水价对用水需求的抑制作用。

（9）水资源管理问题。研究与水资源配置相适应的水资源科学管理体系，制订有效的政策法规，确定合理的实施办法，培养合格的水资源科学管理人才等。

（10）技术与方法研究问题。水资源配置分析模型开发研究，如评价模型、模拟模型、优化模型的建模机制及建模方法、决策支持系统、管理信息系统的开发、GIS 等高新技术的应用等。

通过水资源合理配置，提高水资源的利用效益，实现水资源可持续利用是我国目前水利工作的重要任务。实际水资源配置主要可解决以下三方面的问题：一是水资源天然时空分布与生产力布局的不适应问题；二是地区间和各用水部门间存在的用水竞争性问题；三是由于近年来水资源开发利用方式所导致的许多生态环境问题。

## 二、水资源配置的目标与原则

### （一）水资源配置的目标

水资源配置工作需要以水资源供需分析为手段，摸清现状条件下水资源供需存在的各种问题，满足流域、节点以及水量传输关系上各个层次的水量平衡关系，确定解决未来区域水资源配置问题的总体方向。进一步再分析各种合理抑制需求，有效增加供水，积极保护生态环境的可能措施及组合，生成各种可行的水资源配置方案，并进行评价和比选，提出推荐方案。水源供需分析计算一般采用长系列月调节计算方式，从而反映流域或区域的水资源供需特点和规律。

按照目前水资源配置的一般方法，水资源配置以三次平衡分析为主线，在多次供需反馈并协调平衡的基础上进行。

一次供需分析是考虑人口的自然增长、经济发展、城市化程度和人民生活水平的提高，在现状水资源开发利用格局和发挥现有供水工程潜力的情况下，进行水资源供需分析。

若一次供需分析有缺口，则在此基础上进行二次供需分析，即考虑进一步新建工程、强化节水、治污与污水处理再利用、挖潜等工程措施，以及合理提高水价、调整产业结构、抑制需求的不合理增长和改善生态环境等措施进行水资源供需分析。

若二次供需分析仍有较大缺口，应进一步加大调整产业布局和结构的力度，当其有跨流域调水可能时，应增加外流域调水并进行三次水资源供需分析。实际操作应依据流域或区域具体情况确定。此外，开展水资源供需分析时，除考虑各水资源分区的水量平衡外，还应考虑流域关键控制节点的水量平衡。

水资源配置工作应充分利用水资源保护工作的有关成果，考虑在水质要求条件影响下的水资源调配。在进行分区与节点的水量平衡时，应考虑水质因素，即供需分析中的供水应满足不同用水户的水质要求，对不满足水质要求的水量不应计算在供水之中。

水资源配置应对各种不同组合方案或某确定方案的水资源需求、投资、综合管理措施（如水价、结构调整）等因素的变化进行风险和不确定性分析，在对各种工程与非工程措施所组成的供需分析方案集进行技术、经济、社会、环境等指标比较的基础上，对各项措施的投资规模及其组成进行分析，提出推荐方案。推荐方案应考虑市场经济对资源配置的基础性作用，如提高水价对需水的抑制作用，产业结构调整及其对需水的影响等，按照水资源承载能力和水环境容量的要求，最终实现水资源供需的基本平衡。

（二）水资源配置的原则

根据水资源配置的含义，水资源配置应遵循公平性、高效性、可持续性的原则。

（1）公平性原则。主要是指发达地区和落后地区在进行水资源分配时需保证公平公正的原则，它以满足不同区域间和社会各阶层间的各方利益需求为目标进行水资源的科学分配，要求不同区域（上下游、左右岸）之间的协调发展，以及发展效益或资源利用效益在同一区域内社会各阶层中的公平合理分配。

（2）高效性原则。主要是指水资源的高效利用。从水资源利用系统本身的质和量与空间和时间上、从宏观到微观层次上、从开发、利用、保护水资源及其环境同步规划和同步实施角度上综合配置水资源，从而取得环境、经济和社会协调发展的最佳综合效益。效率是基于水资源作为社会经济行为中的商品属性确定的。对水资源的利用应以其利用效益作为经济部门核算成本的重要指标，而其对社会生态环境的保护作用（或效益）作为整个社会健康发展的重要指标，使水资源利用达到物尽其用的目的。但是，这种高效性不是单纯追求经济意义上的效益最大化，而是同时追求对环境影响小的环境效益，以及能够提高社会人均收入水平的社会效益，是能够保证经济、环境和社会协调发展的综合利用效益。这需要在水资源配置问题中设置相应的经济目标、环境目标和社会发展目标，并考察目标之间的竞争性和协调发展程度，满足真正意义上的高效性原则。

（3）可持续性原则。就是坚持可持续发展的原则，水资源可持续利用的出发点和根本目的就是要保证水资源的永续、合理和健康的使用。水资源是一种可再生资源，具有时空分布不均和对人类利害并存的特点。对它的开发利用要有一定限度，必须保持在它的承载能力之内以维持自然生态系统的更新能力和可持续利用。流域是由水循环系统、社会经济系统和生态环境系统组成的具有整体功能的复合系统。流域水循环是生态环境最为活跃的控制性因素，并构成流域经济社会发展的资源基础，以流域为基本单元的水资源配置，要从系统的角度，注重除害与兴利、水量与水质、开源与节流、工程与非工程措施的结合，统筹解决水资源短缺与水环境污染对经济可持续发展的制约。水资源的优化配置必须与流域或区域社会经济发展状况和自然条件相适应，因地制宜，按地区发展计划，有条件地分阶段配置水资源，以促进环境、经济、社会的协调持续发展。

## 三、水资源配置的手段

一般来说，水资源配置的方式主要有工程手段、科技手段、行政手段和经济手段等。

（一）工程手段

通过采取工程措施对水资源进行调蓄、输送和分配，达到合理配置的目的。时间调配工程包括水库、湖泊、塘坝、地下水等蓄水工程，用于调整水资源的时程分布；空间调配工程包括河道、渠道、运河、管道、泵站等输水、引水、提水、扬水和调水工程，用于改变水资源的地域分布；质量调配工程包括自来水厂、污水处理厂、海水淡化等水处理工程，用于调整水资源的质量。调配的方式主要有地表水、地下水联合运用；跨流域调水与当地水联合调度；蓄、引、提水多水源统筹安排；污水资源化、雨水利用、海水利用等多种水源相结合等。

（二）科技手段

建立水资源实时监控系统，准确及时地掌握各水源单元和用水单元的水信息。科学分析用水需求，加强需水管理。采用优化技术进行分析计算，提高水资源规划与调度的现代化水平。

**（三）行政手段**

利用法律约束机制和行政管理职能，直接通过行政措施进行水资源配置，调配生活、生产和生态用水，调节地区、部门等各用水单位的用水关系，实现水资源的统一管理。水资源统一管理主要体现在两个方面：一是流域的统一管理；二是地域的，主要是城市水务的统一管理。

**（四）经济手段**

按照市场经济要求，建立合理的水使用权分配和转让的管理模式，建立合理的水价形成机制，以及以保障市场运作为目的的、以法律为基础的水管理机制，利用经济手段进行调节，利用市场加以配置，使水的利用方向从低效益的经济领域向高效益的经济领域转变，水资源的利用模式从粗放型向集约型转变，从而提高水资源的综合利用效率。

# 第三节　水资源系统优化模拟技术

水资源系统分析中常用的优化技术基本分为两大类：一类是运筹学所讲的优化技术，如线性规划、非线性规划、动态规划和智能优化方法等；另一类是模拟技术，即对现实情况的仿真模拟。本节将重点介绍优化技术和模拟技术，以及结合了优化技术和耦合技术优点的优化与模拟耦合技术[25]。

## 一、优化技术

### （一）线性规划方法

在运筹学中，一般介绍的线性规划模型是确定性线性规划模型，亦即经典线性规划模型，常简称为线性规划模型。它具有如下三点共同特征：

（1）每一个具体问题都用一组决策变量 $(x_1, x_2, \cdots, x_n)$ 来表示某一方案。这组决策变量的值就代表一个具体的方案。一般这些变量的取值是非负的。

（2）存在一定的约束条件。这些约束条件都可以用一组线性等式或线性不等式表示。

（3）都有一个要求达到的目标。它可以用决策变量的线性函数来表示，即目标函数。根据问题的不同，要求目标函数达到最大或最小。

满足以上三个条件的数学模型称为线性规划模型。以最小化优化问题为例，其一般形式为

目标函数为

$$\max(\min) z = c_1 x_1 + c_2 x_2 + \cdots + c_n x_n \tag{5-1}$$

约束条件为

$$\begin{cases} a_{11} x_1 + a_{12} x_2 + \cdots + a_{1n} x_n \leqslant b_1 \\ a_{21} x_1 + a_{22} x_2 + \cdots + a_{2n} x_n \leqslant b_2 \\ \qquad\qquad\qquad \vdots \\ a_{m1} x_1 + a_{m2} x_2 + \cdots + a_{mn} x_n \leqslant b_m \\ x_1, x_2, \cdots, x_n \geqslant 0 \end{cases} \tag{5-2}$$

求解线性规划模型的常用方法是单纯形法，即根据问题的标准，在由约束条件切割成的凸多面体各极点中，从一个极点转移到相邻极点，使目标函数值逐步增加（或减小），直到目标函数值达到最大（或最小）时为止。此时，极点所对应的决策变量值就是最优解。

（二）非线性规划方法

当目标函数或约束方程中有一个或多个非线性函数时，这种模型称为非线性规划模型。当非线性规划模型比较简单时，通常采用线性化技术，把非线性方程近似地用一系列线性函数表示，再用线性规划方法求解。如果非线性规划模型比较复杂，不能采用线性化技术进行处理，就只能用非线性规划方法求解。该类问题的求解主要采用解析法或数值法。

解析法的使用条件是：目标函数可用解析式表达。当无约束条件时，对目标函数求导数，并使导数等于零，就可得到极值（极大值或极小值）；当目标函数受等式条件约束时，可采用拉格朗日乘子法求极值，即引入拉格朗日乘子 $\lambda$，将目标函数与等式约束联系起来，把约束问题转变为等价的无约束极值问题求解；当目标函数受不等式条件约束时，可采用 H. W. Kuhn 和 A. W. Tucker 提出的不等式约束条件下的非线性优化问题求解方法。

采用数值法求解非线性规划模型时，根据计算方法的不同，可有多种类型。对于单变量函数，常采用黄金分割法，逐渐逼近最优解；对于多变量函数，则可用爬山法和以梯度法为基础的数值法（如最速下降法、牛顿法、共轭梯度法等）。当有约束条件时，常采用罚函数法，把有约束问题转化为无约束问题，再进行求解。

（三）动态规划方法

动态规划模型的基本思路是把一个复杂的系统分析问题分解，形成一个多阶段的决策过程，并按一定顺序或时序，从第一阶段开始，逐次求出每一阶段的最优决策，最终求得整个系统（全阶段）的最优决策。动态规划模型在水资源系统中的应用比较广泛，如水库优化调度的多阶段决策过程、水资源工程的最优投入次序、施工组织安排、最佳输水线路选择等。

动态规划模型没有标准的数学形式，也没有通用的计算机程序，只能针对具体的问题写出相应的数学模型，编制相应的计算机程序。

为了便于介绍，先对动态规划中常用的一些术语进行说明。

（1）阶段及阶段变量：把所给问题的过程恰当地分成若干相互联系的序列单元，称为阶段，这样方便按一定的次序去求解。阶段一般根据时间和空间的自然特征来划分，把复杂问题转化成为多阶段决策的过程优化问题。描述阶段的变量称为阶段变量，常用 $k$ 表示。

（2）多阶段决策过程：在由若干阶段组成的整个过程中，如果每一阶段都有相应的决策，则该过程称为多阶段决策过程。

（3）状态：表示每个阶段开始所处的自然状况或客观条件，描述研究问题过程的状况。

（4）无后效性：当给定某一阶段状态后，过程的未来演变不再受此阶段以前各阶段状态的影响，这种性质就称为无后效性。

（5）状态变量：指描述过程状态的变量，常用 $s_k$ 表示。

（6）决策、决策变量及允许决策集合：当过程处于某一阶段的某一状态时，可以做出不同的决定（或选择），从而确定下一阶段的状态，这种决定称为决策。描述决策的变量称为决策变量，可用一个数、向量或矩阵形式来描述。常用 $u_k(s_k)$ 表示第 $k$ 阶段当状态处于 $s_k$ 时的决策变量，它是状态变量的函数。在实际问题中，决策变量的取值往往限制在某一范围之内，此范围称为允许决策集合，常用 $D_k(s_k)$ 表示第 $k$ 阶段从状态 $s_k$ 出发的允许决策集合，显然有 $u_k(s_k) \in D_k(s_k)$。

（7）策略与最优策略：$\{u_1(s_1)，u_2 s_2，\cdots，u_k(s_k)，\cdots，u_n(s_n)\}$ 是一个按顺序排列的决策组成的集合。由过程的第 $k$ 阶段开始到终止状态为止的过程，称为问题的后部子过程（或 $k$ 子过程）。由每个阶段决策按顺序排列组成的决策函数序列 $\{u_k(s_k)，\cdots，u_n(s_n)\}$ 称为 $k$ 子过程策略，简称子策略，记为 $p_{k,n}(s_k)$。即

$$p_{k,n}(s_k) = \{u_k(s_k)，u_{k+1}(s_{k+1})，\cdots，u_n(s_n)\} \tag{5-3}$$

当 $k=1$ 时，此决策函数序列称为全过程的一个策略，简称策略，记为 $p_{1,n}(s_1)$。即

$$p_{1,n}(s_1) = \{u_1(s_1)，u_2(s_2)，\cdots，u_n(s_n)\} \tag{5-4}$$

把可供选择的策略的范围称为允许策略集合，用 $p$ 表示。从允许策略集合中找出达到最优效果的策略称为最优策略。

（8）状态转移方程：它是描述过程从一个状态到另一个状态的演变过程的方程。给定第 $k$ 阶段状态变量 $s_k$ 的值，如果该阶段的决策变量 $u_k$ 一经确定，第 $k+1$ 阶段的状态变量 $s_{k+1}$ 的值就能完全确定。即 $s_{k+1}$ 的值随 $s_k$ 和 $u_k$ 的值变化而变化，把这种对应关系记为 $s_{k+1} = T_k(u_k，s_k)$。它描述了由 $k$ 阶段到 $k+1$ 阶段的状态转移规律，称为状态转移方程。

（9）指标函数和最优值函数：用来衡量所实现过程优劣的一种数量指标，称为指标函数。它是定义在全过程和所有后部子过程上确定的数量函数，常用 $V_{k.n}$ 表示。即

$$V_{k,n} = V_{k,n}(s_k，u_k，s_{k+1}，\cdots，s_{n+1}) \quad (k=1,2,\cdots,n) \tag{5-5}$$

指标函数的最优值称为最优值函数，记为 $f_k(s_k)$。它表示从第 $k$ 阶段的状态 $s_k$ 开始到第 $n$ 阶段的终止状态的过程，采用的最优决策所得到的指标函数值。即

$$f_k(s_k) = \mathop{opt}_{\{u_k,\cdots,u_n\}} V_{k,n}(s_k，u_k，s_{k+1}，\cdots，s_{n+1}) \tag{5-6}$$

动态规划模型的基本方程，可写成第 $k$ 阶段与 $k+1$ 阶段的动态规划逆推关系式形式，即

$$f_k(s_k) = \mathop{opt}_{u_k(s_k) \in D_k(s_k)} \{V_k[s_k，u_k(s_k)] + f_{k+1}[u_k(s_k)]\} \quad (k=n,n-1,\cdots,1) \tag{5-7}$$

边界条件为

$$f_{n+1}(s_{n+1}) = 0 \tag{5-8}$$

式中：$V_k$ 为第 $k$ 阶段的阶段指标。

在求整个动态规划问题的最优解时，由于初始状态是已知的，且每段的决策都是该段的状态函数，故最优策略所经过的各段状态便可通过逐次变换得到，从而确定子最优路线。关于动态规划模型的求解方法，可以采用逆向的和顺向的递推方法。上文给出的动态规划模型基本方程式是逆向递推方法的基本形式，其求解过程，是根据边界条件，从 $k=n$ 开始，由后向前逆推，从而逐步求得各段的最优决策和相应的最优值，最后求出 $f_1(s_1)$ 时，

就得到了整个问题的最优解。

顺向递推方法求解动态规划模型的基本方程式为

$$f_k(s_{k+1})=\mathop{opt}\limits_{u_k\in D_k(s_{k+1})}\{V_k[s_{k+1},u_k(s_k)]+f_{k-1}[u_k(s_k)]\}(k=1,2,\cdots,n) \quad (5-9)$$

边界条件为

$$f_0(s_1)=0 \quad (5-10)$$

其求解过程是根据边界条件，从 $k=1$ 开始，由前向后顺推，从而可逐步求得各段的最优决策和相应的最优值，最后求出 $f_n(s_{n+1})$ 时，就得到了整个问题的最优解。

（四）智能优化方法

智能优化方法是一类参考人类智能、生物群体社会性、自然现象等规律，在此基础上设计相应基于概率随机搜索策略的优化方法。目前，智能优化方法在理论基础和寻优机制上尚不如线性规划、非线性规划和动态规划等数学规划方法完善，且由于智能优化方法的随机搜索策略，致使算法收敛结果不稳定，极易陷入早熟和局部收敛，难以获取全局最优解。然而，智能优化方法不要求问题目标函数和约束条件满足特定条件，即使问题表现出非线性、强耦合、不连续等特性，智能优化方法仍能对复杂问题进行有效求解，且不存在"维数灾"问题。这一优点引起了水资源管理研究领域专家学者的关注，各种新颖的智能优化方法被引入和推广至梯级水库群优化调度研究中。随着智能优化方法研究的深入，智能优化方法收敛不稳定和早熟收敛等缺陷得到改善，促使其逐渐成为水资源配置与调度研究领域最常见的优化方法之一。在这类方法中，具有代表性的有差分进化算法、遗传算法、粒子群算法等。

**二、模拟技术**

模拟技术是在仿造真实物理系统的情况下，利用电子计算机模型（或模拟程序）模仿实际系统的各种活动，为制定正确决策提供依据的技术。计算机模拟技术是在水资源系统分析中，特别是在水资源管理研究中应用很广的一种计算方法。它是通过计算机仿造系统的真实情况，针对不同系统方案多次计算（或实验），对照优化模型，可以回答"如果……则……"。比如，针对可持续水资源管理优化模型，就是"如果……则系统是（或不是）满足可持续水资源管理准则，目标函数值为……"。因此，这种方法向人们提供一个"政策分析"的工具，决策人员可以试验各种虚拟假设的水管理政策，将计算机模拟结果作为决策的重要参考依据。

应用计算机模拟技术解决实际问题的主要内容与步骤有三个：①建立系统的计算机模型（或模拟程序）；②运用模型进行计算（或实验）；③分析模拟计算结果，并做出决策。

（1）必须解决的几个关键问题：

1）建立可靠的模拟模型。计算机模拟能否反映客观实际、能否得到有价值的输出结果与建立的模拟模型好坏关系密切。只有建立可靠的模拟模型，才有可能保证输出的结果可信。

2）确定输入，也就是如何划分拟选方案。在多数情况下，可以针对具体情况来人为地确定所要模拟计算的输入，也可以使用优选技术（如网格法、对开法、旋升法、最陡梯度法、切块法等）来逐步优选方案，并以此作为输入。

3）输出结果择优标准的确定。对于众多模拟方案的输出结果，到底选择哪一个方案，要有明确的判定标准。比如，在进行可持续水资源管理模拟实验研究时，可以选择"满足所有约束条件下的目标函数值最大"作为判定标准。

（2）根据计算机模拟技术在水资源系统分析中的应用过程，总结出采用计算机模拟技术来进行水资源管理政策模拟实验的方法步骤，如图 5-4 所示。

1）首先进行调查研究，提出问题，分析问题，对水资源系统进行系统分析。这是建立水资源系统管理优化模型之前的前期研究工作。

2）研究量化方法，建立定量优化模型。这是进行模拟实验的重要前提。

3）拟定水管理政策，确定输入，即选定模拟的方案。可以根据具体的情况，人为划分模拟方案，也可以使用优化技术逐步优选方案。

4）模拟计算，输出结果。并以目标函数值最大为目标，选择最优方案。

5）通过政策分析与模型使用效果分析，评估模型，并进一步剖析系统，得到更多信息，反过来再修改模型，直至得到满意的分析结果。

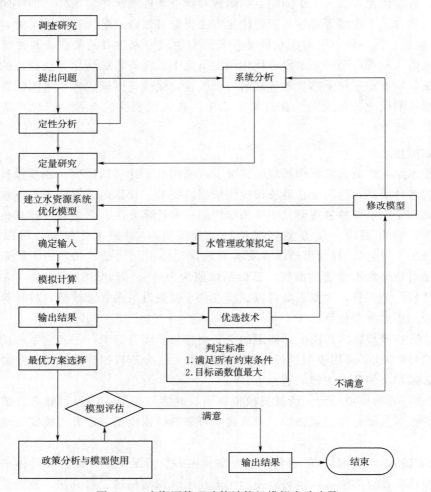

图 5-4　水资源管理政策计算机模拟实验步骤

### 三、优化与模拟耦合技术

#### （一）优化技术的特点

优化技术的优点是可以直接回答水资源配置中关于最佳方案的问题，是在期望目标下，寻找实现目标的最优途径，其结果不受人为因素的影响，具有科学性、合理性，而且能够定量地揭示区域经济、环境、社会多目标间的相互竞争与制约。但优化方法除建模复杂外，目前尚存在一些自身难以克服的弱点，如非线性系统最优解稳定性问题、动态优化"维数灾"问题等。此外，对于水资源系统，由于其规模大、涉及的因素复杂（包括政治、经济、社会和环境等各方面的因素），采用优化模型求解时变量过多、规模太大，必须进行大量的简化。而且模型本身的局限性和输入信息的不确定性以及随机性等因素的存在，使得模型的优化结果往往难以反映客观系统的真实最优状况。再有，水资源利用的目标往往是多样的，这些目标间又常常是难以公度的，因此在优化中就形成多目标规划问题。多目标规划在寻优方法上可以借助单目标优化技术，但在寻优策略上往往要参与决策者的偏好，这就产生了最佳方案的搜索不得不与决策者的意愿协调的矛盾，使得人们对方案的"最优性"产生疑问。因此，目前水资源系统优化问题的研究不再一味地追求"解"的最优性，而注重方案的满意程度及可操作性。

#### （二）模拟技术的特点

模拟技术主要解决"如果这样，将会怎样？"的问题，是对拟定的一些比较方案进行模拟计算，得到多方案的各种评价指标值，然后进行评价择优。它的优点是无论系统多么错综复杂，只要事先确定调度原则和选择好有较佳代表性的确定型径流系列等输入信息就能顺利得出分析结果。它可以通过一系列的模拟计算来回答决策者关心的各种问题，发挥决策支持作用，通过不同运行规则模拟的结果来改善系统运行规则，也可以用来评价不同的规划方案。这种模型计算简单、不存在"维数灾"，适用于求解复杂条件下的水资源配置问题。模拟技术的缺点是每一次模拟所得出的仅是许多不同系统方案中的一个方案信息，相应于各个不同方案，需要进行多次模拟。因此，模拟不能确定完整的可行域的边界，对于方案寻优决策来说，靠枚举进行方案比选的计算工作量大，且不能保证结果的最优性。

#### （三）优化与模拟耦合技术的特点

对于解决水资源合理配置中最佳方案的选择，优化技术和模拟技术是不可分割的。采用优化与模拟耦合技术的方法可以对配置方案给出更为详细和准确的描述。首先运用优化技术对系统进行优化，初步确定给水源在各计算单元的分配关系，然后将各类可调配水源在各分区、各用户的分配关系带入模拟模型，用长系列水文资料进行逐月供水模拟，并根据模拟结果的总缺水率、分区和计算基本单元缺水率、供水保证率等指标，对优化的分配关系进行适度调整，通过优化和模拟模型的相互反馈和不断调整，得到不同配置方案的水资源配置结果。

区域水资源系统包括许多随机因素，使系统的发展具有不确定性，优化技术采用构建的模型只能从平均概念出发求得水资源的战略对策，而系统在实际操作过程中受随机因素的影响可能偏离实际情况。偏离程度多大，用优化方法来解答是困难的，但采用优化与模拟技术耦合的方法则可以对配置方案给出详细的描述。优化技术模型仅侧重于宏观层次的规划，而对微观方面进行了适当的概化，配置方案微观层次下的关系则采用模拟方法解决，模拟技术的最大优势是对系统的状态和行为的模拟更精确、更符合实际情况，使得配置方案更具有可操作性。因此，两种方法耦合可以取长补短，解决水资源合理配置中最佳方案的问题。

另外，模拟模型还可以通过长系列模拟，分析计算基本单元和各区域的供水保证率、需水和缺水情况，避免常规算法中的同频率相加带来的大区域丰水年供水量大于实际供水量、枯水年供水量小于实际供水量的弊端。而优化模型只能进行给定来水频率的典型年优化调度计算，大区域的某种来水频率的典型年来水过程，并不一定能代表其中每个计算单元（分区）来水过程的来水频率相同。

# 第四节　水资源优化配置模型

水资源优化配置是在一个特定流域或区域内，工程与非工程措施并举，对有限的不同形式的水资源进行科学合理的分配，其最终目的就是实现水资源的可持续利用，保证社会经济、生态环境的协调发展。本节将重点介绍水资源优化配置的基本模式、基于宏观经济的水资源优化配置模型、基于生态文明可持续发展的水资源优化配置模型三个方面内容。

## 一、水资源优化配置的基本模式

### （一）"以需定供"的水资源配置

"以需定供"的水资源配置就是根据需求来确定供给量，也就是以水资源需求的多少来决定水资源的供给量和配置量。在水资源供给量比较丰富、人类现状的需求能够充分满足的条件下，仅仅从需求侧估算水资源需求量，以经济效益最优为目标开展资源配置。以过去或目前的国民经济结构和发展规划资料预测未来规划水平年的经济规模，通过该经济规模预测相应的需水量，并据此开展水资源优化配置。一方面，这种思想将不同规划水平年的需水量及过程均作定值处理而忽视了影响需水的诸多因素的动态制约关系，着重考虑了供水方面的各种变化因素，强调需水要求，从大自然无节制或者说掠夺式地索取水资源，其结果必然带来不利影响。诸如河道断流、土地荒漠化甚至沙漠化、地面沉降、海水倒灌、土地盐碱化等。另一方面，由于"以需定供"没有体现出水资源的价值，毫无节水意识，也不利于节水高效技术的应用和推广，必然造成社会性的水资源浪费。因此，这种牺牲资源、破坏环境的水资源配置方式，只会使水资源的供需矛盾更加突出。

### （二）"以供定需"的水资源配置

"以供定需"的水资源配置根据水资源的供给情况来确定水资源的需求量，也就是以水资源潜在供给量的多少来确定水资源需求量的多少。这种配置方式强调资源的合理开发利用，以资源背景布置产业结构，它是"以需定供"的进步，有利于保护水资源。但是，水资源的开发利用水平与区域经济发展态势密切相关。比如，社会经济的发展有利于水资源开发投资的增加和先进技术的应用推广，从而提高区域水资源开发利用水平。因此，水资源可供水量是随区域社会经济发展相互影响的一个动态变化量，"以供定需"在可供水量分析时与地区社会经济的现状和发展态势相分离，没有实现资源开发与经济发展的动态协调，会影响区域经济发展态势，不适应区域经济发展的要求。

（三）基于宏观经济的水资源优化配置

以上两种水资源配置方式，要么强调需求，要么强调供给，都是将水资源的需求和供给分离开来考虑的。它们忽视了与区域经济发展的动态协调。于是结合区域经济发展水平并同时考虑供需动态平衡的基于宏观经济的水资源优化配置理论应运而生。

水资源系统和宏观经济系统之间具有内在的、相互依存和相互制约的关系，当区域经济发展对需水量要求增大时，必然要求供水量快速增长，这势必要求增大相应的水投资而减少其他方面的投入，从而使经济发展的速度、结构、节水水平以及污水处理回用水平等发生变化以适应水资源开发利用的程度和难度，从而实现基于宏观经济的水资源优化配置。

另外，作为宏观经济核算重要工具的投入产出表只是反映了传统经济运行和均衡状况。投入产出表中所选择的各种变量经过市场而最终达到一种平衡，这种平衡只是传统经济学范畴的市场交易平衡，忽视了资源自身价值和生态环境的保护。因此，传统的基于宏观经济的水资源优化配置与环境产业的内涵及可持续发展观念不相吻合，环保并未作为一种产业考虑到投入产出的流通平衡中，水环境的改善和治理投资也未进入投入产出表中进行分析，必然会造成环境污染或生态遭受潜在的破坏。

（四）基于生态文明可持续发展的水资源优化配置

水资源优化配置的主要目标就是协调资源、经济和生态环境的动态关系，追求生态文明可持续发展的水资源配置。

可持续发展的水资源优化配置是基于宏观经济的水资源优化配置的进一步升华，遵循人口、资源、环境和经济协调发展的战略原则，在保护生态环境（包括水环境）的同时，促进经济增长和社会繁荣。目前我国关于可持续发展的研究还没有摆脱理论探讨多、实践应用少的局面，并且理论探讨多集中在可持续发展指标体系的构筑、区域可持续发展的判别方法和应用等方面。在水资源的研究方面，也主要集中在区域水资源可持续发展的指标体系构筑和依据已有统计资料对水资源开发利用的可持续性进行判别上。对于水资源可持续利用，主要侧重于"时间序列"上的认识，对于"空间分布"上的认识基本上没有涉及，这也是目前对于可持续发展理解的一个误区。因此，可持续发展理论作为水资源优化配置的一种理想模式，在模型结构及模型建立上与实际应用都还有一定的差距，但它必然是水资源优化配置研究的发展方向。

**二、基于宏观经济的水资源优化配置模型**

基于宏观经济的水资源优化配置主要通过投入产出分析，从区域经济结构和发展规模分析入手，将水资源优化配置纳入宏观经济系统，以实现区域经济和资源利用的协调发展。下面将详细介绍该模型的内容。

（一）需水调控

结构调整型节水是指在缺水地区尽可能地鼓励单位产值耗水小的产业部门的发展，抑制单位产值相对耗水大的产业部门的发展，同时又适当照顾当地产业部门的体系完整性和生产力布局的合理性，使得在发展过程中经济整体的单位产值耗水率大幅度下降。

设 $i$ 为经济部门下标，$t$ 为年度下标，$J$ 为进行计算的年度数量，$X_{it}$ 为部门产值，$r$ 为产业部门数，$N_{it}$ 为单位产值耗水率，$ND_t$ 为总需水量，则第 $t$ 年结构调整后实际总需

水量应为

$$ND_t = \sum_{i=1}^{n} X_{it} \times N_{it} \tag{5-11}$$

定义产业结构系数 $\xi_{it}$ 为

$$\xi_{it} = X_{it} / \sum_{i=1}^{n} X_{it} \tag{5-12}$$

若不进行第 $t$ 年的产业结构调整，则第 $t$ 年的部门产值 $X'_{it}$ 应该为

$$X'_{it} = \sum_{i=1}^{n} X_{it} \times \xi_{it-1} \tag{5-13}$$

相应地，不调整结构情况下的需水量为

$$ND'_t = \sum_{i=1}^{n} X'_{it} \times N_{it} \tag{5-14}$$

相应的第 $t$ 年节水量则为

$$\Delta ND_t = ND'_t - ND_t = \sum_{i=1}^{n} \left[ \left( \sum_{i=1}^{n} X_{it} \right) \xi_{it-1} - X_{it} \right] N_{it} \tag{5-15}$$

从而至第 $t$ 年的产业结构调整后的累积节水量为

$$ND = \sum_{t=1}^{T} \Delta ND_t = \sum_{t=1}^{T} \left\{ \sum_{i=1}^{n} \left[ \left( \sum_{i=1}^{n} X_{it} \right) \xi_{ii} - X_{it} \right] N_{it} \right\} \tag{5-16}$$

根据式（5-15）和式（5-16）可计算出在发展过程中由于经济结构的调整而导致的年度结构调整节水量和累积结构调整节水量。

（二）静态模型

在可利用水资源量和相应的各类水投资已知的情况下，可以利用宏观经济模型对节水型经济结构进行优化，得到以下模型：

$$\max GDP = \sum_{t=1}^{T} \sum_{i=1}^{n} \tau_{it} X_{it} \tag{5-17}$$

$$\text{s. t. } X_{it} = \sum_{j=1}^{n} \alpha_{ijt} X_{jt} + Y_{it} \tag{5-18}$$

$$Y_{it} = C_{hit} + C_{sit} + F_{fit} + F_{sit} + E_{it} - M_{it} \tag{5-19}$$

$$\sum_{i=1}^{n} X_{it} N_{it} \leqslant \overline{ND_t} \tag{5-20}$$

该模型是一个简单的概念模型。其中，$\tau_{it}$ 表示增加值在第 $t$ 年第 $i$ 个部门总产值的百分比；$\alpha_{ijt}$ 表示直接消耗系数（投入系数或技术系数），表示在生产过程中第 $j$ 部门的单位总产出所直接消耗的第 $i$ 部门货物或者服务的价值量；而 $Y_{it}$ 为第 $i$ 个部门提供的最终产出；$C_{hit}$、$C_{sit}$、$F_{fit}$、$F_{sit}$ 分别为第 $t$ 年第 $i$ 个部门的家庭消费、社会集团消费、固定资产积累、流动资产积累；$E_{it}$、$M_{it}$ 分别表示第 $t$ 年第 $i$ 个部门的调入和调出量。式（5-17）为追求最大化国内生产总值的目标函数，式（5-18）和式（5-19）为部门间的投入产出约束及最终需求，最终需求中各项均有其结构性约束；式（5-20）为水资源可利用量约束，其中 $\overline{ND_t}$ 为第 $t$ 年可利用的水资源量。

（三）动态模型

上述宏观经济模型仅考虑了某一时段内各经济部门的投入产出关系，而未考虑"总产

值 GDP 投资固定资产形成新的总产值"这一扩大再生产过程，因而还要研究扩大再生产过程中年度间的积累与消费的关系。

在进行区域宏观经济总量研究时，通常采用（5-21）形式的生产函数：

$$X = AK^{\alpha}L^{1-\alpha} \tag{5-21}$$

式中：$A > 0$ 为全要素生产率；$\alpha$ 为资本在总产量中所占的份额，$0 < \alpha < 1$，一般为常数；$L$ 为劳务工时；$K$ 为固定资产存量。

在一定时期和一定的技术进步条件下，$K$ 与 $L$ 的投入通常成一固定比率，即 $K/L = \beta$，$\beta$ 为常数，代入式（5-21）使之成为

$$X = A(1/\beta)^{1-\alpha}K = \theta K \tag{5-22}$$

式（5-22）中的 $\theta = A(1/\beta)^{1-\alpha}$，称为资本产出率。在考虑动态的扩大再生产过程时，第 $t$ 年的生产函数为

$$X_t = \theta_t K_t \tag{5-23}$$

式中：$X_t$ 为第 $t$ 年的总产出；$K_t$ 为第 $t$ 年的固定资产存量。

式（5-23）表明，总产出 $X_t$ 的大小依当年固定资产存量 $K_t$ 的多少而定。对于 $K_t$，固定资产形成方程为

$$K_t = K_{t-1} - \delta K_t + \Delta K_t \tag{5-24}$$

式（5-24）的意义为期末固定资产存量（$K_t$）等于期初固定资产存量（$K_{t-1}$）减去本年折旧（$\delta K_t$）并加上本年新增固定资产（$\Delta K_t$）。其中 $\delta$ 为折旧率。

显然，新增固定资产是由投资形成的。由于不同经济部门从投资到形成固定资产的时间和比例均不相同，即使同一部门内因产品工艺和规模的差异也使得固定资产形成的规律不同，因此本年度形成的固定资产是当年、上一年、上两年……的投资的累计结果，即

$$\Delta K_t = \beta_t I_t + \beta_{t-1} I_{t-1} + \beta_{t-2} I_{t-2} + \cdots \tag{5-25}$$

式中：$\beta$ 为各年投资形成当年固定资产的比率。

式（5-25）中各年的投资来源于区域内经济的资金积累和外来投资两个方面。区域内经济的积累为最终产出（需求）的一部分，最终产出为总产出的一部分，因而可用一比例系数与总产值 $X$ 相联系；外来投资包括区外、中央政府和国外三部分，通常作为外生变量在模型中给出一范围。据此，投资方程为

$$I_t = \sigma_{t-1} X_{t-1} + H_t \tag{5-26}$$

式中：$\sigma$ 为积累率；$H$ 为外决策变量；$X$ 为外来投资。

$$I_t = \sum_{i=1}^{n} I_{it} + \bar{I}_{\omega t} \tag{5-27}$$

式中：$\bar{I}_{\omega t}$ 为已知的第 $t$ 年与水有关的各类投资；$I_{it}$ 为其他国民经济各部门可能分配到的投资变量。

综合上述讨论，式（5-23）～式（5-27）构成了动态的扩大再生产过程循环圈。事实上，由于式（5-23）～式（5-27）中的变量（如总产出 $X_t$、固定资产存量 $K_t$、总投资 $I_t$）均是分部门的，因而上面各式也均是分部门的。这样就与上述静态经济模型一起，形成了以投入产出原理为基础的区域宏观经济动态模型。动态部分控制经济各年增长的速

度，而静态部分控制各部门按其投入产出比例实现增长。

### 三、基于生态文明可持续发展的水资源优化配置模型

基于生态文明可持续发展的水资源优化配置是基于宏观经济的水资源配置的进一步升华，遵循人口、资源、环境和经济协调发展的战略原则，在保护生态环境的同时，促进经济增长和社会繁荣。

区域可持续发展水资源优化配置的目标可考虑选择以下几个指标来反映：

（1）国民生产总值 GDP。它能全面客观地衡量一个地区的经济发展状况，还可方便地与其他国家或地区进行横向比较，因此将最大化 GDP 作为目标之一。

（2）粮食产量（crop production，CP）。它是一个社会经济兼而有之的目标指标，因为农业是国民经济的一个基础部门，又是用水大户，同时一定程度上也关系到社会的安定状况，所以，将最大化 CP 作为目标之一。

（3）区域就业人数 P。它是一个用以反映社会目标的指标，一个区域的就业率不宜过低，否则不仅对经济发展不利，更重要的是会对区域的社会安定造成较大的影响，所以也可将最大化 P 作为目标之一。

（4）区域化学需氧量（chemical oxygen demand，COD）排放总量。它不仅与生产有关，而且与生活有关，因而比较适用于描述区域社会经济发展对水环境的影响，所以，可考虑将最小化 COD 作为目标之一。

（5）生态环境用水量（eco - environmental water demand，EWD）。可持续发展的关键之一在于环境的可持续发展，而区域环境系统的完整性与可持续性的维持需要有一定的水资源作为支撑，或者说，区域水资源的开发利用不能超过一定的限度，否则就会引发一系列的生态环境问题。因此可考虑将最大化 EWD 作为目标之一。

模型的约束条件有：① 水量平衡约束；② 供水能力约束；③ 各行业发展的上、下限约束（由于受政策、资金、空间、劳动力及其他资源条件的限制）；④ 经济部门产值与取水量关系约束；⑤ 产值与排污量关系约束；⑥ 产值与就业人数关系约束；⑦ 粮食产量与用水量关系约束；⑧ 国民生产总值关系约束；⑨ 排污总量关系约束；⑩ 非负约束。

根据区域的地形地貌、水利条件、行政区划，一般可将区域划分为若干个子区。区域内的水源，根据其供水范围可以划分成公共水源和独立水源两类。所谓公共水源是指能同时向两个或两个以上的子区供水的水源。独立水源是指只能给水源所在地一个子区供水的水源。

设区域划分为 $K$ 个子区，子区 $k$ 为 1，2，3，…，$K$。区域内有 $M$ 个公共水源，公共水源 $c=1$，2，3，…，$M$；$k$ 子区有 $I(k)$ 个独立水源，$J(k)$ 个用水部门。公共水源 $c$ 分配到 $k$ 子区的水量用 $D_k^c$ 表示，其水量和独立水源一样，需要在各用户之间分配。因此，对于 $k$ 子区而言是 $M+I(k)$ 个水源和 $J(k)$ 个用户的水资源优化分配问题。

水资源可持续优化配置的目标表现在经济目标、社会目标和生态环境目标三个方面。

1. 目标函数

$$Z=\max\{F(X)\} \tag{5-28}$$

式中：$X$ 为决策向量，由不同数量、质量和赋存形式的水资源组成；$\{F(X)\}$ 为水资源开发利用的经济、社会和环境效益。

目标 1　社会效益：由于社会效益不容易度量，而区域缺水量的大小或缺水程度影响到社会的发展和安定，故采用区域总缺水量最小来间接反映社会效益。

$$\max f_1(X) = -\min\left\{\sum_{k=1}^{K}\sum_{j=1}^{J(k)}\left[D_j^k - \left(\sum_{i=1}^{I(k)}x_{ij}^k + \sum_{c=1}^{M}x_{cj}^k\right)\right]\right\} \qquad (5-29)$$

式中：$x_{ij}^k$、$x_{cj}^k$ 分别为独立水源 $i$、公共水源 $c$ 向 $k$ 子区 $j$ 用户的供水量，万 $m^3$；$D_j^k$ 为 $k$ 子区 $j$ 用户的需水量，万 $m^3$。

目标 2　经济效益：以区域供水带来的直接经济效益最大来表示。

$$\max f_2(X) = \max\left\{\sum_{k=1}^{K}\sum_{j=1}^{J(k)}\left[\sum_{i=1}^{I(k)}(b_{ij}^k - c_{ij}^k)x_{ij}^k\partial_{ij}^k + \sum_{c=1}^{M}(b_{cj}^k - c_{cj}^k)x_{cj}^k\partial_{cj}^k\right]\right\} \qquad (5-30)$$

式中：$b_{ij}^k$、$b_{cj}^k$ 分别为独立水源、公共水源向 $k$ 子区 $j$ 用户供水的效益系数，元/$m^3$；$c_{ij}^k$、$c_{cj}^k$ 分别为独立水源、公共水源向 $k$ 子区 $j$ 用户供水的费用系数，元/$m^3$；$\partial_{ij}^k$、$\partial_{cj}^k$ 分别为 $k$ 子区 $j$ 用户独立水源、公共水源的供水次序系数，供水次序系数是根据各种水源的蓄水性能不同，因而，存在供水的先后顺序不同。

目标 3　环境效益：与水资源利用直接有关的环境问题，可以用废污水排放量最小来衡量，这里选用重要污染物的排放量最小表示环境效应。

$$\max f_3(X) = -\min\left\{\sum_{k=1}^{K}\sum_{j=1}^{J(k)}0.01d_j^k p_j^k\left(\sum_{i=1}^{I(k)}x_{ij}^k + \sum_{c=1}^{M}x_{cj}^k\right)\right\} \qquad (5-31)$$

式中：$d_j^k$ 为 $k$ 子区 $j$ 用户单位废水排放量中重要污染因子的含量，mg/L，一般可用生化需氧量 BOD、化学需氧量 COD 等水质指标来表示；$p_j^k$ 为 $k$ 子区 $j$ 用户的污水排放系数。

2. 模型的约束条件

水资源优化配置模型除需要设定目标函数外，还需要考虑约束条件。约束条件的一般形式为

$$G(X) \leqslant 0 \qquad (5-32)$$

式中：$G(X)$ 为约束条件集，表示水资源的承载力、环境容量、土地资源、其他社会约束和子系统状态方程。

供水系统的供水能力（水源的可供水量）约束：

$$\begin{cases}\displaystyle\sum_{j=1}^{J(k)}x_{cj}^k \leqslant W(c,k) \\[2mm] \displaystyle\sum_{k=1}^{K}W(c,k) \leqslant W_c\end{cases} \qquad (5-33)$$

式中：$x_{cj}^k$ 为独立水源 $i$、公共水源 $c$ 向 $k$ 子区 $j$ 用户的供水量，万 $m^3$；$W(c,k)$ 为公共水源 $c$ 分配给 $k$ 子区的水量，万 $m^3$；$W_c$ 为公共水源 $c$ 的可供水量，万 $m^3$。

输水系统的输水能力约束：

$$x_{cj}^k \leqslant Q_c \qquad (5-34)$$

$$x_{ij}^k \leqslant Q_i^k \qquad (5-35)$$

式中：$Q_i^k$ 为 $k$ 子区独立水源 $i$ 的最大输水能力，万 $m^3$；$Q_c$ 为公共水源的最大输水能力，

万 m$^3$。

用水系统的供需变化（用户的需水能力）约束：

$$L(k,j) \leqslant \sum_{i=1}^{1(k)} x_{ij}^k + \sum_{c=1}^{M} x_{cj}^k \leqslant H(k,j) \qquad (5-36)$$

式中：$L(k,j)$、$H(k,j)$ 分别为 $k$ 子区 $j$ 用户的最小、最大需水量，万 m$^3$。

排水系统的水质约束。

达标排放：

$$c_{j,r}^k \leqslant c_{rv} \qquad (5-37)$$

总量控制：

$$\sum_{k=1}^{K} \sum_{j=1}^{J(k)} 0.01 d_j^k p_j^k \left( \sum_{i=1}^{I(k)} x_{ij}^k + \sum_{c=1}^{M} x_{cj}^k \right) \leqslant W_0 \qquad (5-38)$$

式中：$c_{j,r}^k$ 为 $k$ 子区 $j$ 用户排放污染物的浓度，mg/L；$c_{rv}$ 为污染物达标排放规定的浓度，mg/L；$W_0$ 为允许的污染物排放总量，万 m$^3$；其他符号意义同前。

非负约束：

$$x_{ij}^k, \quad x_{cj}^k \geqslant 0 \qquad (5-39)$$

式中，$x_{ij}^k$、$x_{cj}^k$ 分别为独立水源 $i$、公共水源 $c$ 向 $k$ 子区 $j$ 用户的供水量，万 m$^3$。

其他约束针对具体情况，可能还需要增加其他一些约束条件。例如，湖泊最低水位约束、地下水最低水位约束等。

# 第五节　水资源调度

水资源配置是以长系列历史资料为基础，对复杂水资源系统的水资源开发利用进行规划管理，是从宏观层次对水资源系统进行优化调度，实现水资源的可持续开发利用。但是，涉及微观应用层面，水资源配置的很多技术方法无法达到很好的效果，需要利用水资源调度技术。水资源调度是建立在来水预报、需水预测基础上，对地表水、地下水、外调水、回用水等多水源的优化调度。本节将重点介绍水资源调度的内涵和分类、水资源调度决策流程两个方面的内容。

## 一、水资源调度的内涵和分类

根据《水资源术语》（GB/T 30943—2014）中的定义，水资源调度是指利用水工程在时间和空间上对水资源进行调节、控制和分配的行为及其过程。水资源调度的对象是水资源系统，水资源系统通常是由"点、线、面"三部分组成，其中："点"指的是闸、泵、水库等调蓄工程；"线"指的是河道、渠道、管道等不同类型的输水系统；"面"指的是流域和区域等源汇系统。水资源及其伴生的污染、泥沙等其他物质在"面"源产生后进入输水系统，再经过调蓄工程调节，一部分进入"面"汇支撑社会经济系统运行，一部分继续留在输水系统支撑水生态系统运行，社会经济系统的退水会回到输水系统，最终进入其他水系统或者最终进入大海。

水资源系统调度按照服务目标可以分为防洪（排涝）调度、供水调度、发电调度、生态调度、航运调度、泥沙调度和综合调度等 7 种不同类型，从水资源综合利用的视角来看，上述调度都可以统称为水资源调度。早期的水系统或水资源调度主要面向某一个调度目标实施，后面逐渐发展到多个目标的综合实现，调度也从单一目标调度发展到多目标综合调度。

水资源调度按照调度周期可以划分为计划调度和实时调度，上述类型的调度都可以划分为计划和实时两个层面。其中计划层面主要是通过闸站、泵站、水库等水工程改变水量的时空分配，计划调度还可以根据调度周期细分为中长期调度和短期调度；实时层面则是在调度计划的指导下通过对闸门、阀门、泵站机组、水电机组等机电设备的水力控制实现输水系统的水位、流速等方面的安全要求。此外，水资源调度按照是周期性进行还是由事件驱动可以划分为常规调度和应急调度，其中防洪调度、水环境调度都属于应急调度，有些应急调度也具有一定周期性特征，接近常规调度。

水资源调度从调度对象来看，既可以是单独的某一种水源，也可以是几类水源的组合，还可以是所有水源的联合调度。例如，南水北调中线受水区的水资源调度就需要统筹考虑中线水、引黄水、当地地表水、地下水、再生水、微咸水、雨洪利用、海水利用等多种水源，调度方案制定时在协议分水量的原则性和供需相互适应的灵活性之间要有一个权衡。

水资源调度按照实施或管理主体又可分为流域/区域水资源调度、水工程群联合调度和单个水工程调度。其中流域/区域水资源调度的主体主要是流域/区域管理机构，综合考虑流域防洪、生态环境、供水、发电以及航运等多维效益，最大化流域/区域水资源综合利用效益，支撑流域/区域整体的水资源综合管控。水工程群联合调度的实施主体通常是水利水电工程的管理企业，在流域综合管控要求的边界下，最大化水利水电工程管理企业的经济效益，支撑流域水利工程的日常调度工作。此外，梯级水库群作为流域水资源调度的主要抓手也逐步上升到流域水资源调度管理的主要工作之一，例如，长委将长江上中游40座梯级水库群纳入流域联合调度的范围。而单个水工程调度的主体通常是工程管理机构，在流域/区域综合管控和工程群调度要求的边界和约束下，具体实施或执行工程调度目标与指令。水资源调度类型见表5-1。

表5-1 水资源调度类型列表

| 分类原则 | 分 类 结 果 |
|---|---|
| 调度目标 | 防洪调度、供水调度、发电调度、生态调度、航运调度、泥沙调度、综合调度 |
| 时间范围 | 计划调度（中长期、短期）、实时调度 |
| 调度形式 | 常规调度、应急调度 |
| 调度对象 | 单水源、多水源、全水源 |
| 空间范围 | 流域/区域、水工程群和单个水工程 |

水资源调度通常具有下述特点：

（1）多目标——调度目标向防洪、供水、灌溉、发电、养殖、旅游、航运及改善生态环境等方面综合利用的多目标方向转化，特别强调水资源配置、节约和保护，注重人与自然和谐相处。

（2）多时段——包括多个连续调度时段，当前调度决策不仅影响面临时段的调度效益，而且对余留期的调度产生直接影响。水资源调度是一个随时间变化而不断调整的动态过程。

（3）多利益主体——涉及地区多、范围广、距离长，上下游、左右岸、不同流域和行政区、不同行业、城市和农村等各类不同利益主体之间存在复杂的水事关系，用水竞争性强。

（4）多不确定性——高强度人类活动作用下，流域水循环及其伴生的水环境、水生态过程呈现出越来越明显的"自然—社会"二元特性。受水文风险、经济风险、工程风险、技术风险、政策风险等多类风险的影响，水资源调度呈现出多不确定性。

（5）多决策者——水资源调度决策涉及国家、流域机构、地方政府、用水户等不同层次的决策者，各类决策者通过群决策制订调度方案。

## 二、水资源调度决策流程

水资源调度决策属事前决策、风险决策和群体决策，是一个非常复杂的动态过程，可以将调度决策过程划分为六个阶段：

（1）情报活动阶段。主要完成基本信息（包括区域行政区划、地形、地貌、水资源分区、政策法规等）、水质（包括各类水质指标、点源污染信息、面源污染信息等）、雨水情（包括降雨、地表水、地下水等）、生态环境（包括水土流失状况、植被、地温、湿度、地下水漏斗、地面沉降、盐碱化、荒漠等）、水资源工程（包括水库、渠道、涵闸、地下水利用工程、外调水工程、雨洪水利用工程、海水利用工程、城市供排水工程、污水处理工程、再生水利用工程等）、经济社会发展（包括人口、社会、政治、经济和文化等）、取水户（包括生产、生活、生态环境用水户）、灾情（包括旱灾、水污染灾害、突发性工程事故与管理事故灾害等）、旱情（包括蒸发、土壤墒情等）等各方面信息的采集、收集、整理，并提供信息服务。信息是决策的基础，它们构成了决策的环境。

（2）评价活动阶段。主要完成水资源数量和质量评价、水资源开发利用评价。评价既是对水资源现状的分析，也是预测预报的基础。

（3）预测预报活动阶段。主要完成水资源供需形势及发展趋势分析，其中供给侧的来水预报包括地表水资源预测、地下水资源预测、水质预测等，需要分析"自然—人工"二元驱动力作用下流域的降雨和产汇流规律，提出较为准确且实用性强的径流预测方法，并进行相应的预测风险分析；需求侧的需水预测则包括生产（工业、农业）需水预测、生活（城镇、农村）需水预测和生态环境需水预测。由于水资源调度决策属事前决策，没有预测预报就没有事前决策，预测结果是调度的依据。预测误差能否满足要求，是决策风险的主要来源之一。

（4）决策活动阶段。根据未来的水资源供需形势及调度需求，构建水资源调度决策模型，依据决策目标和可以采用的手段计算出一组或几组实现决策目标的可行方案以及每个可行方案的风险及后果评价，然后由决策层本着水资源可持续发展等目标，通过会商，进行方案补充调整，选出最终的满意方案予以实施。

（5）实施活动阶段。主要任务是依据决策活动阶段选定的方案，实施水资源工程调度、水资源管理措施以及各种应急措施。

（6）后评估阶段。主要任务是对方案实施后的效果进行检验，检验标准是水资源的可持续利用和区域的协调发展，检验内容包括合理配置评价、承载能力评价、管理评价、水资源评价、水资源开发利用评价以及生态环境评价等。

水资源调度决策工作的流程如图5-5所示。

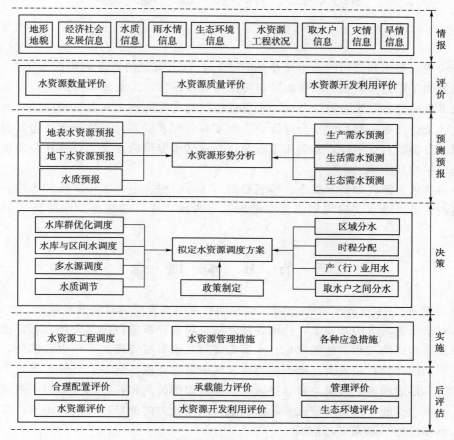

图 5-5　水资源调度决策工作流程

# 习　　题

1. 水资源的内涵是什么？
2. 简述水资源系统的特点和特征。
3. 简述水资源优化配置的定义、目标与原则。
4. 水资源优化配置的基本模式有哪些？
5. 简述基于宏观经济的水资源配置原理。
6. 简述基于生态文明可持续发展的水资源配置原理。
7. 简述水资源调度内涵、分类及特点。
8. 简述水资源调度技术方法。

第五章习题答案

# 第六章 水 资 源 规 划

水资源规划是水利部门的重点工作内容之一，对水资源的开发利用起重要指导作用。水资源规划的工作内容包括：水资源量与质的计算与评估，水资源功能的划分和协调，水资源供求平衡的分析与水量科学分配，水资源保护与灾害防治规划以及相应的水利工程规划方案设计及论证等。其目的是合理评价、调度和分配水资源，支持经济社会发展，改善环境质量，以做到有计划地开发利用水资源，并达到水资源的开发、经济社会发展及自然生态系统保护相互协调。

本章将从水资源规划基本概念、编制原则与指导思想、主要工作流程和方法、水资源规划方案的制定以及水资源规划报告书的编写等方面入手，系统介绍水资源规划工作的开展。

## 第一节 基 本 概 念

水资源规划（water resources planning）即在掌握水资源的时空分布特征、地区条件、国民经济对水资源需求的基础上，协调各种矛盾，对水资源进行统筹安排，制定出最佳开发利用方案及相应的工程措施的规划。水资源规划是水资源管理的一个重要部分，是人类长期水事活动的产物，是人类在漫长的历史长河中通过防洪、抗旱、开源、供水等一系列水事活动逐步形成的理论成果，并且伴随着人类认识的提高和科技的进步而不断得以充实和发展。其概念伴随着人类科技进步从而改造自然界能力的提升、开发利用水资源程度地不断深入也相应地不断充实和拓展。

水资源规划为将来的水资源开发利用提供指导性建议，它小到江河湖泊、城镇乡村的水资源供需分配，大到流域、国家范围内的水资源综合规划、配置，具有广泛的应用价值和重要的指导意义。促进我国人口、资源、环境和经济的协调发展，以水资源的可持续利用支撑经济社会的可持续发展。

## 第二节 水资源规划的编制原则与指导思想

水资源规划的主要目标是查清水资源的现状，提出水资源合理开发、高效利用、优化配置、全面节约、有效保护、综合治理、科学管理的布局和方案，以水资源的可持续利用支撑经济社会的可持续发展，作为今后一定时期内水资源开发利用与管理活动的重要依据和准则。

### 一、水资源规划的编制原则

水资源规划是从系统角度对规划范围内多种水源、多类用水户、多种措施进行统筹安排。水资源规划的原则如下。

（1）全面规划。水资源规划应在区域水资源整体约束下，根据现状水资源开发利用情况，对水资源的开发及利用、节约与保护、治理和配置等做出总体规划。

（2）节水优先。坚持把节约用水贯穿于经济社会发展和生产生活全过程，强化水资源要素在规划中的约束引领作用，强化用水过程管控，建立刚性约束机制，促进水与经济社会协调发展。

（3）相互协调。经济社会发展要以水资源条件为约束，水资源开发利用要与水资源承载能力相适应，以水定发展、以水定城、以水定地。

（4）可持续利用。牢固树立尊重自然顺应自然保护自然、绿水青山就是金山银山的理念，统筹当地地表水、地下水、外调水等多种水源，协调水资源在各用水户间的配置，促进人水和谐、绿色发展。

（5）因地制宜。遵循不同区域水资源特点，差异化确定各区域水资源开发、利用、节约、保护、配置等。

（6）依法科学治水。以《中华人民共和国水法》为准绳，依照水资源管理法规、政策与制度，充分发挥科技引领和保障作用，着力提升规划的科技含量和创新能力，制订出具有高科技水平的水资源综合规划。

**二、水资源规划的指导思想**

随着经济社会发展带来的用水紧张，生态退化问题日益突出，可持续发展作为"解决环境与发展问题的唯一出路"已成为世界各国的共识。水资源是维系人类社会与周边环境健康发展的一种基础性资源，水资源的可持续利用必然成为保障人类社会可持续发展的前提条件之一。因此，水资源规划工作必须坚持可持续发展的指导思想。这是社会发展和时代进步的必然要求，也是当前水资源规划工作的重要指导思想和基本出发点。

在可持续发展思想指导下的水资源规划目标，是通过人为调控手段和措施，向经济社会发展和生态系统保护提供源源不断的水资源，以实现水资源在当代人之间、当代人与后代人之间及人类社会与生态系统之间公平合理的分配。

可持续发展指导思想对水资源规划的具体要求可概括为：

（1）水资源规划需要综合考虑社会效益、经济效益和环境效益，确保经济社会发展与水资源利用、生态系统保护相协调。

（2）需要考虑水资源的承载能力或可再生性，使水资源开发利用在可持续利用的允许范围内进行，确保当代人与后代人之间的协调。

（3）水资源规划的实施要与经济社会发展水平相适应，以确保水资源规划方案在现有条件下是可行的。

（4）需要从区域或流域整体的角度来看待问题，考虑流域上下游以及不同区域用水间的相互协调，确保区域经济社会持续协调发展。

（5）需要与经济社会发展密切结合，注重全社会公众的广泛参与，注重从社会发展根源上来寻找解决水问题的途径，也配合采取一些经济手段，确保"人"与"自然"关系的协调。

水资源规划的编制应根据国民经济和社会发展总体部署，并按照自然和经济的规律，来确定水资源可持续利用的目标和方向、任务和重点、模式和步骤、对策和措施。统筹水资源的开发、利用、治理、配置、节约和保护，规范水事行为，促进水资源可持续利用和生态系统保护。

# 第三节　水资源规划的工作流程与方法

## 一、水资源规划的工作流程

水资源规划的主要内容和工作流程，因规划区域的不同、水资源功能侧重点的不同、所属行业的不同以及规划目标的高低不同，有所差异。但基本程序类似，如图 6-1 所示。

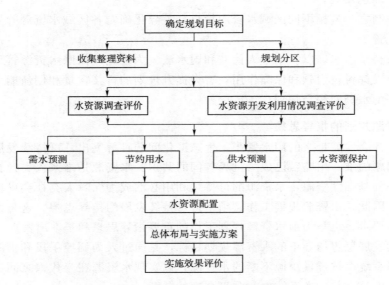

图 6-1　水资源规划工作流程

（1）确定规划目标。在开展水资源规划工作之前，首先要确立规划的目标和方向。规划目标要根据规划区域的具体情况和发展需要来制定。

（2）收集整理资料。

资料的收集、整理和分析是最烦琐而又最重要的基础工作之一。水资源规划需要收集的基础资料包括有关的社会经济发展资料、水文气象资料、自然地理资料、水文地质资料、水资源开发利用资料以及地形地貌资料等。资料的精度和详细程度要根据规划工作所采用的方法和规划目标要求而定。

在收集资料的过程中，还要及时对资料进行整理，包括资料的归并、分类、可靠性检验以及资料的合理插补等。这是对所收集资料的初步处理，也是在资料不全面的情况下所采取的一些必要措施。

另外，在资料整理后，还要进行资料分析，这便于查明规划区域内所存在的问题，并与水资源规划目标进行相互比较和对照。

（3）规划分区。规划分区是水资源规划的前期准备工作，也是一项十分重要的基础工作。由于区域（或流域）水资源规划涉及的范围往往较广，如果笼统地来研究全区的水资源规划问题，常会感到无从下手。再者，研究区内各个局部地区的经济社会发展状况、水资源丰富程度、开发利用水平、供需矛盾有无等许多情况不尽相同。所以，要进行适当的分区，对不同区域进行合理的规划。否则，将会掩盖局部矛盾，而不能解决诸多具体的问题。

因此，分区应放在规划工作的起始阶段。其目的是将繁杂的规划问题化整为零，分步研究，避免由于规划区域过大而掩盖水资源分布不均、利用程度差异的矛盾，影响规划效果。

在规划分区时，一般考虑以下因素。

1）按照流域水系进行分区，并考虑区域内供水系统的完整性。水资源的空间分布与水系、流域有很大关系，按水系来分区，有利于维持水资源的空间一致性，提高水资源量的计算精度。

2）考虑行政区的划分，尽量与行政区划分相一致。由于各个行政区都有自己的发展目标和发展战略，并且，水资源的管理也常是按照行政区进行的，因此，在进行区划时，把同一行政区放在一起有利于规划。

3）地形地貌。一方面，不同地形地貌单元，其经济发展水平有差异，比如平原区一般比山区经济发展水平高；另一方面，不同地形地貌单元的水资源条件也不相同。

总体来看，区划应以流域、水系为主，同时兼顾供需水系统与行政区划。对水资源贫乏、需水量大、供需矛盾突出的区域，分区宜细些。

（4）水资源及其开发利用情况调查评价。通过水资源及其开发利用情况的调查评价，可为其他部分工作提供水资源数量、质量和可利用量的基础成果，提供对现状用水方式、水平、程度、效率等方面的评价成果，提供现状水资源问题的定性与定量识别和评价结果，为需水预测、节约用水、水资源保护、供水预测、水资源配置等部分的工作提供分析成果。

（5）节约用水和水资源保护。提出节约用水和水资源保护的有关技术经济和环境影响因素分析结果，为需水预测、供水预测和水资源配置提供可行的比选方案。同时，在吸纳水资源配置部分工作成果反馈的基础上，提出推荐的节水及水资源保护方案。

（6）需水预测和供水预测。需水预测和供水预测工作要以上述工作为基础，为水资源配置提供需水、供水、排水、污染物排放等方面的预测成果，为水资源配置提供优化选择的条件；预测工作与以上各部分工作相协调，结合水资源配置工作，经过往复与迭代，形成动态的规划过程，以寻求经济、社会、环境效益相协调的水资源合理配置方案。

（7）水资源配置。应在进行供需分析多方案比较的基础上，通过经济、技术和生态环境分析论证与比选，确定合理配置方案。水资源配置以统筹考虑流域水量和水质的供需分析为基础，将流域水循环和水资源利用的供、用、耗、排水过程紧密联系，按照公平、高效和可持续利用的原则进行。水资源配置在接收上述各部分工作成果输入的同时，也为上述各部分工作提供中间和最终成果的反馈，以便相互迭代，取得优化的水资源配置格局；同时为总体布局、水资源工程和非工程措施的选择及其实施确定方向和提出要求。

（8）总体布局与实施方案。要根据水资源条件和合理配置结果，提出对调整经济布局和产业结构的建议，提出水资源调配体系的总体格局，制定合理抑制需求、有效增加供水、积极保护生态环境的综合措施及其实施方案，并对实施效果进行检验。

（9）实施效果评价。综合评估规划推荐方案实施后可达到的经济社会、生态环境的预期效果及效益；对各类规划实施方案的投资规模和效果进行分析；识别对规划实施效果影响较大的主要因素，并提出相应的对策。

由于水资源规划是一项内容复杂、涉及面较广的系统工程，在实际规划时，很难一次就能拿出一个让所有部门和个人都十分满意的规划。经常需要多次的反馈、协调，直至认为规划结果比较满意为止。另外，随着外部条件的变化以及人们对水资源系统本身认识的深入，还要经常对规划方案进行适当的修改、补充和完善。

**二、水资源规划方法**

根据水资源规划的不同类型、水资源规划的内容和目的，比较常见的水资源规划方法有线性规划法、非线性规划法、动态规划法、多目标规划法以及系统优化算法等。

# 第四节　水资源规划方案制定

水资源综合规划方案涉及用水、供水、配水等多个方面。用水方面主要受经济社会发展和节水实施的影响，涉及一般措施下经济社会需水方案、强化节水下的经济社会需水方案以及生态环境需水方案等。供水方面涉及地表水工程建设规划、地下水开采利用规划、污水处理再利用规划、非常规水源利用规划、跨流域调水规划等。配水方面涉及不同用户优先级、水源利用次序、水利工程调度方式等。相关各方面内容一般本身又包含多个方案，将以上各个方面的方案有机结合起来形成可行方案集。针对方案集中的每一种组合进行计算，依据一定的比较准则选择出推荐方案。

1. 方案集可行域

根据不同水平年的需水预测、节约用水、水资源保护以及供水预测等部分工作的成果，以供水预测的"零方案"和需水预测的基本方案相结合作为方案集的下限；以供水预测的高方案和需水预测的强化节水方案相结合作为方案集的上限。方案集上、下限之间为方案集可行域。

2. 方案设置

在方案集可行域内，针对不同流域或区域存在的供需矛盾等问题，如工程性缺水、资源性缺水和污染性缺水等，结合现实可能的投资状况，以方案集的下限为基础，逐渐加大投入，逐次增加边际成本最小的供水与节水措施，提出具有代表性、方向性的方案，并进行初步筛选，形成水资源供需分析计算方案集。方案的设置应依据流域或区域的社会、经济、生态、环境等方面的具体情况有针对性地选取增大供水、加强节水等各种措施组合。如对于资源性缺水地区可以偏重于采用加大节水以及扩大其他水源利用量的措施，提高用水效率；对于水资源丰沛的工程性缺水地区，可侧重加大供水投入；对于因水质较差而引起的污染性缺水，可侧重加大污水处理再利用的措施和节水措施。可以考虑各种可能获得的不同投资水平，在每种投资水平下根据不同侧重点的措施组合得到不同方案，但对加大各种供水、节水和治污力度时所得方案的投资需求应与可能的投入大致相等。

3. 方案调整

在供需分析和方案比选过程中，应根据实际情况对原设置的方案进行合理的调整，并在此基础上继续进行相应的供需分析计算，通过反馈最终得到较为合理的推荐方案。方案调整时，应依据计算结果将明显存在较多缺陷的方案予以淘汰；对存在某些不合理因素的方案可给予一定有针对性的修改。修改后的新方案再进行供需分析计算，若结果仍有明显不合理之处，则再通过反馈调整计算。

4. 方案比选与推荐方案

（1）方案比选应根据方案经济比较结果及社会、环境等因素综合确定。对比选的配置方案及其主要措施要进行技术经济分析。对供需分析计算所得到的方案进行分析比较，选出优化的方案作为推荐方案。

（2）在完成多方案水资源供需分析的基础上，提出各方案的相应投入及预期效果，分析存在的主要问题，对拟定的方案集进行方案比选，提出推荐方案。对选择的推荐方案再进行必要的修改完善和详细模拟，确定多种水源在区域间和用水部门之间的调配，提出分区的水资源开发、利用、治理、节约和保护的重点、方向及其合理的组合等。

（3）评价方案要从水资源所具有的社会、经济、生态、环境等属性出发，分析对区域经济发展的各方面影响，采用完善的指标体系对其进行评价。评价体系应当建立在区域经济发展、工程建设与调度管理三个层次有机结合的基础上，全面衡量推荐方案实施后对区域经济社会系统、生态环境系统和水资源调配系统的影响。

在区域发展层次上，应考察发展进程中的人与自然的关系，还应兼顾除害与兴利、当前与长远、局部与全局，权衡经济社会发展与生态环境保护目标之间的利益和冲突，反映出方案实施后对区域和流域经济社会可持续发展及生态环境保护的作用与效果。

在经济层次上，应给出方案实施后水资源需求与供给的具体结果，评价社会经济发展与水资源承载能力之间的适应程度。对于需求方面，评价指标应能反映预期的生产力布局、产业结构调整、分行业节水水平、水资源利用效率。对于供给方面，应给出各种水源利用程度（包括地下水联合利用）和相应的投资。在整体上能反映出水资源开发利用对区域发展的综合保障功能。

在工程建设与调度管理层次上，应评价方案对水资源的时空分布的改变和水环境质量改善；分析在发展进程中开发与保护，节流、治污与开源，需要与可能之间的动态平衡关系和协调程度。

方案评价的指标应具有一定的代表性、独立性和灵敏度，能够反映不同方案之间的差别。各地可根据当地的特点制定评价指标。

（4）方案评价应根据高效、公平和可持续的原则，从技术、经济、环境和社会等方面进行，提出推荐方案在合理抑制需求、有效增加供水和保护生态环境方面的评价结果。

（5）推荐方案应包含各种措施的实施地点、规模和次序安排。推荐方案的选择是一个非常复杂的问题，通常要通过多方案比较进行选择，有时也应用最优化技术进行优化计算。

# 第五节　水资源规划报告书的编写

## 一、水资源规划报告书编写的基本要求

在完成了水资源规划所要求的分析计算工作之后，需要提交一份"水资源规划报告书"及其附图、附表，作为水资源规划工作的最终成果。

水资源规划编制应根据国民经济和社会发展总体部署，遵循自然和经济发展规律，确定水资源可持续利用的目标、方向、任务、重点、步骤、对策和措施，统筹水资源的开发、利用、治理、配置，规范水事行为，促进水资源可持续利用和保护。

对水资源规划报告书的编写有以下基本要求。

（1）理论与实践相结合。规划编制要从实际出发，结合国情、水情和各流域、各地区的实际情况，以解决重大水资源问题为出发点，按照科学和求实精神编制规划。同时，针对水资源开发利用和管理中出现的新情况和新问题，采用现代的新思想、新方法、新技术，坚持理论与实践相结合的工作方法，求实创新地编制规划。

（2）协调各类水资源规划间的关系。为保障规划工作的有序进行，一要协调好水资源综合规划与专门规划之间的关系，突出综合规划的全面性、系统性和综合性，专门规划应当服从综合规划并与综合规划成果相衔接；二要协调好全国规划与流域规划、流域规划与区域规划之间的关系，一般来说，地区规划要服从流域规划，地市级地区规划要服从省级规划。

（3）做好与相关规划的有机衔接。要以《中华人民共和国水法》等法律法规和《国民经济和社会发展五年计划纲要》等国家或地方相关计划及相关规划为基本依据。制定规划要与国民经济和社会发展总体部署、生产力布局以及国土整治、生态建设、环境保护、防洪减灾、城市总体规划等相关规划有机衔接。在报告初稿撰写过程中或完稿之后，最好要征求相关单位的意见。

（4）确保规划计算正确、结果可靠。要重视与规划有关的基础数据一致性的审查、复核与分析工作，并采用多种方法进行相互比较、综合平衡，进行数据的合理性分析，对中间成果和最终成果进行综合分析、检查、协调、汇总，确保规划成果正确、科学、合理、实用。

（5）要求报告思路清晰、层次分明、语句通顺，杜绝错别字。编写的水资源规划报告是一个完整的技术文件，作为水资源规划的最终成果，也是水资源开发利用和保护的指导性文件，要求在撰写过程中要思路清晰、层次分明、详略得当、图文并茂、用词准确，在撰写之后再认真修改，同时需要专人审查并在报告的审查人位置上署名。

## 二、水资源规划报告书的内容目录

根据一般流域或区域水资源规划的撰写步骤，并参考《全国水资源综合规划技术细则》（2002 年），列出水资源规划报告书编写的一般内容。

1　概述

1.1　规划范围及规划水平年

1.2　区域概况

1.3　规划的总体目标、指导思想及基本原则

1.4　规划编制的依据及基本任务

1.5　规划的技术路线

1.6　规划的主要成果介绍

2　水资源调查评价

2.1　降水

2.2　蒸发能力及干旱指数

2.3　河流泥沙

2.4　地表水资源量

2.5　地下水资源量

2.6　地表水水质

2.7　地下水水质

2.8　水资源总量

2.9　水资源可利用量

2.10　水资源演变情势分析

3　水资源开发利用情况调查评价

3.1　经济社会资料分析整理

3.2　供水基础设施调查统计

3.3　供水量调查统计

3.4　供水水质调查分析

3.5　用水量调查统计

3.6　用水消耗量分析估算

3.7　废污水排放量调查分析

3.8　供、用、耗、排水成果合理性检查

3.9　用水水平及效率分析

3.10　水资源开发利用程度分析

3.11　河道内用水调查分析

3.12　与水相关的生态与环境问题调查评价

3.13　现状水资源供需分析

4　需水预测

4.1　经济社会发展指标分析

4.2　经济社会需水预测

4.3　生态需水预测与水资源保护

4.4　河道内其他需水预测

4.5　需水预测汇总

# 习　　题

1. 简述水资源规划的概念。

2. 简述水资源规划的原则与指导思想。

3. 简述水资源规划的工作流程。

4. 简述水资源规划所涉及的内容。

5. 简述水资源规划报告书的目录。

第六章习题答案

# 第七章 水能资源规划

## 第一节 水能资源利用的特点及其作用

河川水流、海浪、潮汐等蕴藏着巨大的动能和势能，称为水能。水能是大自然赋予人类的一种再生、清洁、廉价的能源，称为水能资源。水能资源早在 3000 多年前就为人类所认识和开发利用，如发明水车、水磨，利用水力提水灌溉和碾米磨粉。但是，利用水能产生电能开始于近代。1878 年，德国建成了世界上第一座水电站，成功地把水能转变成电能，从而为水能利用开辟了广阔的前景。我国第一座石龙坝水电站建成于 1912 年，比德国晚了近半个世纪。

水力发电需要修建一系列的水工建筑物和水电站建筑物，集中水流落差，形成水库，控制和引导水流通过水轮机，将水能转变成为旋转的机械能，再由水轮机带动发电机转动，从而发出电能，然后经过配电和变电设备升压后送往电力系统，再供给用户。因此，水电站是为开发利用水能资源，将水能转变成电能而修建的工程建筑物和机械、电气设备的综合体，是利用水能生产电能的枢纽。

水力发电有许多突出的优点：不需要消耗有限的矿藏能源，水能资源可以循环利用，物美价廉，水电设备简单，运行和工作人员较少，所以发电成本低、效率高；水力发电借助修建的水库调节蓄储水能，可以提高供电的灵活性和经济性；利用水库还可以综合解决防洪、灌溉、发电、供水、航运等部门之间的用水矛盾和需求，所以其综合利用效益高；水力发电不产生污染，而且在电站、水库建成后，对改善气候和自然环境、发展旅游事业都大有裨益。

此外，水力发电也存在一些缺点：为了水资源综合利用，在洪枯流量相差悬殊的河流上需要建设高坝大库进行水利水能调节，但往往淹没和浸没损失较大，需进行大量移民；土建工程量较大，使得一次投资较大、工期较长；水力发电受地形、地质等条件的限制；河流泥沙、天然径流变化等对其影响比较大；大型水利工程有可能导致生态环境的破坏，水土流失、水质污染等问题也是不容忽视的。因此，开发水电站要选择合适的坝址，要进行环境影响评价，对移民安置、土地损失、水土流失、水质、水陆生物、人体健康、上下游水文条件、水库综合利用、文化遗产等方面的影响进行分析研究，并要进行详细的环境保护和水土保持方案的设计。

由于水能资源是高效、清洁、可再生、廉价的能源，对国民经济发展起着巨大的推动作用，所以优先开发水电，加快水电建设，是世界各国开发利用能源的重要经验。

1. 我国水能资源的分布及特点

我国地域辽阔、江河众多、径流丰沛、落差巨大，蕴藏着极为丰富的水能资源。世界水能资源分为理论蕴藏量、技术可开发量和已正开发量。我国的水能资源划分为理论蕴藏量、技术可开发量、经济可开发量和已正开发量四项。水能资源理论蕴藏量指河川或湖泊的天然水能能量（年水量与水头的乘积），以年电量和平均功率表示。技术可开发量是指河川或湖泊在当前技术水平条件下可开发利用的资源量（年发电量或装机容量）。经济可开发量是指河川或湖泊在当前技术经济条件下，具有经济开发价值的资源量（年发电量或装机容量），即与其他能源相比具有竞争力，且没有制约性环境问题和制约性水库淹没处理问题的资源量。已正开发量为已经建成或正在建设之中的水电站资源量（年发电量和装机容量）。

根据水电与大坝国际刊物（*International Journal of Hydropower and Dams*）编辑出版的《世界地图集和行业指南》（*World Atlas & Industry Guide*），2013 年全球水能资源空间分布情况统计可知，世界水能资源理论蕴藏总量为 43.6 万亿 kW·h，技术可开发量为 15.8 万亿 kW·h，经济可开发量约为 9.5 万亿 kW·h。2013 年世界水电装机总量为 10.6 亿 kW，水电年发电量为 3.8 万亿 kW·h，占世界水电技术可开发量的 24.1%、经济可开发量的 40.3%。

我国先后进行了四次大规模的全国水能资源普查（1950 年、1955 年、1980 年、2005年）。2005 年第四次发布的复查成果见表 7-1。我国的水能资源总量，包括理论蕴藏量、技术可开发量等均居世界首位。

表 7-1                                    我 国 水 资 源 蕴 藏 量

| 项　　目 | 多年平均发电量 /(亿 kW·h) | 装机容量 /MW | 水电站座数 /座 |
|---|---|---|---|
| 理论蕴藏量 | 60829 | 694400 | |
| 技术可开发量 | 24740 | 541640 | 13286＋28/2 |
| 经济可开发量 | 17534 | 401795 | 11653＋27/2 |
| 已正开发量 | 5259 | 130980 | 6053＋4/2 |

注　本表中数值统计均为理论成量 10MW 及以上河流和这些河流上单站装机容量 0.5MW 及以上的水电站，未含港澳台地区，统计至 2001 年年底。

我国大陆水能资源理论蕴藏量在 10MW 及以上的河共 3886 条，河流上单站装机容量 0.5MW 及以上水电站有 13286 座，另外国际界河水电站还有 28 座。其理论蕴藏量（按功率计）为 694400MW，年发电量为 6.08 万亿 kW·h；技术可开发装机容量为 541640MW，年发电量约为 2.47 万亿 kW·h；经济可开发装机容量为 401795MW，年发电量约为 1.75 万亿 kW·h。根据 2005 年发布的台湾省水能资源复查结果，其理论蕴藏量（按功率计）11652MW，年发电量 1021.7 亿 kW·h；技术可开发装机容量 5048MW，年发电量 201.5 亿 kW·h；经济可开发装机容量 3835MW，年发电量 138.3 亿 kW·h。到 2002 年年底已在建水电站装机容量为 2010MW，年发电量为 59.3 亿 kW·h。

我国水能资源除总量丰富、居世界首位外，还其有以下鲜明的特点：

（1）水能资源在地域上分布不均。总体来看，西部多（占 81.46%）而东部少，水能资源相对集中在西南地区（占 66.70%），而经济发达，能源需求量大的东部地区水力资源量极小。因此，西部水力资源开发除了满足西部电力市场自身需求以外，更重要的是要考虑东部市场，实行水电的"西电东送"战略。

（2）水能资源时间分布不均。大多数河流年内、年际径流分布不均，丰、枯季节流量相差较大，需要建设调节性能好的水库，对径流进行调节，缓解水电供应的丰枯矛盾，提高水电的总体供电质量。

（3）水能资源集中于大江大河干流，这些河流水能资源丰富、开发条件优越，经梯级连续开发建成水电站群，可为国民经济提供巨量水电能源。因此，国家规划形成了金沙江、雅砻江、大渡河、乌江、长江上游、南盘江红水河、澜沧江干流、黄河上游、黄河中游、湘西、闽浙赣、东北、怒江等 13 个大型水电基地，有利于集中开发和"西电东送"。

（4）大型水电站装机容量比重大。技术可开发 300MW 以上的大型水电站虽然只有 263 座加上国际界河水电站 10 座，但占比重 71.76%。其中，1000MW 以上特大型水电站有 111 座加上国际界河水电站 10 座，占 50%。

2. 我国及世界水能资源的开发利用

1949 年中华人民共和国成立以来，水电建设发展很快。1949 年前只修建了一些小型水电站，装机容量仅有 12000 kW，加上丰满水电站，也只有 160MW，年发电量只有 7 亿 kW·h，在当时分别居世界的第二十五位和第二十三位。自 1987 年以来，我国水电装机容量和年发电量均已上升到世界的第四位，仅次于美国、俄罗斯和加拿大。截至 2020 年年底，我国常规水电装机 3.38 亿 kW，年发电量 1.35 万亿 kW·h，水电装机和年发电量均稳居世界第一位。

据国务院 2010—2012 年开展第一次全国水利普查结果，我国共有水库 98002 座，总库容 9323.12 亿 m³；共有水电站 46758 座，装机容量 3.33 亿 kW。据 2020 年国际大坝委员会的统计，全球现有大坝数量为 58 713 座水坝，其中中国大坝数量为 23841，占比约 40.6%。

截至 2020 年，全球水电装机容量排在前 5 名的电站是：中国的三峡（22400MW），巴西和巴拉圭合建的伊泰普（14000MW），中国的溪洛渡（13860MW），委内瑞拉的古里（10235MW），巴西的图库鲁伊（8370MW）。2021 年 6 月 16 日上午，金沙江乌东德水电站全部机组正式投产发电，乌东德水电站装机容量为 10200MW，是中国第四、世界第七大水电站；2022 年工程即将完工的白鹤滩装机容量为 16000MW，也属于全球水电装机容量较大的水电站之一。

根据国家能源局印发的《水电发展"十三五"规划》，2016 年全球常规水电装机容量约 10 亿 kW，年发电量约 4 万亿 kW·h，开发程度为 26%（按发电量计算），欧洲、北美洲水电开发程度分别达 54% 和 39%，南美洲、亚洲和非洲水电开发程度分别为 26%、20% 和 9%。发达国家水能资源开发程度总体较高，如瑞士达到 92%、法国 88%、意大利 86%、德国 74%、日本 73%、美国 67%。发展中国家水电开发程度普遍较低。我国水电开发程度为 37%（按发电量计算），与发达国家相比仍有较大差距，还有较广阔的发展前景。今后全球水电开发将集中于亚洲、非洲、南美洲等资源开发程度不高、能源需求增长快的发展中国家，预测 2050 年全球水电装机容量将达 20.5 亿 kW。

我国有许多河流的地形、地质条件良好，有不少峡谷地带，流量大而落差集中，可以用较小的工程量和投资来建设水电站。例如，世界上水能资源最富集的三个河段，我国有两个。一个是我国的雅鲁藏布江大河湾，长 260km，河湾直线距离仅 35km，有落差2350m。若对雅鲁藏布江大河湾进行 1 级开发，则建造的墨脱水电站装机容量达43800MW，年发电量 2630 亿 kW·h；而对雅鲁藏布江大河湾进行 8 级开发时，总装机容量达 46820MW，年发电量 2810 亿 kW·h。另一个是金沙江中下游河段，长 1500km，规划建 10 级大型水电站，并计装机容量 64000MW，年发电量 3102 亿 kW·h。此外，还有非洲的扎伊尔河下游，长 300km，设计三级巨型电站，其总装机容量达 68500MW，年发电量 5060 亿 kW·h，平均每公里年发电量 16.9 亿 kW·h。

我国大、中、小型水电站的划分标准为：大型水电站装机容量 300MW 及以上；中型水电站装机容量 50MW 及以上，小于 300MW；小型水电站装机容量 0.5MW 及以上，小于 50MW。据全国第五次水能资源普查统计，我国单站装机 250MW 以上的大型水电站站址 203 处，2000MW 以上的特大型水电站站址 33 处。

世界在开发水能资源、建设水电站方面的发展趋势是：提高单机容量，扩大水电站规模；提高水电站自动化和管理运行水平；大力发展抽水蓄能电站；提高水电容量的比重；运用系统科学的理论和方法，研究水电站群、水电能源系统的规划设计和管理运行，以及研究利用新的清洁、再生能源等。

贯彻落实党的十九大精神，加快生态文明体制改革，建设美丽中国，推进绿色发展，建立健全绿色低碳循环发展的经济体系，为了节约能源资源、保护环境，更好地满足经济和社会发展对能源的需求，国家鼓励和支持水能资源的合理有序开发。根据中国电力统计年鉴，截至 2019 年年底，全国火电、水电、核电、风电和太阳能发电装机容量见表 7-2。

表 7-2 　　　　　　　　全国装机容量（截至 2019 年年底）

| 项目 | 总计 | 火电 | 水电 | 核电 | 风电 | 太阳能发电 | 其他类型能源 |
|---|---|---|---|---|---|---|---|
| 装机容量/万 kW | 201066 | 118957 | 35804 | 4874 | 20915 | 20418 | 38 |
| 占比/% | 100.00 | 59.18 | 17.81 | 2.42 | 10.41 | 10.16 | 0.02 |

## 第二节　水电站水能资源计算

### 一、水力发电的原理及河流水能资源蕴藏量估算

天然河流中蕴藏着水能，它在水流流动过程中以克服摩阻、冲刷河床、挟带泥沙等形式分散地消耗掉。水力发电就是利用这白白消耗掉的水能来产生电能。如图 7-1 表示的任一河段，取上断面 1-1 和下断面 2-2，它们之间的距离，即河段长度为 $L(\mathrm{m})$，坡降为 $i$。

假定在 $T(\mathrm{s})$ 时段内有 $W(\mathrm{m}^3)$ 的水量流过两断面，则按伯努利方程，两断面水流能量之差即为该河段的潜在水能，即水体 $W$ 在 $L$ 河段所具有的能量为：

$$E_{1-2} = E_1 - E_2 = \gamma W \left( Z_1 + \frac{p_1}{\gamma} + \frac{\alpha_1 v_1^2}{2g} \right) - \gamma W \left( Z_2 + \frac{p_2}{\gamma} + \frac{\alpha_2 v_2^2}{2g} \right)$$

$$= \gamma W \left( Z_1 - Z_2 + \frac{p_1 - p_2}{\gamma} + \frac{\alpha_1 v_1^2 - \alpha_2 v_2^2}{2g} \right)$$

$$\approx \gamma W H_{1-2} \tag{7-1}$$

式中：$\gamma$ 为水的容重（$\gamma = 1000 \times 9.81$ N/m³）；$p_1$、$p_2$ 为大气压强，可认为相等；$\alpha_1 v_1^2 / 2g$、$\alpha_2 v_2^2 / 2g$ 为流速水头或动能，其差值也相对微小，可忽略不计；$H_{1-2}$ 为两断面的水位差，即落差或水头。

式（7-1）表明，构成河流水能资源的两个基本要素是河中水量 $W$ 和河段落差 $H_{1-2}$。河中通过的水量越大，河段的坡降越陡，蕴藏的水能就越大。

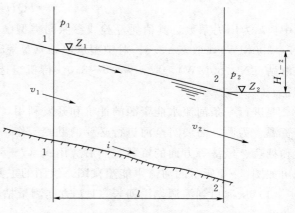

图 7-1　河段的潜在水能

能量 $E_{1-2}$ 的单位是 N·m，与功的单位一致，表示 $T$ 时段内流过水量 $W$ 所做的功，单位时间内的做功能力称功率，工程上常称为出力或容量，用 $N$（或 $P$）表示，以 N·m/s 为单位，则该河段的平均出力为

$$N_{1-2} = \frac{E_{1-2}}{T} = \gamma \frac{W}{T} H_{1-2} = \gamma Q H_{1-2} \tag{7-2}$$

式中：$Q$ 为时段 $T$ 内的平均流量，$Q = W/T$，m³/s。

在电力工业中，习惯用 kW 或 MW 作为出力单位，因 1kW = 1000N·m/s，故式（7-2）可表示为

$$N_{1-2} = 9.81 Q H_{1-2} \tag{7-3}$$

能量常称电量，以 kW·h 为单位，于是

$$E_{1-2} = 9.81 \, Q H_{1-2} 1_{-2} (T/3600) \approx 0.0027 \, W H_{1-2} T \tag{7-4}$$

式（7-3）和式（7-4）便是计算水流出力和电量的基本公式。

由式（7-3）和式（7-4）算出的天然水流出力和电量是水电站可用的输入水能，而水电站的输出电力是指发电机定子端线送出的出力和发电量。水电站从天然水能到生产电能的过程中，不可避免地会引起各种损失。首先，水电站在集中河段落差时有沿程落差损失 $\Delta H$，在水流经过引水建筑物及水电站各种附属设备（如拦污栅、阀门等）时又有局部水头损失 $\sum h$，所以水电站所能有效利用的净水头为 $\Delta H = H_{1-2} - \Delta H - \sum h$。其次，在水库、水工建筑物、水电站厂房等处尚有蒸发渗漏、弃水等水量损失，这些损失记为 $\sum \Delta Q$，因此水电站所能有效利用的净发电流量 $Q = Q_毛 - \sum \Delta Q$。此外，水电站把水能转化为电能时还有功率损失，用水轮机效率 $\eta_T$ 和发电机效率 $\eta_G$ 来表示，则水电站的效率 $\eta = \eta_T \eta_G$。因此，水电站的实际出力和发电量计算公式为

$$N = 9.81 \eta Q H \tag{7-5}$$

$$E = 0.0027 \eta W H \tag{7-6}$$

水电站的效率因水轮机和发电机的类型和参数而不同，且随其工况而改变。初步计算时机组尚未选定，常假定效率为常数，并令 $k=9.81\eta$，可得水电站出力的简化计算公式为

$$N=kQH \qquad\qquad (7-7)$$

式中：$k$ 为出力系数，其值凭经验或参照同类型已建电站的资料拟定。一般对大型水电站（$N\geqslant 300\mathrm{MW}$），取 $k=8.5$；对中型水电站（$N=50\sim 300\mathrm{MW}$），取 $k=8.0\sim 8.5$；对小型水电站（$N<50\mathrm{MW}$），取 $k\approx 7.5\sim 8.0$。待机组选定时，再合理分析计算出 $\eta$ 值，并作出修正。

要进行一条河流水能资源的评价和开发利用，必须事先勘测和估算河流天然蕴藏的水能资源。为此，需要对全河进行必要的勘测工作，收集有关地理、地形、地质、水文、气象和社会、经济等方面的资料，然后应用式（7-8）分段估算各河段蕴藏的水能资源，绘制出如图 7-2 所示的河流水能蕴藏图。绘图的主要步骤如下：

（1）从河口到河源，沿河长（$L$）方向测量枯水水面的高程（$Z$），作出沿河水面高程变化线 $Z$-$L$。

（2）沿河长将河流分为若干段。分段为较大的支流汇合处、河道坡降较大变化处、优良坝址处、有重要城镇和农田等限制淹没处，从而得出各河段的长度和 $L$。

（3）计算河流各断面处所控制的流域面积 $F$ 和多年平均流量 $Q_0$，并绘制 $F$-$L$ 和 $Q_0$-$L$ 线。

（4）估算各河段的水能蕴藏量。计算时，考虑到河段两断面处流量不同，可取其平均值计算河段水流出力，出力单位为 kW，即

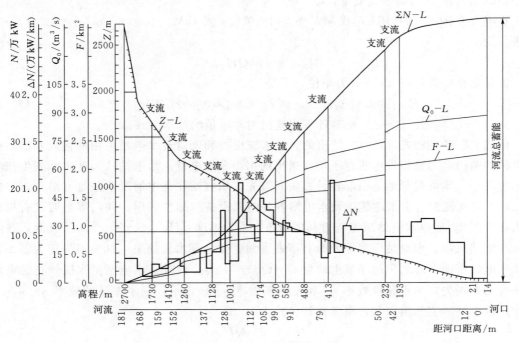

图 7-2 河流水能蕴藏图

$$N = 9.81 \left( \frac{Q_1 + Q_2}{2} \right) H \qquad (7-8)$$

将各河段的出力从河源到河口依次累加，便可得到 $\sum N - L$ 线。

（5）计算各河段的单位河长（每公里河长）所蕴藏的水流出力，单位出力为

$$\Delta N = \frac{N}{\Delta L} \qquad (7-9)$$

由此便可得出河段单位出力 $\Delta N$ 的分布线。

图 7-2 给出了一条河流水能特性的全貌，从图上可以清楚地看到任一河段的蕴藏水能量、河流总水能、单位出力大的河段等。单位出力大的河段水能较集中，往往是优先开发的河段。因此，水能蕴藏图是我们研究和开发河流水能较为关键的基本资料。

**二、水电站保证出力计算**

水电站保证出力是指在长期工作中水电站（群）在与设计保证率相应的不利水文时段（如枯水期）的平均出力，保证出力是在水电站规划设计阶段确定装机容量的重要依据，用以进行电力平衡和确定水电站容量效益。水电站保证出力的计算与其调节性能密切相关，下面依次给出无调节、日调节、年调节和多年调节水电站保证出力的计算方法。

1. 无调节水电站保证出力计算

无调节水电站上游没有水库或水库的容积很小，无法对天然来水进行重新分配，其发电引用流量一般就是河道中的天然来水，而在汛期天然来水超过水电站满发流量时，水电站则按满发出力工作，并将多余水量作为弃水泄往下游。一般情况下，电站上游水位维持在正常蓄水位附近运行，只有在汛期防洪调度时才会出现运行水位临时超高。无调节水电站保证出力一般以日为计算期，计算时可根据实测日平均流量值及其相应水头，算出各日平均出力值，然后按其大小次序排列，绘制其保证率曲线。然后选取和设计保证率相对应的日平均出力，即为无调节水电站保证出力值 $N_设$。考虑到以日为时段计算时工作量较大，一般可根据实测日平均流量资料挑选与设计保证率对应的设计枯水日，从而计算保证出力值 $N_设$。

如设计枯水日的平均流量为 $Q_设 (\mathrm{m^3/s})$，相应的日平均净水头为 $\overline{H}_设 (\mathrm{m})$，则无调节水电站的保证出力为

$$N_{保无} = 9.81 \eta Q_设 \overline{H}_设 \qquad (7-10)$$

2. 日调节水电站保证出力计算

日调节水电站的水库库容调节能力较弱，一般只能调节一日之内的天然来水量以适应电网日负荷变化的要求。因此，日调节水电站日平均出力主要受日平均流量影响，日调节水电站保证出力一般选择日为计算期。日调节水电站的水库兴利库容在计算期内要蓄满和腾空一次，运行水位在正常蓄水位和死水位之间变化，故在出力计算时的上游水位可取平均蓄水量相对应的水位。而在汛期日平均入库流量可能会超过水电站最大过流能力，这时可认为水库上游水位为正常蓄水位。计算日调节水电站出力时，其下游水位一般也按日平均流量，查询下游水位和下泄流量关系曲线获得。有关日调节水电站保证出力计算与无调节水电站相同，可参见前文中日调节水电站保证出力计算内容。

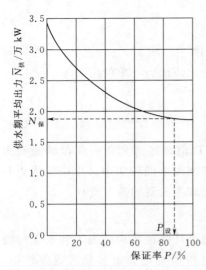

图 7 - 3 供水期平均出力保证率曲线

### 3. 年调节水电站保证出力计算

年调节水电站保障正常供电的关键期在来水较少的枯水期，因此年调节水电站采用枯水期作为保证出力的计算期。在计算保证出力时，应根据历史水文资料，在已知或假定的水库正常蓄水位和死水位条件下，通过兴利调节和水能计算，求出每年供水期的平均出力，然后将这些平均出力值按其大小次序排列，绘制其保证率曲线，如图 7 - 3 所示。该曲线中对应设计保证率的供水期平均出力值即为年调节水电站的保证出力 $N_设$，这种方法也称为水电站保证出力计算的长系列法。

为了节省计算工作量也可以采用设计枯水年法，即先以实测径流系列为依据挑选出设计枯水年作为输入，再对水电站进行径流调节及水能计算，取该供水期的平均出力作为年调节水电站的保证出力 $N_设$。进一步的，有时还可按下式简化估算年调节水电站的保证出力：

$$N_{保年} = 9.81 \eta Q_{调} \overline{H}_{供} \tag{7-11}$$

$$Q_{调} = (W_{供} + V_{年调})/T_{供} \tag{7-12}$$

$$\overline{H}_{供} = \overline{Z}_上 - \overline{Z}_下 - \Delta H \tag{7-13}$$

式中：$Q_调$ 为设计枯水年供水期调节流量；$\overline{H}_供$ 为设计枯水年供水期平均水头；$\overline{Z}_上$、$\overline{Z}_下$ 为供水期上、下游平均水位，$\overline{Z}_上$ 取与供水期水库平均蓄水量 $\overline{V}$ 对应的水库水位，且 $\overline{V}$ 可按式 $\overline{V} = V_死 + 1/2 V_兴$ 估算，$\overline{Z}_下$ 可按 $Q_调$ 由水位-流量关系曲线查得；$W_供$ 为设计枯水年供水期 $T_供$ 内的天然来水量；$V_{年调}$ 为年调节水电站调节库容；$\Delta H$ 为水电站水头损失，可根据实际情况分析取值。

### 4. 多年调节水电站保证出力计算

多年调节水电站保证出力计算方法与上述年调节水电站保证出力的计算基本相同，可对实测长系列水文资料进行兴利调节与水能计算来求得。简化计算时，可以采用设计枯水年系列法，即对设计枯水年系列进行径流调节和水能计算，取设计枯水年系列的平均出力作为保证出力值 $N_保$。

## 三、水电站多年平均年发电量估算

水电站多年平均年发电量是指水电站在多年工作时期内每年发电量的平均值，反映水电站的多年平均动能效益。在水电站规划设计阶段中，当比较方案较多时，只要不影响方案的比较结果，常采用比较简化的方法。

### 1. 设计平水年法

该方法根据挑选或设计出的一个平水年来水过程从而大致估算水电站的多年平均年发电量，具体计算步骤如下：

（1）根据历史水文资料选择或者推求设计平水年径流过程，要求该年的年径流量及其年内分配均接近于多年平均情况。

（2）列出所选设计平水年各月（或旬、日）的净来水流量。

（3）根据国民经济各部门的用水要求，列出各月（或旬、日）的用水流量。

（4）对于年调节水电站，可按月进行径流调节和水能计算，对于季调节或日调节、无调节水电站，可按旬（日）进行径流调节和水能计算，求出相应各时段的平均水头 $\bar{H}$ 及其平均出力 $\bar{N}$。如在某些时段的平均出力大于水电站的装机容量时，即以该装机容量值作为平均出力值。

（5）将各时段的平均出力 $\bar{N}$，乘以时段的小时数 $t$，即得各时段的发电量 $E_i$。设 $n$ 为平均出力低于装机容量 $N_装$ 的时段数，$m$ 为平均出力等于或高于装机容量 $N_装$ 的时段数，则水电站的多年平均年发电量 $\bar{E}_年$，以 kW·h 为单位，可用式（7-14）估算。

$$\bar{E}_年 = E_中 = t\left(\sum_{i=1}^{n}\overline{N_i} + mN_装\right) \qquad (7-14)$$

式中：$(m+n)$ 为全年时段数；当时段单位为月时，则 $m+n=12$，$t=730h$；当时段单位为日时，则 $m+n=365$，$t=24h$。

2. 三个代表年法

设计平水年法考虑的输入来水条件比较片面，因此还可以采用三个代表年法。三个代表年法选择枯水年、平水年、丰水年三个代表年作为设计代表年，根据已知或假设已知水电站的兴利库容，然后进行水电站径流调节和水能计算，求出这三个代表年的年发电量，其平均值即为水电站的多年平均年发电量 $\bar{E}_年$，以 kW·h 为单位，即

$$\bar{E}_年 = \frac{1}{3}(\bar{E}_枯 + \bar{E}_平 + \bar{E}_丰) \qquad (7-15)$$

式中：$\bar{E}_枯$、$\bar{E}_平$、$\bar{E}_丰$ 分别为设计枯水年、平水年、丰水年的年发电量；$\bar{E}_枯$、$\bar{E}_平$、$\bar{E}_丰$ 可根据式（7-14）求出。必要时还可以选择枯水年、偏枯水年、平水年、偏丰水年和丰水年共五个代表年，根据这些代表年估算多年平均年发电量。

3. 设计平水系列法

多年调节水电站的水库可将一个或连续几个丰水年的多余用水量储蓄起来供以后一个或几个枯水年使用，因此在计算多年调节水电站的多年平均年发电量时，不宜采用设计平水年法或三个代表年法，而应采用设计平水系列法。设计平水系列法通过选取某一水文年段（一般由 20 年以上的水文系列组成），该水文年段平均径流量应约等于全部水文系列的多年平均值，其径流分布应符合一般水文规律，对该系列来水过程进行水电站径流调节和水能计算，求出各年的发电量，其平均值即为多年调节水电站的多年平均年发电量。

4. 全部水文系列法

当水电站和水库相关特征参数确定以后，为精确地确定水电站在长期运行中的多年平均年发电量，有必要依据按照水库调度图对全部水文系列逐年进行水电站径流调节和水能计算，最后求出其多年平均值，精确求出多年平均年发电量。

## 第三节 水电站在电力系统中的运行方式

### 一、电力系统的负荷图

大型电网的并网功率很高，产生的电能难以储存，这使得电力的发、供、用必须同时进行。电力系统中各电站的瞬时出力和发电量必须时刻与用电户的出力需求和用电量相适应，其中用电户对电力系统提出的出力要求被称为电力负荷。如果把工业、农业、市政及交通运输等用电户在不同时间内对电力系统要求的出力叠加起来，就可以得到电力负荷随时间的变化过程，一个昼夜内的电力负荷变化过程称为日负荷，如图 7-4 所示；一年内的电力负荷变化过程称为年负荷，如图 7-5 所示。电力系统负荷图，无论在设计阶段或运行阶段，为了确定电站所需的装机容量及其在电力系统中的运行方式，均具有重要的作用。

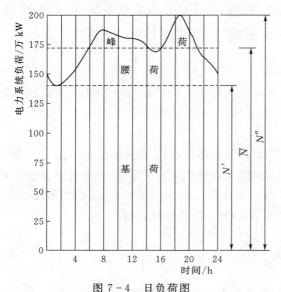

图 7-4 日负荷图

#### 1. 日负荷图

电力负荷的日负荷变化过程存在一定规律：一般上午和下午各有一个高峰，晚上增加大量照明负荷易形成负荷尖峰；午休期间及夜间各有一个低谷，后者比前者低得多。如图 7-4 所示，最大负荷 $N''$、平均负荷 $\overline{N}$ 和最小负荷 $N'$ 把日负荷图划分为峰荷区、腰荷区及基荷区。峰荷随时间的变动最大，基荷在一天内都不变，腰荷介于峰荷与基荷之间。最大负荷 $N''$ 和最小负荷 $N'$ 即日负荷图中的最大值和最小值，而日平均负荷 $\overline{N}$ 根据式（7-16）计算得出：

$$\overline{N} = \sum_{i=1}^{24} N_i / 24 = \frac{E_日}{24 \times 3600} \tag{7-16}$$

式中：$E_日$ 为一昼夜内系统所供应的电能，即用电户的日用电量。

为了反映日负荷图的特征，常采用下列 3 个指标值表示。

（1）日最小负荷率 $\beta$，$\beta = N'/N''$。$\beta$ 值越小，表示日高峰负荷与日低谷负荷的差别越大，日负荷越不均匀。

（2）日平均负荷率 $\gamma$，$\gamma = \overline{N}/N''$。$\gamma$ 值越大，表示日负荷变化越小。

（3）基荷指数 $\alpha$，$\alpha = N'/\overline{N}$。$\alpha$ 越大，基荷占负荷图的比重越大，这表示用户的用电情况比较稳定。

我国电力系统的工业用电比重较大，$\gamma$ 值一般在 0.8 左右，$\beta$ 值一般在 0.6 左右，国外电力系统由于市政用电比重较大，$\beta$ 值较小，一般在 0.5 以下。

#### 2. 年负荷图

电力负荷的年负荷图表示一年内电力系统负荷的变化过程。电力负荷的年内变化主要由于不同月份的照明负荷有变化，其次还有季节性负荷，如空调、灌溉、排涝等用电。为简化计算，年负荷图常以月为时间步长，因而该图具有阶梯形状。年负荷图一般采用下列两种曲线表示。

（1）日最大负荷年变化曲线。如图7-5（a）所示，它表示一年内各日最大负荷值变化过程，也反映了电力系统在一年内各日所需要的最大电力。日最大负荷年变化图有两个特性：①在北方地区，冬季负荷最高，夏季负荷相比之下要少10%～20%；而在南方地区冬季和夏季负荷恰好相反。②随着国民经济的发展，年末电力负荷相较年初会有所增长。而考虑年内负荷增长的曲线被称为动态负荷曲线；而在实际工作中为简化计算，一般不考虑年内负荷增长的因素，这种不考虑年内负荷增长的曲线称为静态负荷曲线。

（2）日平均负荷年变化曲线。如图7-5（b）所示，它表示一年内各日平均负荷值的变化过程。该曲线下面所包围的面积，也表示电力系统全年内所生产的发电量。

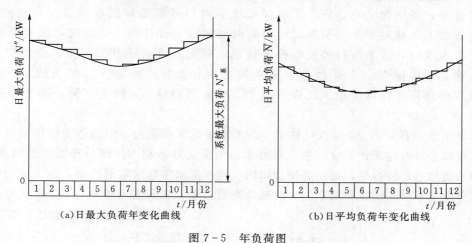

（a）日最大负荷年变化曲线　　　　（b）日平均负荷年变化曲线

图7-5　年负荷图

而电力系统月内、季内和年内电力负荷的不均衡特性，可通过下列3个指标值反映。

（1）月负荷率$\sigma$。它等于月平均负荷$\overline{N}_月$与月内最大负荷日的日平均负荷$\overline{N}_日$的比值，用于表示电力负荷在月内变化的不均衡性。

$$\sigma = \overline{N}_月 / \overline{N}_日 \tag{7-17}$$

（2）季负荷率$\xi$。它等于全年各月最大负荷$N''_i$的平均值与年最大负荷值$N''_年$的比值，用于表示一年内月最大负荷变化的不均衡性。

$$\xi = \sum_{i=1}^{12} N''_i / (12 N''_年) \tag{7-18}$$

（3）年负荷率$\delta$。它等于年发电量$E_年$与最大负荷$N''_年$相应地年发电量的比值。

$$\delta = E_年 / (8760 N''_年) = h / 8760 \tag{7-20}$$

式中：$h$为年最大负荷的年利用小时数。

## 二、电力系统的容量组成

为确定电力系统中不同调节能力的水电站的运行方式，有必要了解电力系统容量组成。

**1. 电力系统总装机容量**

各类型能源电站需配置一定的发电装机容量，用于满足电力系统用电需求。电站中的每台机组都有一个额定容量，也称为发电机的铭牌出力，而电站的装机容量即为该电站所属所有机组铭牌出力之和。电力系统的总装机容量便是所有电站装机容量的总和，用符号 $N_{系装}$ 表示。水电站的装机容量就是电站全部机组铭牌出力之和，用符号 $N_{水装}$ 表示；火电站的装机容量用 $N_{火装}$ 表示，其余类推。如果某电力系统包括水电站、火电站、核电站、抽水蓄能电站及潮汐能电站等，则其总装机容量 $N_{系装}$ 可表示为

$$N_{系装} = N_{水装} + N_{火装} + N_{核装} + N_{抽装} + N_{潮装} \qquad (7-21)$$

**2. 电力系统最大工作容量、备用容量、必需容量及重复容量（设计阶段）**

在设计阶段，按装机容量担负任务的不同，又分为电力系统最大工作容量、备用容量、必需容量及重复容量。最大工作容量 $N''_工$ 是为了满足系统最大负荷要求而设置的装机容量；备用容量 $N_备$ 是为了确保系统供电的可靠性和供电质量而设置的容量，当系统在最大负荷时发生负荷跳动因而短时间超过了设计最大负荷时，或者机组发生偶然停机事故时，或者进行停机检修等情况，都需要准备额外的容量。备用容量 $N_备$ 是由负荷备用容量 $N_{负备}$、事故备用容量 $N_{事备}$ 和检修备用容量 $N_{检备}$ 所组成。因此，为保证系统的正常工作需要最大工作容量 $N''_工$ 和备用容量 $N_备$ 两大部分，两者合称为必需容量 $N_必$。

水电站必需容量 $N_必$ 是以设计枯水年的来水情况来确定的，但遭遇丰水年或者平水年时，若仅以必需容量工作，会产生大量弃水。为了更好地利用这部分弃水额外增发电量，需要额外增加一部分容量，而不必增加水库、大坝等水工建筑物的投资，由于这部分容量并非保证电力系统正常工作所必需，故称为重复容量，在设置有重复容量 $N_重$ 的电力系统中，系统的总装机容量就是必需容量与重复容量之和，即

$$N_装 = N_必 + N_重 = N''_工 + N_{负备} + N_{事备} + N_{检备} + N_重 \qquad (7-22)$$

上述电力系统中各种容量的组成如图 7-6 所示。

**3. 电力系统的工作容量、备用容量、空闲容量和受阻容量（运行阶段）**

在运行阶段，电力系统和各类型能源电站的装机容量已经确定，其最大工作容量并非一直满发出力运作，而备用容量和重复容量也常常被闲置。因此系统内时常被暂时闲置的容量，被称为空闲容量 $N_空$，它是根据系统需要随时都可以投入运行的装机容量。当出现机组发生事故、停机检修、火电站缺乏燃料、水电站水量和水头不足等原因，致使部

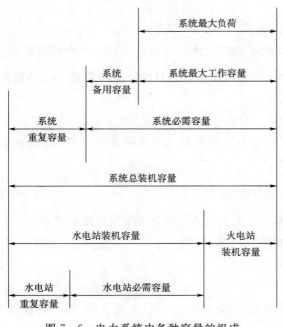

图 7-6 电力系统中各种容量的组成

分容量受阻不能正常工作，这部分容量称为受阻容量。系统中除受阻容量 $N_{阻}$ 外的所有其他容量被称为可用容量 $N_{可}$。因此，电力系统运行阶段的总装机容量可表示为

$$N_{装} = N_{可} + N_{阻} = N_{工} + N_{备} + N_{空} + N_{阻} \tag{7-23}$$

需要说明的是，上述各种容量值的大小是随时间和系统运行条件而不断变化的，但运行阶段的总装机容量的始终由上述几部分构成。

### 三、不同调节能力水电站的运行方式

近年来，随着国家部署能源结构调整，增加清洁能源供应，我国新能源装机占比逐渐攀升，目前各电力系统中的发电站主要是火电站、水电站、风电场和太阳能发电厂。一般地，火电机组的运行过程中有较为稳定的出力，但高煤耗导致了火电发电运行成本偏高，而且也会产生气体污染。风电和太阳能发电属于清洁能源，发电运行时没有污染和排放，但具有很强的随机性和间歇性，影响了电力系统的稳定性。相对而言，水电机组具有绿色清洁能源、出力稳定、快速启停等优点，但由于不同水电站调节性能不同，以及年内天然来水流量的不断变化，年内不同时期的运行方式也必须不断调整，使水能资源能够得到充分利用。现将无调节、日调节、年调节及多年调节水电站在年内不同时期的运行方式阐述如下。

（一）无调节水电站的运行方式

我国长江上的葛洲坝水电站，由于保证下游航运要求，水库一般不进行调节，故属无调节水电站。黄河上的天桥水电站、岷江上的映秀湾水电站由于缺乏调节库容，亦属无调节水电站。

1. 无调节水电站的工作特性

无调节水电站的出力主要取决于河道天然来水的大小。在枯水期，天然流量在日内和日间变化较小，出力变化也较小。因此，无调节水电站在枯水期担任系统日负荷图的基荷。而在丰水期来水较大，无调节水电站仍担任系统的基荷，当来水对应发电出力大于系统的最小负荷 $N'$ 时，水电站应担任系统的基荷和一部分腰荷，这时无调节水电站仍有可能发生弃水，如图 7-7 所示，图中有竖阴影线的面积 1 表示由于弃水所损失的能量。

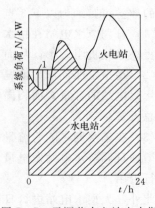

图 7-7　无调节水电站丰水期
在日负荷图上的工作位置

2. 无调节水电站在不同水文年的运行方式

无调节水电站的最大工作容量是按设计保证率对应的日平均流量设计的。因此，在设计枯水年的枯水期，无调节水电站和其他电站联合供电以满足系统最大负荷的要求；但在丰水期内无调节水电站即使以其全部装机容量运行，仍会出现弃水现象，如图 7-8（a）所示。而在丰水年，全年天然来水对应出力可能均大于装机容量，因而无调节水电站可能全年均使用全部装机容量在负荷图的基荷部分运行 ［图 7-8（b）］。即使依照上述情况运行，无调节水电站全年仍会出现弃水现象，尤其汛期弃水居多。

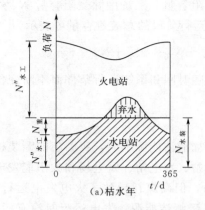
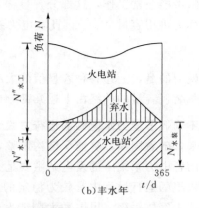

图 7-8　无调节水电站设计枯水年在电力系统中的工作情况

（二）日调节水电站的运行方式

我国黄河上的盐锅峡水电站、永定河上的下马岭水电站以及浙江省的富春江水电站，都属于日调节水电站。

1. 日调节水电站的工作特性

日调节水电站除在弃水期外，日内所能生产的发电量等于该日天然来水量（除其他水利部门用水）所能产生的发电量。为保证电力系统中的火电站能够担任基荷部分平稳运行，以降低单位电能的燃料消耗量，原则上在不发生弃水情况下，日调节水电站担任系统的峰荷，以充分发挥水轮发电机组能快速响应负荷变化的优点。日调节水电站对电力系统所起的效益可归纳为以下 3 点：

（1）日调节水电站在枯水期担任峰荷，让火电站担任基荷，维持较为平稳的出力运行，提高汽轮机组效率，从而节省煤耗并降低电力系统的运行费用。

（2）在指定保证出力情况下，日调节水电站比无调节水电站的工作容量更大，能更多地替代火电站的容量。而相同容量下水力发电机组比火力发电机组投资少，从而减少电力系统总投资。

（3）在丰水期，随着流量的增加，日调节水电站全部装机容量逐步由峰荷转到基荷运行，增加日调节水电站发电量，相应减少火电站发电量与系统总煤耗，从而降低电力系统的运行费用。

此外，大型水电站进行日调节担任峰荷时，在一昼夜内通过水轮机的流量变化是十分剧烈的，因而下游河道的水位和流速变化也是剧烈的，可能会对下游河道航运和取水灌溉造成严重影响。因此，水电站在开展日调节时，应设法满足综合利用各部门的要求。为解决上述用水竞争矛盾，可对水电站的日调节进行适当的限制，或者在水电站下游修建反调节水库以减小流量、水位和流速的波动幅度。

2. 日调节水电站在不同季节的运行方式

由于年内不同季节来水流量变化很大，日调节水电站日发电量变化亦大。在水电站装机容量已经确定的条件下，为了充分利用河水流量和避免弃水现象，日调节水电站在电力系统年负荷图上的工作位置，应随着来水情况变动。

（1）在设计枯水年，水电站在枯水期内担任系统的峰荷，如图 7-9 中的 $t_0 \sim t_1$ 与 $t_4 \sim t_5$ 时期。当丰水期开始后来水量逐渐增加，这时日调节水电站担任峰荷会出现弃水现象，因此其工作位置应逐渐下降到腰荷与基荷，如图 7-9 中 $t_1 \sim t_2$ 期间所示的位置。

（2）在丰水年时，来水量较多的情况下，日调节水电站即使在枯水期也应担任负荷图中的峰荷与部分腰荷；在初汛后期来水较多，日调节电站以装机容量满发运行仍出现弃水现象时，就应以全部装机容量担任基荷运行；在汛后的初期，可能来水仍较多，如

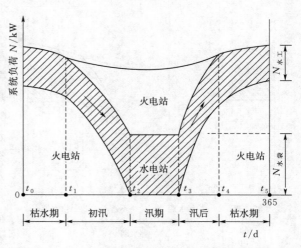

图 7-9　日调节水电站在设计枯水年的运行方式

继续有弃水，此时水电站仍应担任基荷，直至进入枯水期后，日调节水电站的工作位置便可恢复到腰荷，并逐渐上升到峰荷位置。

（三）年调节水电站的运行方式

我国年调节水电站很多，例如汉江上的丹江口水电站、东江上的枫树坝水电站以及古田溪一级水电站等。

1. 年调节水电站的工作特性

不完全年调节水电站在一年内按来水情况一般可划分为供水期、蓄水期、弃水期和不蓄不供期（也称按天然流量工作期）四个阶段，如图 7-10 所示。

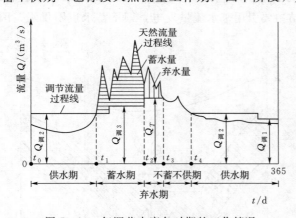

图 7-10　年调节水库各时期的工作情况

2. 设计枯水年的运行方式

（1）供水期天然来水往往小于水电站保证出力和其他用水部门综合利用所需要的调节流量。对于担任多重兴利调度目标的综合利用水库，水库供水期内调节流量并非固定的常数，例如某水库在冬季主要承担发电任务，调节流量为图 7-10 中的 $Q_{调1}$；入春后天气转暖，灌溉和航运需水增大，要求较大的调节流量 $Q_{调2}$。在以灌溉为主的综合利用水库中，水电站发电运行需要优先服从灌溉用水的需求，因此入春后发电量也随

着增加。在水库供水期内，水电站在系统负荷图上的工作位置，视综合利用各部分用水的大小，有时担任峰荷，有时担任部分峰荷、部分腰荷，有时则担任腰荷。而图 7-11 所示的是供水期水电站发电用水不受其他用水部门的限制，全部担任负荷图上峰荷的情况。

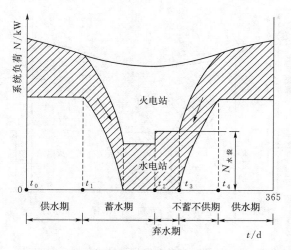

图 7-11 年调节水电站设计枯水年在
年负荷图上的工作位置

（2）蓄水期从 $t_1$ 起，由于河水流量增大，此时综合利用各部门需水量会持平或减少。并不随着增加，有时反而减小些。为了避免在后续调度运行中产生较大弃水量，故蓄水期应在保证水库蓄满的前提下充分利用丰水期水量。在蓄水期开始时，水电站即可担任峰、腰负荷。当水库蓄水至相当程度，如天然来水量仍然增加，则水电站可以加大引用流量至图 7-10 中所示的 $Q_{调3}$，工作位置亦可由腰荷移至基荷，以增加水电站发电量从而减少火电站燃料消耗量。在此期间，应把超过调节流量 $Q_{调3}$ 的多余流量全部蓄入水库，确保至 $t_2$ 蓄水期末水库全部蓄满。

（3）弃水期在大部分地区是夏、秋汛期，此时水库虽已蓄满，但河中天然来水量仍可能超过综合利用各部门所需的流量。由于不完全年调节水库的容积较小，故弃水现象无法避免，但为了减少弃水量，此时水电站应将全部装机容量 $N_{水装}$ 在系统负荷图的基荷运行，即水电站的引用流量等于水电站水轮发电机组满发流量 $Q_T$。在图 7-10 中，只有当天然来水超过 $Q_T$ 的部分才被弃掉产生弃水。而 $t_3$ 是天然来水等于 $Q_T$ 的时刻，至此弃水期即告结束。

（4）不蓄不供期表示在丰水期过后，河中天然来水逐渐减少，虽然来水小于 $Q_T$，但仍大于水电站保证出力或综合利用其他部门的需水所对应的调节流量。由于此时水库已蓄满，为了充分利用水能保障高水头优势，水电站主要引用来水流量发电，即不蓄水也不供水，因此这个时期也被称为不蓄不供期。随着天然来水的逐渐减少，这时水电站在电力系统中的工作位置应使其由基荷位置逐渐上升，直至工作位置到达峰荷位置为止。

3. 丰水年的运行方式

在丰水年的丰水期水量较大，年调节水电站在水库供水期内可以担任部分基荷和腰荷，充分利用水能资源以增加发电量，避免在供水期末水库运行水位消落过快，而使汛期内弃水增加。但在供水期前期，也不能过分使用水库存水，要考虑储存足够水量保障水电站或综合利用各部门后续正常工作的必要用水需求，年调节水电站在供水期的运行方式如图 7-12 所示。

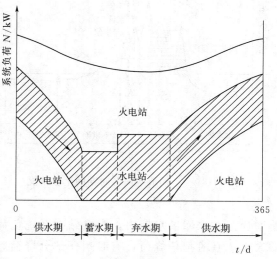

图 7-12 年调节水电站丰水年在
年负荷图上的工作位置

丰水期末尾，水库进入蓄水期，由于丰水年的来水量较大，一般水库蓄水期较短，在此期内水电站可尽早将其运行位置移至基荷部分；而在弃水期，水电站则应以全部装机容量在基荷位置工作。

（四）多年调节水电站的运行方式

我国多年调节水电站很多，例如浙江的新安江水电站、广东的新丰江水电站、四川的狮子滩水电站等。

多年调节水库一般总是同时进行年调节和日调节。因此，其径流调节程度和水量利用率都比年调节水库的大。在确定多年调节水电站的运行方式时，要充分考虑这个特点。多年调节水库在一般年份内只有供水期与蓄水期，水库水位在正常蓄水位与死水位之间变化，只有遇到连续丰水年的情况下，水库才会蓄满，并可能发生弃水。当出现连续枯水年时，水库的多年库容才会全部放空，发挥其应有的作用。因此，具有多年调节水库的水电站，应经常按图 7-13 所示的情况工作。为了使火电站机组能够轮流在丰水期或在电力系统负荷较低的时期内进行计划检修，在这时期内水电站需适当增加出力以减小火电站出力。

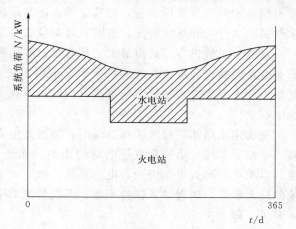

图 7-13　多年调节水电站一般年份在电力
系统中的运行方式

由于多年调节水库的库容系数较大，水电站运行方式受一年内来水变化的影响较小，所以在一般来水年份，多年调节水电站在电力系统负荷图上将全年担任峰荷（或峰、腰负荷），而让火电站经常担任腰荷、基荷。

# 第四节　以发电为主的水库主要参数选择

水电站是水能资源利用的主要工程措施，确定水电站工程规模及其特征水位是水能规划设计的主要任务之一，这些参数不仅影响水能利用效率，还决定了工程投资。本节将介绍如何结合电力系统的特点与要求以及水电站的工作特点和运行方式，简要介绍水电站及其水库的主要参数分析和确定方法。

## 一、水电站装机容量选择

水电站装机容量直接关系到水电站的规模、工程投资和水能资源利用效率。装机容量过大使得工程投资扩大，资金回笼慢易使资金受到积压；装机容量过小，水能资源无法充分被开发和利用。因此，水电站装机容量的确定是一个重要的动能经济问题，本节重点介绍电力电能平衡法确定装机容量的原理与方法，在此基础上简要介绍以供水、灌溉为主的综合利用水库的水电站装机容量选择应注意的问题和水电站样装机容量选择以及装机容量选择的简化法。

在水电站的各个设计阶段，都需要进行装机容量选择，但关注的重点各不相同。在规划阶段，应重点研究分析影响装机容量大小的因素，并做出初步的估算；在初步设计阶段，需要选定装机容量，并做出全面的分析和论证；而在技术设计阶段，主要是根据基本依据的变化情况及水轮机制造厂商提供的最终机组数据，对初步设计选定的装机容量进行检验和核定。

在初步设计阶段，进行正常蓄水位和死水位选择时，应对装机容量进行初选，在正常蓄水位和死水位确定之后，进一步对装机容量进行详细的选择。在水轮机组选定后，还需要根据选定的机组单机容量，对选定的水电站总装机容量作修正。根据工程实际情况及对水轮机组的分析和落实情况，有时也可对装机容量与水轮机组同时进行选择。

水电站总装机容量是由最大工作容量、备用容量和重复容量所组成的。而电力系统中所有电站的装机容量的总和，必须大于电力系统的最大负荷。所谓水电站最大工作容量，是指设计水平年电力系统负荷最高（一般出现在冬季枯水季节）时，水电站能担负的最大发电容量。

在确定水电站的最大工作容量时，须进行电力系统的电力（出力）平衡和电量（发电量）平衡。系统电力平衡就是电站的出力（工作容量）须随时满足系统的负荷要求。显然，以水电站和火电站为主的电力系统，水、火电站的最大工作容量之和必须等于电力系统的最大负荷，两者必须保持平衡。系统的电力平衡是满足电力系统正常工作的第一个基本要求，即

$$N''_{水工}+N''_{火工}=P''_{系} \tag{7-24}$$

式中：$N''_{水工}$、$N''_{火工}$ 分别为系统内所有水、火电站的最大工作容量；$P''_{系}$ 为设计水平年条件下的电力系统最大负荷。

电力系统中的水电站包括规划拟建的水电站与已建成的水电站两大部分。因此，规划拟建水电站的最大工作容量 $N''_{水工,拟建}$ 等于水电站群总最大工作容量 $N''_{水工}$ 减去已建成的水电站的最大工作容量 $N''_{水工,已建}$，即

$$N''_{水工,拟建}=N''_{火工}-N''_{水工,已建} \tag{7-25}$$

为了保证电力系统的正常工作，一般选择符合设计保证率要求的设计枯水年的来水过程，作为电力系统进行电量平衡的基础。根据电力系统电量平衡的要求，系统要求保证的供电量 $E_{系保}$ 应等于水、火电站所能提供的保证电能之和，即

$$E_{系保}=E_{水保}+E_{火保} \tag{7-26}$$

式中：$E_{水保}$ 为该时段水电站能保证的出力与相应时段的乘积；$E_{火保}$ 为火电站有燃料保证的工作容量与相应时段的乘积。系统的电量平衡是满足电力系统正常工作的第二个基本要求。

当水电站水库的正常蓄水位与死水位方案被确定后，水电站的保证出力或某一时段内能保证的发电量便被确定。但在规划设计过程中，如果改变水电站在电力系统日负荷图上的工作位置，水电站的最大工作容量也会随着改变。当水电站担任基荷时，其最大工作容量等于其保证出力，即 $N''_{水工}=N''_{水保}$，一天内发电出力保持不变；当水电站担任腰荷时，假设每天工作 $t=10\text{h}$，则水电站的最大工作容量大致为 $N''_{水工}=N_{水保}\times24/t=2.4N_{水保}$；当水电站担任峰荷时，仅在尖峰负荷工作 $t=4\text{h}$，水电站的最大工作容量 $N''_{水工}=N_{水保}\times$

$24/t = 6N_{水保}$。由于水电站担任峰荷或腰荷，出力过程是变化的，上述求出的最大工作容量只是近似估算值。由式（7-24）可知，当电力系统的最大负荷 $P''_{系}$ 确定后，火电站的最大工作容量 $N''_{火工} = P''_{系} - N''_{水工}$，那么增加水电站的最大工作容量 $N''_{水工}$，可以相应减少火电站的最大工作容量 $N''_{火工}$。从水电站投资结构分析，坝式水电站的主要土建部分的投资约占电站总投资的 2/3，机电设备的投资仅占 1/3，甚至更少一些。当水电站水库的正常蓄水位及死水位方案被确定后，大坝及其有关水工建筑物的投资基本上变化不大，改变水电站在系统负荷图上的工作位置，使其尽量担任系统的峰荷，可以增加水电站的最大工作容量而并不增加大坝及其基建投资，只需适当增加水电站引水系统、发电厂房及其机电设备的投资；而火电站及其附属设备的投资，基本上与相应减少的装机容量成正比例地降低，因此所增加的水电站单位千瓦的投资，总是比火电站、风电场和太阳能发电厂的单位千瓦功率相应的投资小很多。因此确定拟建水电站的最大工作容量时，尽可能使水电站担任电力系统的峰荷，可相应减少其他电源电站的工作容量，这样可以节省电力系统装机容量的总投资。此外，水电站所增加的容量，在汛期和丰水年可以利用水库的弃水量增发季节性电能，一方面可以节省系统内火电站的煤耗量，另一方面可以配合新能源电站运行，从节能减排和经济成本的观点来看，都是十分合理的。

如第七章第三节所述，有调节能力水库的水电站在设计枯水期应担任系统的峰荷，但在汛期或丰水年来水较多且有弃水发生时，水电站应担任系统的基荷，尽量减少水库的弃水量。此外，根据电力系统的容量组成，还需在有条件的水、火电站上设置负荷备用容量、事故备用容量、检修备用容量以及重复容量等，保证电力系统安全经济运行，为此须确定所有电站各时段在电力系统年负荷图上的工作容量、各种备用容量和重复容量，并检查有无空闲容量和受阻容量，这就是系统的容量平衡，此为满足电力系统正常工作的第三个基本要求。

电力系统中的各种电站必须共同满足电力系统在设计水平年对容量和电量的要求。因此，水电站装机容量的选择，与电力系统负荷特性、火电站和其他电站装机容量有着十分密切的关系。水电站装机容量的选择简要步骤如下：

（1）收集基本资料，包括水库径流调节和水能计算成果，电力系统供电范围及其设计水平年的负荷资料，系统中已建与拟建的水、火等电站资料及其动能经济指标，水工建筑物及机电设备等资料。

（2）确定水电站的最大工作容量 $N''_{水工}$。

（3）确定水电站的备用容量 $N_{水备}$，包括负荷备用容量 $N_{负}$、事故备用容量 $N_{事}$、检修备用容量 $N_{检}$。

（4）确定水电站的重复容量 $N_{重}$。

（5）进行电力电能平衡确定水电站装机容量。

## 二、水电站水库正常蓄水位选择

正常蓄水位是指水库在正常运用情况下，为满足设计的综合兴利要求，在开始供水时应蓄到的最高水位。正常蓄水位不一定是水库的最高运行水位，当水库有防洪任务时，设计洪水位一般高于正常蓄水位。而没有防洪任务的水库，正常蓄水位一般是最高水位。但遇到较大洪水时水库防洪调度或瞬时来水超过最大下泄能力，运行水位可能会短时间高于正常蓄水位。

正常蓄水位持续时间与水库调节性能有关。多年调节水库在连续遭遇若干个丰水年后才能蓄到正常蓄水位；年（季）调节水库一般在每年供水期前可蓄到正常蓄水位；日调节水库除在特殊情况下（如汛期有排沙要求，须降低水库水位运行等），每天在水电站调节峰荷以前应维持在正常蓄水位；无调节（径流式）水电站原则上应保持在正常蓄水位不变。

正常蓄水位是水库或水电站的重要特征值，决定了整个工程的规模以及有效库容、调节流量、装机容量、综合利用效益等指标，还直接关系到工程投资、水库淹没损失、移民安置规划以及地区经济发展等重大问题。

（一）正常蓄水位与各水利部门效益之间的关系

1. 防洪

如果汛后来水仍大于水库综合兴利设计用水，此时水库的防洪库容与兴利库容能够完全结合或部分结合。在此情况下，提高正常蓄水位可直接增加水库调蓄库容，有利于在汛期拦蓄洪水，减少下泄洪峰流量，提高下游地区防洪标准。

2. 发电

增高水库正常蓄水位，水电站的保证出力、多年平均发电量、装机容量等动能指标也随之增加。由较低的正常蓄水位方案增加到较高的正常蓄水位时，开始时各动能指标增加较快，其后增加就逐渐减慢，即动能指标随正常蓄水位增加的边际效益是递减的。

3. 灌溉和城镇供水

增高正常蓄水位增加了水库兴利库容，一方面有助于扩大下游地区灌溉面积或城镇供水量；另一方面水库运行水位抬高，有利于上游地区的灌溉和城镇供水。

4. 航运

增高正常蓄水位增加了水库兴利库容，一方面，有利于调节天然径流，加大下游航运流量，增加航运水深，提高航运能力；另一方面，由于水库回水向上游河道延伸，通航里程及水深均有较大的增加，大大改善了上游河道的航运条件。但随着正常蓄水位的增高，上、下游水位差的加大，船闸结构及通航设备的建设难度和工程投资均会加大。

（二）正常蓄水位与有关的经济和工程技术问题

（1）水利枢纽投资和年运行费随着正常蓄水位增高而递增的。在水利枢纽基本建设总投资中，大坝的投资 $K_坝$ 占比很大。大坝的投资 $K_坝$ 与坝高 $H_坝$ 的关系可表示为 $K_坝 = aH_坝^b$，其中 $a$、$b$ 为系数，$b \geqslant 2$。因此，随着正常蓄水位的增高，水利枢纽尤其是拦河大坝的投资和年运行费是迅速递增的。

（2）水库淹没损失随着正常蓄水位增高而增加。水库淹没不仅是一个经济问题，有时甚至是影响广大群众生产生活的政治社会问题，要尽量避免淹没大片农田、重要城镇和较大城市、历史文物古迹、矿藏和铁路。但经有关部门协商同意，也可采取相关措施进行迁移或防护。总之，水库淹没是一个重大问题，必须慎重处理。

（3）随着正常蓄水位的增高，受坝址地质及库区岩性的制约因素越多，要注意坝基岩石强度问题、坝肩稳定和渗漏问题、水库建成后泥沙淤积问题以及蓄水量是否发生外涌等问题。

综上所述，在选择正常蓄水位时，需要权衡正常蓄水位抬高的有利影响与不利因素。因此，在方案比较时需要综合考虑，选出一个技术上可行的、经济上合理的正常蓄水位方案。这里需要强调的是，在选择正常蓄水位时还必须贯彻有关方针政策，深入调查研究国民经济各部门的发展需要以及水库淹没损失等重大问题，反复进行技术经济比较，与有关部门协商讨论，从而选择科学合理的水库正常蓄水位方案。

（三）以发电为主的水库正常蓄水位选择

以发电为主的水库，其正常蓄水位选择主要从发电投资和效益方面进行计算，并结合防洪、灌溉、航运等效益进行综合分析。正常蓄水位选择一般采取逐步渐近的方法，即在比较各正常蓄水位的方案时，采用近似的方法初步选定各方案的水库消落深度、装机容量、机组机型等，如方案选定结果与初选的特征值出入较大时，再对原正常蓄水位方案进行复核计算。以发电为主水库的正常蓄水位选择具体方式如下。

1. 方案的拟订

在一般情况下，正常蓄水位拟订方案往往先确定正常蓄水位的上下限，然后在其间再拟定几个比较方案。

（1）在确定正常蓄水位下限时，需考虑以下因素：

1）根据电力系统对水电站提出的最低出力要求及综合利用部门（如防洪、灌溉、航运等）对水库的最小供水流量、水库水深及水位等要求，推求正常蓄水位的下限。

2）在多沙河流上，需考虑泥沙淤积对水库发挥效益年限的影响，一般淤积年限应不小于 30～50 年。

（2）正常蓄水位上限涉及政治、技术问题较多，应慎重研究，其影响因素如下：

1）坝址及库区地形地质限制正常蓄水位的提高。当坝高达到一定高度后，可能由于河谷过宽、坝身太长，工程量太大或地质条件不良，增加两岸基础处理的困难，坝体过大而缺乏足够数量合适的建筑材料，或库区有地下暗河、断层造成严重的渗漏损失或坝高出现垭口及单薄分水龄等，这些因素都将限制正常蓄水位的提高。

2）库区淹没损失限制正常蓄水位的提高。农田耕地、城镇、厂矿及交通运输线路的过多淹没造成大量迁移人口或改建城镇、厂矿企业等不利影响，都会给国家和人民生活带来很大困难，从而限制正常蓄水位的提高。

3）蒸发渗漏损失限制正常蓄水位的提高。库区面积因库水位抬升突然扩大，而致使较大的蒸发渗漏损失。蒸发渗漏损失会限制正常蓄水位的提高。

4）上游梯级水电站尾水位限制正常蓄水位的提高。如拟建水库上游有水库，抬升下游水库正常蓄水位会影响上级水库的尾水位，减少上游水库发电水头。为合理地利用水能资源，充分利用水头应使梯级水库的水位相衔接，从而限制了下游水库正常蓄水位的提高。

5）受施工期、物力、劳力的限制。工期太长、器材不足、劳力缺乏、施工和运输困难等，都可能限制水库抬高正常蓄水位设计方案。

针对工程的具体实际情况进行分析后即可定出正常蓄水位的上下限，然后在此范围内等距拟定数个中间方案进行后续的分析比较。但在水库地形、地质或淹没损伤显著变化的高程处应增加方案，方案的高程间距视具体情况而定。

2. 消落深度选择

水库正常蓄水位与死水位的高程差即水库的消落深度。随着正常蓄水位的提高，水库消落深度与最大水头的适宜比例一般应略有减小。但由于这种变化对方案比选影响很小，设计中仍常采用同一消落深度的比例推算。正常蓄水位选择阶段一般采用以下方法初步选定消落深度。

（1）经验数值法。只可用于初步设计的初步阶段或部分中型水库的设计中。根据经验，在设计中各方案的消落深度一般可采用以下数值作为初估值：堤坝式年调节电站，消落深度为（25%~30%）$H_{max}$；堤坝式多年调节电站，消落深度为（30%~35%）$H_{max}$；混合式电站，消落深度为 $40\%H_{max}$；其中 $H_{max}$ 为水电站的最大水头。

（2）分析法。对正常蓄水位方案进行多个消落深度的水利计算，根据计算分析结果选取较有利的消落深度。以某一正常蓄水位方案为例，假设若干个消落深度进行水利计算，求出每个消落深度 $Z_消$ 对应的保证出力 $N_保$ 和多年平均发电量 $\bar{E}_{多年}$，并绘制 $Z_消 - N_保$ 及 $Z_消 - \bar{E}_{多年}$ 关系曲线，然后根据能量指标最大确定消落深度。$\bar{E}_{多年}$ 最大对应消落深度一般高于 $N_保$ 最大对应的消落深度。为了使进水口高程留有余地，一般在初步设计中都直接按保证出力 $N_保$ 最大点确定消落深度。

确定消落深度即确定了水库的死水位，然后可采用等流量调节方法进行能量指标计算，求得各方案保证出力 $N_保$ 及多年平均发电量 $\bar{E}_{多年}$。当下游水位变化对水头影响较大（如低水头电站）、水头损失较大（如引水式电站）、设计枯水段较长（如多年调节水库）情况下，宜采用等出力调节方法计算。若水库有补偿调节任务时，尚应根据补偿要求进行计算。

3. 防洪特征值选择

当水库下游有防洪要求时，各方案一般应有相同的防洪任务。选择防洪特征值时，应先进行防洪库容与下游安全泄量的比较，以确定经济合理的下游安全泄量，然后各方案皆以此安全泄量为控制，进行调洪计算和选择防洪特征值。

如果水库下游没有防洪要求，则按枢纽建筑物的设计与校核洪水进行调洪计算，通常各方案以相同的泄洪流量或相同的防洪库容求定泄洪建筑物尺寸及坝高。

4. 装机容量选择

在正常蓄水位选择阶段，各方案确定装机容量的原则和方法应该一致。若按电力电量平衡方法确定装机规模时，应注意以下几点：

（1）各方案在日负荷图上担负的位置应基本相同。

（2）若采取系统无空闲容量的平衡原则，各方案在电力平衡中，各月均不应有空闲容量。

（3）为简化工作量，检修容量可以按检修面积而不按实际机组来安排。

确定装机规模时，部分电站主要由工作容量控制，为了充分利用水能资源，还需注意研究装设重复容量的可能性，特别是对调节性能较差、季节性电能较多的水电站，装机容量常由重复容量或检修容量控制。

5. 水轮机选择

水轮机应按国家统一规定的型谱表进行选择，确定转速与直径时，应参考国内较为先进的制造水平，并适当考虑供应运输条件。根据国内水轮机长期运行经验，为充分发挥额定出力效益，设计水头不宜定得太高。水电站机组台数除需考虑电力系统外，还需考虑水工建筑物布置和电气主接线布置的合理性。

6. 枢纽投资和淹没指标的确定

枢纽投资主要包括土建、机电和淹没处理投资三部分。根据国内已有资料统计，土建投资约占总投资的 40%～60%，机电投资约占 30%～40%，淹没处理投资变化较大，无一定比例。投资指标一般由水工、机电、水库等专业计算并提供。

正常蓄水位选择中应考虑的淹没指标主要有：不同正常蓄水位方案淹没的耕地、房屋、迁移人口和淹没投资等以及相应的单位指标［如亩/kW、亩/(万 kW·h)、人/kW、人/(万 kW·h) 等］。为了解不同水位淹没指标的变化，应分别绘制正常蓄水位与迁移人口、淹没耕地、淹没房屋、淹没投资等关系曲线。

除上述指标外，有的方案还可能淹没城镇、公路、铁路、电讯线路、文物古迹等，亦应统计分析并进行全面衡量和比较。

7. 方案的选定

正常蓄水位方案主要通过经济比较和全面综合分析以确定方案。根据国内实践经验，正常蓄水位涉及的问题广泛而复杂，有不少水库的正常蓄水位是由水库淹没或其他条件确定的。因此，在正常蓄水位选择中，应特别重视综合分析的作用，进行全面细致的分析，同时还要进行经济比较。经济计算步骤如下：

(1) 根据初估的水电站和水库规模，并综合各兴利部门要求选定设计保证率。

(2) 根据选定的设计保证率选择典型水文年或水文系列，并对各个方案采用进行水电站径流调节和水能计算，求出各方案水电站的保证出力、多年平均年发电量、装机容量以及其他指标（例如灌溉面积、城镇供水量等）。

(3) 比较分析计算各个方案之间水利动能指标的差值，为了使各个设计方案发挥的各项国民经济指标效应相同，所有需要对上述各个设计方案进行补充，形成替代方案进行对比。替代方案就是对设计方案的水利动能指标差值进行补充，例如保证出力、多年平均年发电量、装机容量指标可以通过增加凝汽式火电站进行补充，灌溉面积指标可根据当地条件选择提水灌溉或井灌补充，城镇供水量可选择开采地下水或调水工程补充。

(4) 分别计算各个方案的水利枢纽各部分建筑物工程量、各种建筑材料的消耗量、机电设备的安装数量等。对于具有综合兴利需求的水利枢纽工程而言，应该对共用工程（例如坝和溢洪建筑物等）分别计算投资和年运行费用，从而分摊各部门对共用工程的投资费用。

(5) 根据水利工程枢纽不同防洪标准的回水资料，计算各个方案的淹没和浸没的实物指标和移民人数，估算各个方案的淹没耕地亩数、房屋间数和必须迁移的人口数以及铁路、公路改线里程等指标，进一步根据移民安置规划方案，求出所需的开发补偿费、工矿企业和城镇的迁移费和防护费用等各类淹没损失补偿费用。

(6) 进行水利动能经济计算。对于各正常蓄水位方案之间的水电站必需容量与年发电量的差额，可用替代的凝汽式火电站来补充，为此计算相应替代火电站的造价、年运行费和燃料费。最后计算各个方案水电站的年费用 $AC_水$、替代火电站的补充年费用 $AC_火$，和

电力系统的年费用 $AC_系 = AC_水 + AC_火$。根据各个方案电力系统年费用的大小，可以选出经济上最有利的正常蓄水位。

综上所述，水库正常蓄水位方案应在国民经济评价和财务评价的基础上，结合政治、社会、技术以及其他各个方面进行综合评价，从而保障所选出的水库正常蓄水位方案符合地区经济发展的要求，同时在技术上正确，在经济上合理，在财务上可行。

### 三、水电站水库死水位的选择

死水位是指水库正常运用条件下允许消落的最低运行水位。死水位一般是根据设计枯水年计算选择的，当来水大于设计枯水年时，水库实际消落深度会小于设定的有利消落深度；如遇特别枯水年或其他特殊情况（如战备要求、地震等），水库运行水位也可比死水位略低。

极限死水位是指考虑特殊要求或特殊条件下的水库消落水位，极限死水位一般根据水库淤积高程、人防、冲沙、灌溉引水、水库检修等要求，结合技术上的可能性加以研究选定。电站的进水口高程一般由极限死水位确定。在正常蓄水位与设计死水位之间的库容，即为兴利调节库容；在设计死水位与极限死水位之间的库容，则可称为备用库容，如图 7-14 所示。

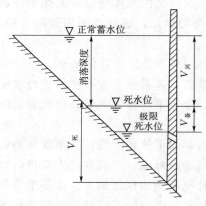

图 7-14　水库死水位与备用库容位置示意图

在一定的水库正常蓄水位下，降低死水位，加大有效库容，可以提高径流的利用程度，满足发电及综合利用部门的需要，但水电站将在较低的平均水头下工作，因此从能量观点来看，应进行方案比较，按保证出力或年发电量最优原则，确定经济上最有利的死水位。随着河流梯级水电站的建成，各个水库死水位的确定应注意协调上下游梯级电站效益之间的关系，力求使梯级水电站群的总保证出力或总发电量最大，从而实现河流梯级开发总效益最大的目标。此外，死水位选择还应考虑泥沙冲淤的影响、水轮机运行情况及闸门制造条件等，通过综合分析比较后加以确定。

水能规划设计中，在正常蓄水位已定的情况下，选择死水位的程序大致如下。

**1. 方案的拟订**

在给定正常蓄水位条件下，为了选择有利的消落深度，首先需分析确定死水位比较方案的上、下限。

（1）确定死水位的上限，一般应考虑以下因素：

1）一般多年平均发电量最大对应的死水位比保证出力最大对应的死水位高，因此死水位的上限应略高于多年平均发电量最大对应的死水位。

2）当发电水库还有其他综合利用要求时，所定的死水位同时能使设计枯水年份的调节水量满足水库下游综合利用部门（如灌溉、航运、渔业和城市工业等）最低的用水要求和库水位要求。

3）对调节性能不大的水库，死水位设计方案应保障水电站日调节所必需的库容。

4）对调节性能较大的水库还需分析使得水库调节性能改变的死水位临界值。由于死水位抬高而改变了调节性能，使得水库运行方式有较大变化而无法适应水电站的任务，死水位应以此为上限。

（2）确定死水位的下限，应考虑下列因素：

1）死水位的下限不应低于灌溉、城市工业及发电等引水的高程要求。

2）考虑泥沙淤积对进水口高程的影响。由于建库后库内流速减缓，泥沙落淤后积体逐渐向坝前延伸，进水口前造成大量的粗颗粒泥沙淤积，为避免或减轻大量粗颗粒泥沙通过水轮机，除考虑专门设置排沙底孔外，还应考虑将进水口高程抬高到一定年限内的淤积高程以上。

3）应充分注意不良的地形地质条件对死水位的影响。如由于岸坡稳定对水库消落水位变幅要求，引水式电站进水口位置由于地形陡峻或岩性、构造条件不好所面临的高程限制等。

4）进水口闸门制造及启闭能力对死水位的限制。

5）考虑厂家的制造能力或水轮机组的动力特性，应使死水位下限方案不低于水轮机组的最低水头，避免预想出力降低过多和水头过低致使的机组气蚀、震动等问题。

同正常蓄水位一样，在上、下限确定后，即可在此范围内按等高程差或最大水头的百分数再拟定若干个中间方案，然后对多个方案进行全面分析比较。

2. 能量指标分析

在动能经济能量指标分析中，主要指标为保证出力和多年平均发电量。其中，保证出力一般影响水电站的装机容量，故在选择消落深度时一般以保证出力最大为原则。但对于有较多季节性发电量的水电站来说，装机容量往往由重复容量确定，这时多年平均发电量就起了主导作用，此时死水位偏高一些反而更加有利。

3. 装机容量选择

死水位选择阶段装机容量的确定，应视电站的具体情况和资料情况采用不同的方法。当电站规模较大而资料又较齐全和可靠时，一般采用电力电量平衡方法；如资料不足、方案较多或电站规模较小也可采用简化方法，如公式计算法、装机年利用小时数法等。

4. 水轮机选择

在给定正常蓄水位前提下，受最小发电水头限制死水位的变化范围有限，使得水轮机的选型基本上不会发生变化。此时，改变死水位只影响水轮机直径、转速、台数、预想出力等参数。

5. 投资及年运行费

与死水位有关的总投资主要包括水工投资与机电投资两个部分。随着死水位的降低，水工和机电投资都会相应地增加。一般水工投资的增加无突出变化，但机电投资遵循一定的规格等级而变，常有可能出现跳跃式变化，故须根据不同情况做具体分析。年运行费的变化规律基本上与总投资是一致的。

水库有其他综合利用要求时，尚应分析其他各综合利用部门投资及运行费的变化规律。由于综合利用部门各具不同特点，死水位降低与投资增加的关系较为复杂，因此必须根据具体情况认真分析。

6. 方案的选定

以发电为主水库死水位方案的选定，首先应从能量效益考虑，还需分析各综合利用部门对死水位的要求。死水位方案选定的步骤如下：

(1) 在给定正常蓄水位前提下，根据库容特性、多部门综合兴利利用要求、地形地质条件、水工、施工、机电设备等要求，首先确定死水位上、下限，然后在上、下限之间设计若干个死水位方案。

(2) 根据死水位方案求出对应的兴利库容和水库消落深度，然后对每个方案运用设计枯水年或枯水年系列进行径流调节和水利计算，得出各个死水位方案对应的调节流量 $Q_{调}$ 及平均水头 $\bar{H}$。

(3) 计算各个死水位方案对应的保证出力 $N_{保}$ 和多年平均年发电量 $\bar{E}_{水}$，通过系统电力电量平衡，求出各个方案水电站的最大工作容量 $N''_{水工}$、必需容量 $N_{水必}$ 与装机容量 $N_{装}$。

(4) 分别计算各个死水位方案对应的水工和机电投资以及年运行费，求出不同死水位方案的年费用 $AC_{水}$。

(5) 为了确保各死水位方案能够同等程度地满足电力系统电力电量的要求，还需计算各个方案替代电站补充的必需容量与年电量，从而求出不同死水位方案替代电站的补充年费用 $AC_{补}$。

(6) 根据系统年费用最小准则（$AC_{系}=AC_{水}+AC_{补}$ 为最小），考虑综合利用要求以及其他因素，最终选择合理的死水位方案。

选定死水位方案时，还要考虑上下游梯级开发的发展情况、水资源的综合利用及地区能源资源情况等。

### 四、水库防洪特征水位选择

(一) 水库防洪计算的任务

在规划设计阶段水库防洪计算主要根据设计洪水资料，通过调节计算、投资和效益分析，从而确定防洪库容、坝高和泄洪建筑物尺寸。整体计算步骤可归纳为以下几点。

1. 收集计算所需基本资料

(1) 设计洪水资料，主要包括大坝设计洪水、校核洪水。当水库下游承担防洪任务时，还需要与下游防洪标准相应的设计洪水，坝址至下游防护区的区间设计洪水、上下游洪水遭遇组成方案或分析等资料。

(2) 泄洪能力资料，主要包括溢流堰和泄水底孔泄洪能力曲线。

(3) 库容曲线，主要包括库容特性曲线和面积特性曲线。

(4) 有关投资经济资料。

2. 拟定比较方案

根据地形、地质、建筑材料、施工设备等条件，拟定水面溢洪道和泄水底孔的型式、位置和尺寸，拟定几种可能的起调水位。

3. 调洪计算

按一定的操作方式进行调洪演算，计算水库最高洪水位和最大下泄流量。

4. 方案选择

根据调洪计算成果，计算各方案的大坝造价、上游淹没损失、泄洪建筑物投资、下游堤防造价及下游受淹的经济损失等，通过技术经济比较，选择最优方案。

防洪设计阶段重点是确定水库泄洪设备类型、尺寸等防洪参数，其所需的泄洪规则可根据经验拟出，用来统一地指导各个防洪参数方案的调洪演算。其调洪演算的起调水位应选防洪限制水位，计算步骤必须是自最低一级防洪标准洪水开始，求得防洪高水位和相应防洪库容后，再对更高一级防洪标准洪水进行计算，并取得相应防洪特征水位等成果……依次计算，直到算完大坝校核洪水。在取得各防洪标准的调洪特征值后，便可进行经济计算。各防洪参数方案都做上述同样计算后，通过技术经济比较与分析可选出最佳防洪参数方案。

（二）水库泄水建筑物型式、尺寸的拟定

水库泄洪建筑物型式主要有底孔（包括中孔）、表面溢洪道和泄洪道隧洞三种。底孔可位于坝身的不同高程，可结合用于兴利放水、排沙、放空水库等，还有利于缓和枢纽平面布置上的困难，常见使用时通常都设有闸门控制。但高程位置越低，操作运用越不方便。泄洪隧洞的性能与泄洪孔类似，表面溢洪道泄流量大，操作管理方便，易于排泄冰凌和漂浮物，故使用普遍。但有时引起枢纽平面布置上的困难，故在许多情况下与底孔相结合使用，以发挥各自的优点。溢洪道又分为有闸门控制和无闸门控制。小型水库由于常常不硬性负担下游河道的防洪任务，而按工程本身安全要求作防洪设计，故常采用管理十分方便的无闸溢洪道，且不另设其他泄洪设备。但这种情况的无闸溢洪道设计有时还会遇到水库回水淹没上游城镇、交通设施等情况，其相应频率洪水的水库最高洪水位应受到限制。

无闸溢洪道堰顶高程一般与正常蓄水位齐平，由于水库未设置其他类型的泄洪设备，故防洪限制水位也应为堰顶高程，规划设计时以此为洪水起调水位。

在溢洪道堰顶高程一定的条件下，溢洪道宽度的选择主要取决于坝址地形、枢纽整体布置及下游地质条件所允许的最大单宽流量等因素，应通过技术经济分析比较确定。

（三）水库防洪操作方式

对有闸门控制的水库，通常采用固定泄流方式，即当入库流量比较小时，用闸门控制下泄流量 $q_{汛限}$，使之维持汛期限制水位运行。当需要控制下泄流量时，再用闸门控制。

对于无闸门水库，一般按照自由泄流方式。

（四）防洪特征水位及相应库容的推求

1. 防洪限制水位的确定

我国各地区河流汛期的时间与长短不同，一般在整个汛期内仅有一段时间可能发生大洪水，其他时间仅发生较小洪水。因此水库在汛期内的防洪限制水位可以分期运行控制，在可能发生大洪水的主汛期内设置较低的防洪限制水位；在后汛期一般仅发生较小洪水，可以设置较高的防洪限制水位，从而提高水能利用效率，实现洪水资源化管理。但需要注意的是，并不是所有地区河流洪水都具有明显的规律性，部分河流在整个汛期内都可能遭遇大洪水，那么水库防洪限制水位就不再分期了。

在综合利用水库中，防洪限制水位 $Z_限$ 与设计洪水位 $Z_{设洪}$ 和正常蓄水位 $Z_蓄$ 之间的相互关系，可以归结为防洪库容的位置问题。现分以下三种情况进行讨论。

（1）防洪限制水位等于正常蓄水位。此时防洪库容与兴利库容完全不结合［如图 7-

15（a）所示]。在整个汛期内大洪水随时都可能出现，在任何时刻都需预留一定防洪库容。而汛期一过，来水又小于水库供水量，水库水位开始消落，这使得汛末防洪限制水位就等于汛后的正常蓄水位。

（2）防洪高水位等于正常蓄水位。在汛期初水库只允许控制在防洪限制水位运行，到汛末水库再继续蓄到正常蓄水位。因为防洪库容能够与兴利库容完全结合，水库这部分容积得到充分的综合利用［图7-15（b）］。这种情况适用于汛期洪水规律较为稳定的河流，或者洪水规律不稳定但所需防洪库容较小的河流。

（3）介于上述两种情况之间的情况。显然，这是防洪库容与兴利库容部分结合的情况，也是一般综合利用水库常遇到的情况［图7-15（c）］。

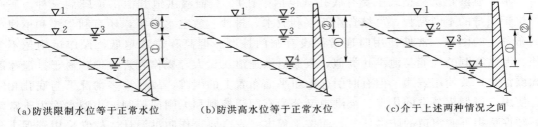

（a）防洪限制水位等于正常水位　（b）防洪高水位等于正常水位　（c）介于上述两种情况之间

图7-15　防洪库容位置图

1—防洪高水位；2—正常蓄水位；3—防洪限制水位；4—死水位；

①—兴利库容；②—防洪库容

**2. 防洪高水位及防洪库容的推求**

对满足下游防洪安全要求的设计洪水过程线进行推求，出现的最高水位即为防洪高水位，该水位与汛期防洪限制水位之间的库容即为防洪库容。

在 $t_1$ 时刻以前，天然来水 $Q$ 较小，控制闸门使下泄流量 $q=Q$。闸门随着来水 $Q$ 的加大而逐渐开大，直到 $t_1$ 时闸门才全部打开，由于大于闸门全开自由溢流的 $q$ 值，库水位逐渐上升。至 $t_2$ 时刻 $q$ 达到水库下游安全泄量 $q_安$，于是用闸门控制使下泄流量 $q \leqslant q_安$，闸门逐渐关小，水库水位继续上升。至 $t_3$ 时刻，来水 $Q$ 逐渐减少重新等于 $q_安$，水库水位达到最高，闸门也不再关小。$t_3$ 以后是水库泄水过程，库水位逐渐回降，具体如图7-16所示。

选择水库防洪高水位时，首先应研究水库下游地区的防洪标准。在遭遇水库下游地区防洪标准的洪水时，主要通过水库预留防洪库容拦蓄洪水，或是提高下游堤防的防洪标准。由于正常蓄水位已确定，防洪高水位的设计不影响水电站的动能效益及其他部门的兴利效益。因此，可以简化经济计算，只需假设若干个下游安全泄量方案，通过水库调洪计算求出各方案所需的防洪库容 $V_防$ 及相应的防洪高水位 $Z_高$

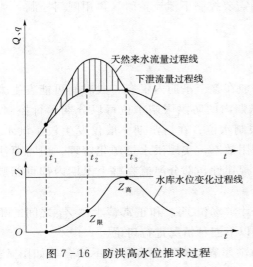

图7-16　防洪高水位推求过程

（图 7-17）。然后分别计算各方案由于设置防洪库容 $V_\text{防}$ 所需增加坝体和泄洪工程的投资、年运行费和年费用 $AC_\text{库}$，再计算各方案堤防工程的年费用 $AC_\text{堤}$，求出总年费用，做出防洪高水位 $Z_\text{高}$ 与总年费用 $AC$ 的关系曲线，具体如图 7-18 所示。根据总年费用 $AC$ 较小的原则，再征求有关部门对堤防工程等方面的意见，经分析比较后即可定出合理的防洪高水位 $Z_\text{高}$ 及相应的下泄安全泄流量值 $q_\text{安}$。根据定出的 $q_\text{安}$ 及相应的河道水位，可以进一步确定水库下游的堤防高程。

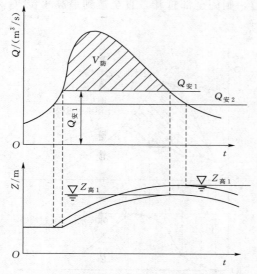

图 7-17　防洪高水位与下游安全泄量的关系

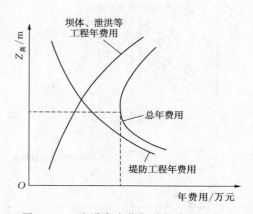

图 7-18　防洪高水位与总年费用的关系

### 3. 设计洪水位与拦洪库容的推求

入库洪水过程线是满足大坝安全要求的设计洪水过程线。

（1）当下游无防洪要求时。在 $t_1$ 时刻以前，控制闸门使下泄流量 $q$ 等于来水 $Q$；$t_1$ 时刻开始闸门全部打开，直至达到最高水位，即为所求的设计洪水位。设计洪水位与汛期限制水位之间的库容称拦洪库容，当下游无防洪要求时入库洪水过程线如图 7-19 所示。

（2）下游有防洪要求时。在 $t_1$ 时刻以前，控制闸门下泄流量 $q$ 等于来水 $Q$。$t_1$ 时刻开始闸门全部打开，水位不断升高，下泄流量不断增大，至 $t_2$ 时下泄流量逐渐升高至水库下游安全泄量 $q_\text{安}$，闸门逐渐关小使得在 $t_2 \sim t_3$ 期间下泄流量 $q$ 不大于 $q_\text{安}$，以满足下游防洪要求。至 $t_3$ 时，为下游防洪而设的库容（图中阴影部分）已经蓄满，而入库洪水仍然较大，这说明入库

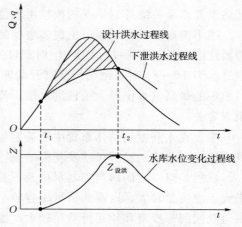

图 7-19　下游无防洪要求时水库
设计洪水位的推求

洪水已超过了下游防洪标准。为了保证水工建筑物的安全，不再控制下泄流量 $q$，而是将闸门全部打开自由溢流。至 $t_4$ 时刻库水位达到最高，下泄流量达到最大值。下游有防洪要求时入库洪水过程线如图 7-20 所示。

以上仅介绍了针对下游防洪安全一级控制情况，在实际工作中往往还会遇到针对下游防洪安全多级控制情况。对推求设计洪水位而言，在水库 $t_3$ 时刻以前的情况同图 7-20，这时允许的下泄流量用中 $q_{允1}$ 表示；$t_3$ 以后，当下泄流量增大至 $q_{允2}$ 时（$t_4$ 时刻），再以 $q_{允2}$ 控制下泄；至 $t_5$ 时刻水位达到防洪高水位，闸门全部打开，直至达到最高水位（$t_6$ 时刻），具体如图 7-21 所示。

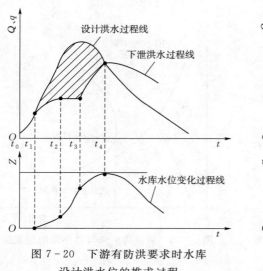

图 7-20 下游有防洪要求时水库
设计洪水位的推求过程

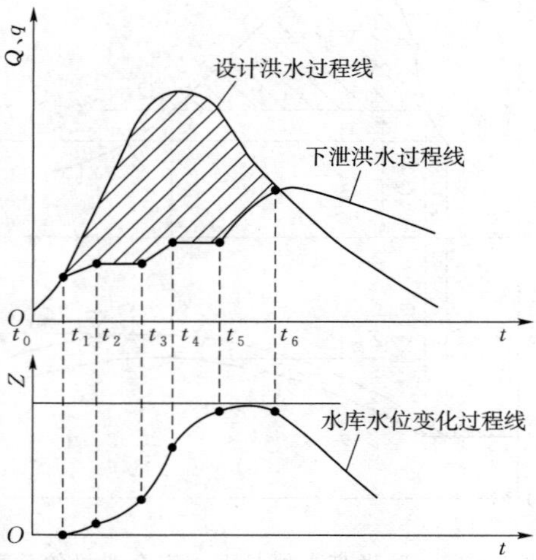

图 7-21 多级控制时水库设计
洪水位的推求过程

4. 校核洪水位与调洪库容的推求

推求校核洪水位应采用满足大坝安全要求的校核洪水过程下的入库洪水过程线。下游无防洪要求及一级控制情况的校核洪水位推求与设计洪水位的推求过程相同。

当下游有防洪要求时或出现多级控制情况，基本上与设计洪水位的推求过程相似。但需要注意的是：在图 7-21 的 $t_5$ 时刻以后，当 $q_{下泄} \geqslant q_{允3}$ 时，水库逐渐关小闸门以 $q_{允3}$ 下泄；且当 $H = Z_{设}$ 时，闸门全部打开敞泄，随着水位不断升高，下泄流量也不断增大，此时出现的最高洪水位即为校核洪水位。校核洪水位与汛期防洪限制水位之间的库容就是调洪库容。

假设在水利枢纽总体布置中已确定溢洪道的型式，在定出水库下游的安全泄流量后，就应决定溢洪道的经济尺寸及相应的设计洪水位和校核洪水位。

显然，对一定的防洪限制水位及下游安全泄流量而言，溢洪道尺寸较大的方案，水库最大下泄流量较大，所需的调洪库容较小，因而坝体工程的投资和年运行费用较少，但溢洪道及闸门等投资和年运行费用较大；溢洪道尺寸较小的方案，则情况相反，最后计算各个方案的坝体、溢洪道等工程的总年费用，结合工期、淹没损失等条件，选择合理的溢洪道尺寸，然后经过调洪计算出相应的设计洪水位及校核洪水位。

必须说明,防洪限制水位、下游安全泄流量、洪道尺寸及设计洪水位、校核洪水位之间都有着密切的关系,有时需要反复调整,反复修改,直至符合各方面要求为止。

### 五、水电站及水库主要参数选择的流程简介

至此,本节已经讲解了水能资源计算、水电在电力系统运行方式和水电站及水库的主要参数选择。本节主要针对水电站及水库主要参数的选择,简要介绍水电站及水库主要参数选择流程。水电站及水库主要参数选择的初期阶段主要任务是选定坝轴线、坝型、水电站及水库的主要参数,即要求确定水电站及水库的工程规模、投资、工期和效益等重要指标,对所采用的各种工程方案,必须论证它是符合国家方针政策的、技术上正确、经济上合理、财务上可行。

因此,在水电站及水库主要参数选择之前,必须对河流规划及河段的梯级开发方案,结合本设计任务进行深入的研究,同时收集、补充并审查水文、地质、地形、淹没及其他基本资料。然后调查各部门对水库的综合利用要求,了解当地政府对水库淹没及移民规划的意见以及有关部门的国民经济发展计划。

关于水电站及水库主要参数选择的内容及具体步骤,大致如下:

(1) 根据本工程的兴利任务,拟订若干水库正常蓄水位方案,对每一方案按经验初步估算水库消落深度及其相应的兴利库容。

(2) 根据年径流分析所定出的多年平均年水量 $\overline{W}_年$,求出各个方案的库容系数 $\beta$,从而大致确定水库的调节性能。

(3) 根据初步估计的水电站和水库规模,确定水电站和其他兴利用水部门的设计保证率。

(4) 根据拟定的保证率,选择设计水文年或设计水文系列,然后进行径流调节和水能计算,求出各方案的调节流量、保证出力及多年平均年发电量,并初步估算水电站的装机容量。

(5) 进行经济计算,求出各方案的工程投资、年运行费以及电力系统的年费用 $AC$。必要时,应根据本水利枢纽综合利用任务及其主次关系,进行投资及年运行费的分摊,求出各部门应负担的投资与年运行费。

(6) 进行水利、动能经济比较,并进行政治、技术、经济综合分析,选出合理的正常蓄水位方案。

(7) 对选出的正常蓄水位,拟出几个死水位方案,对每一方案初步估算水电站的装机容量,求出相应的各动能经济指标,进行综合分析,选出合理的死水位方案。

(8) 对所选出的正常蓄水位及死水位方案,根据系统电力电能平衡确定水电站的最大工作容量。根据水电站在电力系统中的任务及水库弃水情况,确定水电站的备用容量和重复容量,最后结合机型、机组台数的选择和系统的容量平衡,确定水电站的装机容量。

(9) 根据水库的综合利用任务及径流调节计算的成果,确定工业及城市的保证供水量、灌溉面积、通航里程及最小航深等兴利指标。

(10) 根据河流的水文特性及汛后来水、供水情况,并结合溢洪道的型式、尺寸比较,确定水库的汛期防洪限制水位。

（11）根据下游的防洪标准及安全泄流量要求，进行调洪计算，求出水库的防洪高水位。

（12）根据水库的设计及校核洪水标准，进行调洪计算，求出 $Z_{设洪}$ 及 $Z_{校洪}$，认真研究防洪库容与兴利库容结合的可能性与合理性。

（13）根据 $Z_{设洪}$ 和 $Z_{校洪}$，以及规范所定的坝顶安全超高值，求出大坝的坝顶高程。

（14）为了探求工程最优方案经济效果的稳定程度，应在上述计算基础上，根据影响工程经济性的重要因素，例如工程造价、建设工期、电力系统负荷水平等，在其可能的变幅范围内进行必要的敏感性分析。

（15）对于所选工程的最优方案，应进行财务分析，要求计算选定方案的资金收支流程及一系列技术经济指标，进行本息偿还年限等计算，以便分析本工程在财务上的现实可能性。

必须指出，水电站及水库主要参数的选择，方针政策性很强，往往要先粗后细，反复进行，不断修改，最后才能合理确定。

## 习　题

1. 我国水能资源蕴藏量有多少？是如何分布的？
2. 试论述水能利用的特点及作用。
3. 水力发电的基本原理是什么？试推求水流出力基本公式。
4. 什么是水能资源蕴藏量？如何估算？河流水能蕴藏图的意义是什么？简述绘制方法。
5. 电力系统的总装机容量由哪几部分组成？电力系统的总装机容量与电力系统的最大负荷有何关系？
6. 什么是最大工作容量、备用容量、重复容量、受阻容量、工作容量、空闲容量、可用容量？它们是如何确定的？
7. 试述水电站及水库主要参数选择的流程。

第七章习题答案

# 第八章 水库综合利用

除水力发电外，水库往往还兼有防洪、灌溉、航运、供水、养殖等方面中一两个或更多的综合利用需求。水电站建成后，对水库进行合理运用与管理是充分发挥水库流量调节及发电能力的重要措施。本章主要介绍水库调度的意义、特点和分类，水库防洪调度、水库发电调度、水库常规调度以及水库优化调度。

## 第一节 水库调度的意义、特点和分类

### 一、水库调度的意义

实际工程实践中，水库工程的管理与应用方式复杂，存在一定困难。其主要原因是水库工程工况受所在地的河流水文情势影响巨大，而河流径流存在天然的不确定性，复杂多变。目前降水与径流预报的技术水平难以对径流过程做出精确的中长期预报，只能大致确定范围。

在高度不确定性的径流影响下，水库运行管理会出现多种问题。以水力发电为例：若当前调度时段安排发电过多时，同时未来来水偏少，则会导致未来的发电能力不足，造成电力短缺。若当前时段安排出力或下泄流量过少，会抬高水库水位，若未来遭遇大洪水，则会导致弃水甚至增加溃坝风险。水库运行管理也受上下游水利工程影响，如不充分考虑，也会产生诸多问题。例如：下游水电站调节性能较差的情况下，若上游水电站下泄流量过多，则会增加下游水电站弃水风险，反之则可能导致下游发电能力不足，对电力系统稳定性造成威胁。

进行水库调度可以合理利用水库调蓄能力，对流量进行调节和发挥水电站发电效能是水库工程管理的主要环节之一。水库调度指利用水库调蓄能力，依据水库实时或预报来水情况，按照水库综合利用需求及承担任务的主次，有计划地对流量或者出力进行调节，以达到兴利防洪的目的，最大限度满足国民经济各部门运行管理需要。

水库一般具有防洪、发电、供水、灌溉、航运、生态等综合利用任务。因此，做好水库调度直接影响水库上下游人民生命财产安全、电力系统稳定运行、农业生产、水运交通和生态文明建设。科学合理地进行水库调度，对确保水库工程坝体安全，充分发挥水库兴利防洪效益，实现水资源时空合理配置，促进人与自然和谐共生，具有重要意义。

### 二、水库调度的特点

水库调度是水库工程管理的关键技术手段之一，具有如下特点[26]。

（一）多目标性

水库工程的综合利用特性决定了水库调度目标具有多目标性。水库调度时需要综合协

调电网、农业、交通、环保等部门需求，需要综合考虑上下游、不同区域，甚至左右岸利益，需要充分满足电网、电站、机组安全运行需求。这就决定了水库调度的多学科融通交叉特性。

（二）风险性

水库调度涉及的河流径流、电力负荷需求、降水、用水需求等因素具有显著的不确定性特征。这些随机因素导致水电站及其水库调度呈现一定的风险性。例如，对于水力发电，河流径流的多寡对发电能力具有显著影响，同时发电过程需要满足电力发电需求。在多重不确定性影响下，若水位较低时来水偏少且负荷需求徒增，则会极大增加电力短缺风险；若水位较高时来水偏多，负荷需求突增，则会极大增加弃水风险。水库调度的主要重难点之一就是如何有效调蓄库容水位，最大化减少此类风险事件的发生。

（三）经济性

以水力发电为例，水电站建成后水电站发电不需要耗费额外的燃料，运行成本相对较低，且与发电量关系不大，通过合理的水库调度可以增加发电效益，相较于传统化石能源，具有显著的经济性。

（四）灵活性

以水电站调节为例，一方面由于水电设备具有开停机时间短、出力爬坡迅速等特点，是电网中优质的调峰电频电源。特别是近年来风电、光伏电等新能源的大规模接入，水电的灵活性特征在电网中的作用更加凸显。另一方面，水电站可以针对河川径流来水、电力负荷需求、灌溉需求等用水信息的随机性，灵活机动地调节上下游水库之间，以及同一水库不同时段的蓄泄水，实现了水库在空间上、时间上的灵活配置，尽可能地实现了水资源配置和利用。

### 三、水库调度的分类

（一）按调度目标分类

水库调度根据调度目标可以分为防洪调度、兴利调度、综合利用调度等。防洪调度指运用防洪工程或防洪系统中的设施，有计划地实时安排洪水以达到防洪最优效果。防洪调度的主要目的是减免洪水危害，同时还要适当兼顾其他综合利用要求，对多沙或冰凌河流的防洪调度，还要考虑排沙、防凌要求。兴利调度指对承担灌溉、发电、工业及城镇供水、航运等兴利任务的水库的控制运用。综合利用调度指对承担两种以上水利任务的水库调度运用。综合利用水库调度应着重研究各水利任务间的主次和协调关系，拟定统一调度方式。

（二）按调度周期分类

根据水库调度的周期，水库调度包括中长期调度、短期调度及厂内经济运行。其中，中长期调度是指对于具有年调节以上性能的水库，制定合理的运行方式和蓄水、供水方案，将较长时期（季、年、多年）内的水量（能量）合理分配到较短的时段（月、旬、周、日）；短期调度则是将水库长期调度分配给当前时段的水量（能量）在更短的时段间进行合理分配；厂内经济运行是指根据水电站设备的动力特性和动力指标，将水电站的总负荷在机组间进行合理分配，并合理确定运行机组台数、组合和启动、停用计划。

（三）按水库数目分类

根据参与调度的水库数量，水库调度又可分为单一水库调度、单一流域水库群（梯级、并联、混联）和跨流域梯级水库群联合调度。

（四）按调度方法分类

根据水库调度方法，可分为常规调度和优化调度。常规调度指以水库调度图为依据进行水库控制运用的调度方法。优化调度指根据特定的单个或多个水库调度目标，引入运筹优化数学工具，在满足水库运行约束的前提下，寻求目标的最优化的调度工程。根据对入库径流、负荷需求等因素的描述方法，水库优化调度可以进一步分类为确定性优化调度和随机性优化调度。

# 第二节　水库防洪调度

防治河流洪水灾害，必须结合河流洪水特性，因地制宜地采取合理的综合措施。水库能有效地起到滞洪或蓄洪的作用，削减下泄的洪峰流量，以减轻下游沿岸洪水的威胁，同时也可利用蓄洪水库兴利，以收到综合利用的效益。水库调节洪水的过程可用图 8-1 说明。图 8-1（a）中的设计洪水过程线为面临一次洪水的入库流量过程线。当这场洪水来临时，水库水位应在防洪限制水位即调洪起始水位，该水位下泄洪建筑物（溢洪道或泄水孔）的下泄能力（还应加上水电站等兴利部门的用水流量），称起始流量 $q_0$。洪水到后，入库流量急剧增大，应逐渐打开闸门放水，来多少放多少，直到入库流量增大到超过闸门全开时的起始泄量 $q_0$ 时起（图中 $t_0$ 时刻），水库开始拦蓄洪水。其后水库水位不断升高，同时下泄流量 $q$ 也相应增大。$t_x$ 时刻后，虽然洪峰（$Q_m$）已过，但入库流量仍远远超过下泄流量，故水位连续上升，$q$ 继续增大。这一过程要直到 $t_2$ 时刻来流量和泄流量相等（$Q=q$）时为止。这时（$t_2$）库水位升到最高值，下泄流量达到最大值 $q_m$。其后，因 $Q<q$，水库将开始泄放（消落），$q$ 也慢慢减小，一直到库水位降落到防洪限制水位，水库拦蓄的洪水全部泄空。图中的 $q-t$ 即表示泄洪过程线。

上述中的闸门基本不控制水库蓄洪或预泄。如果通过闸门控制，可在洪水来临前预泄部分水量，腾出部分兴利库容用于防洪等。

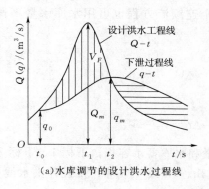
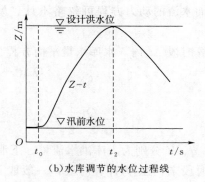

（a）水库调节的设计洪水过程线　　　（b）水库调节的水位过程线

图 8-1　水库的调洪过程

173

通过水库调洪过程的描述，可以看出如下要点：

(1) 水库的调洪作用是将设计洪水过程线 $Q-t$ 改变为泄洪过程线 $q-t$，从而将洪峰流量 $Q_m$ 削减到最大泄量 $q_m$。如果最大泄量 $q_m$ 不超过下游河道控制断面处的安全泄量，就能达到下游安全防洪任务的要求。

(2) 将洪峰 $Q_m$ 削减 $q_m$ 所需的水库调洪库容 $V_F$ 是由水库的全部蓄洪量决定，即为图中蓄洪时段 ($t_0 \sim t_2$) 内用竖影线表示的 $Q > g$ 的面积。$t_0 \sim t_1$ 时段水库的水位变化过程可由相应时刻的蓄水容积查水库容积曲线定出，如图 8-1 (b) 所示。

在设计洪水过程线已定的情况下，泄洪过程线决定着最大泄量和调洪库容 $V_F$。而对泄洪过程影响最大的因素是泄洪建筑物的形式和尺寸。减小泄洪建筑物的尺寸，$q_m$ 可减小，但 $V_F$ 增大，这就意味着下游洪水损失可减少，但坝要筑高些，这样，坝（包括水库淹没）及泄水建筑物的投资就要增加。这里有一个技术经济比较问题。关于调洪库容和泄洪建筑物形式、尺寸最优方案的选择属水库的防洪规划，它是水电站规划中要同时解决的一项重要任务。应当指出，任何水库都会遇到防洪问题，因为即使没有下游安全要求的专门防洪任务，水库自身还有过洪水时保证大坝安全的防洪问题。

(3) 水库调洪任务可分为两类：一类是为保护下游地区不受洪水淹没的专门防洪任务；另一类是为保护水库自身（主要是大坝）安全的防洪任务。两类任务各有其防洪标准（即防多大洪水）。通常水库自身防洪设计标准要高于下游专门防洪标准。下游安全防洪要求泄洪建筑物装设闸门，以便控制下泄流量，使之不超过下游河道允许的安全泄量。自身安全防洪则要求泄洪建筑物有足够的宣泄能力，以防止洪水漫坝造成失事，而对下游流量则除了宣泄能力以外，不受其他限制。反映到调洪计算上，则有控制泄量和不控制泄量的区别。

**一、水库调洪计算的基本方程**

水库调洪计算的任务是确定调洪库容 $V_F$ 与相应的最大泄量。在设计洪水过程线已知的情况下，只要推求出泄洪过程线，就不难得到 $s$ 和 $V_F$。所以，推求泄洪过程线是水库调洪计算的主要工作。

由于大洪水进入水库在很短时间内将引起库水位的急剧增长，水库调洪过程实际上是一种水流的不稳定流动过程，理应按照非稳定流理论来计算。考虑到对发电水库进行调洪计算时，洪水来前水库兴利蓄水容积较大，洪水通过水库时库面水位可近似地认为趋近于水平，因而水流的动力方程可忽略不计。另一个连续流方程也可用水库水量平衡方程来替代。

在计算时段 $\Delta t$ 内，水库水量平衡方程为

$$Q \Delta t - q \Delta t = \Delta V \qquad (8-1)$$

或

$$\frac{Q_1 + Q_2}{2} \Delta t - \frac{q_1 + q_2}{2} \Delta t = V_2 - V_1 \qquad (8-2)$$

式中：$Q$、$q$、$V$ 分别为入库洪水流量、下泄流量和水库蓄水容积；下标1、下标2分别为时段初和时段末；$\Delta t$ 为计算时段，一般取 1h、3h、6h 或 12h 等，视设计洪水线 $Q-t$ 总历时的长短、$Q$ 变化的剧烈程度和计算精度要求而定。

设计洪水过程线是给定的资料，所以式中 $Q_1$、$Q_2$ 已知。在来水已定的情况下，水库

蓄水量的变化取决于下泄水量的大小,而当泄洪建筑物形式、尺寸已经决定时,下泄流量又取决于水库中的蓄水量。也就是说,当已知时段初 $q_1$ 和 $V_1$,欲求时段末的 $q_2$ 时,由于 $V_2$ 直接影响 $q_2$,在式(8-2)中也是个待定值。所以,还要结合泄洪建筑物的泄流方程 $q=f(V)$ 才能求解。

泄流方程根据拟定的泄洪建筑物形式和尺寸,进行水力学计算来建立。泄洪建筑物的形式种类很多,但从水力学上主要是自由表面溢流式和底孔压力流式两种类型。如为自由溢流式,则下泄流量的公式为

$$q = m\sqrt{2g}\, b h^{\frac{3}{2}} \tag{8-3}$$

如为压力流式的泄水孔(或洞),则

$$q = \mu\sqrt{2g}\, \omega h^{\frac{3}{2}} \tag{8-4}$$

式中:$m$、$\mu$ 为流量系数;$h$ 为泄洪建筑物的泄流水头,对溢洪道为堰顶水深,对泄水孔为其中心线以上的水深;$b$ 为溢洪道孔口净宽度;$\omega$ 为泄水孔(洞)过水断面积。

拟订好泄洪建筑物的形式和尺寸后,$m$(或 $\mu$)、$b$(或 $\omega$)以及堰顶(或孔中心)的高程就能确定,则由式(8-3)或式(8-4)可知,$q$ 取决于人,即取决于水库水位 $Z$ 或蓄水容积 $V$。假定不同的 $Z$,计算相应的 $q$,并查水库的水位容积曲线,就可建立关系式

$$Q = F(Z) = F(V) \tag{8-5}$$

如果泄洪时,水电站按最大过水能力 $Q_T$ 工作,且 $Q_T$ 占下泄流量的一定比重考虑时,可加在下泄流量 $q$ 上。水库调洪计算,便是逐时段求解并联立方程式(8-2)和式(8-5),推求泄流过程线 $q-t$,同时得到 $q_m$ 和调洪库容 $V_F$。

### 二、水库调洪计算方法

水库调洪计算的方法很多,其基本类别有列表试算法(解析法)、半图解法(图解分析法)和图解法。后两类方法又有多种具体算法,用不同的形式求解联立方程。本书主要介绍列表试算法。

---

**【例8-1】** 某河某水库的设计洪水过程线 $Q-t$ 见表8-1,水库容积曲线见表8-2。水电站水库正常蓄水位为183.0m。汛前水位为182.0m。水电站最大过流能力 $Q_T=80\text{m}^3/\text{s}$。拟订泄洪建筑物的方案之一是建河岸溢洪道,堰顶高程181.0m,孔口净宽50m,装 4m×10m 弧形闸门5扇,流量系数 $m=0.384$。试进行调洪计算确定最大泄量 $q_m$、调洪库容 $V_F$ 和设计洪水位。

表8-1　　　　　　　　　　　　设 计 洪 水 过 程 线

| $t$ /h | 0 | 6 | 12 | 18 | 24 | 36 | 42 | 48 | 54 | 60 | 66 | 72 | 78 | 84 |
|---|---|---|---|---|---|---|---|---|---|---|---|---|---|---|
| $Q/(\text{m}^3/\text{s})$ | 160 | 410 | 805 | 1620 | 3250 | 2860 | 2230 | 1680 | 1160 | 790 | 520 | 370 | 275 | 160 |

表8-2　　　　　　　　　　　　水 库 容 积 曲 线

| 库水位 $Z$ /mm | 174 | 176 | 178 | 180 | 182 | 184 | 186 | 188 |
|---|---|---|---|---|---|---|---|---|
| 库容 $V/10^6\,\text{m}^3$ | 0 | 12.0 | 41.8 | 94.2 | 172 | 271 | 386 | 505 |

**解**：首先，根据泄洪道的形式和尺寸，建立泄流方程 $q-V$。

$$q = m\sqrt{2g}\,bh^{\frac{3}{2}} + Q_T = 0.384 \times 4.43 \times 50 \times h^{\frac{3}{2}} + 80 \approx 85h^{\frac{3}{2}} + 80$$
$$h = Z - 181.0$$

假定不同的库水位 $Z$，查库容曲线得 $V$，计算 $h$，再算 $q$。计算结果列于表 8-3。由表中对应的 $q$ 和 $V$ 值可作出 $q-V$ 线，以备查用（图略）。

表 8-3                  $q-V$ 计 算 表

| 库水位 $Z$/m | 181.0 | 182.0 | 183.0 | 184.0 | 185.0 | 186.0 | 187.0 | 188.0 |
|---|---|---|---|---|---|---|---|---|
| 库容 $V$/$10^6\,\mathrm{m}^3$ | 132 | 172 | 220 | 271 | 328 | 386 | 447 | 505 |
| 水头 $h$/m | 0 | 1 | 2 | 3 | 4 | 5 | 6 | 7 |
| 泄量 $q$/($\mathrm{m}^3$/s) | 80 | 165 | 320 | 520 | 760 | 1030 | 1330 | 1650 |

然后，进行分时段的列表计算。$\Delta t = 6\mathrm{h}$，从 $Q = q_0$ 的时刻开始蓄洪时起计算。汛前水位 182.0m，故 $q_0 = 165\mathrm{m}^3/\mathrm{s}$，与 $t=0$ 时的洪水流量（160m³/s）近乎相等，所以，可认为蓄洪自 $t=0$ 开始（一般情况下，应在 $Q-t$ 线上找出 $Q=q_0$ 的时刻，以此开始隔 6h 取时段，并定出各时段末相应的流量值）。逐时段求解 $q$ 和 $V$，列表试算结果见表 8-4。

列表试算步骤如下：

将设计洪水过程线自 $Q=q_0$ 如开始每隔 6h 划分的时段数及各时段入库洪水量的平均值列入表中（1）、（2）栏。例如时段 1 为 $t_0 = 0 \rightarrow 6\mathrm{h}$，$Q_1 = 160\mathrm{m}^3/\mathrm{s}$，$Q_2 = 410\mathrm{m}^3/\mathrm{s}$，故 $\dfrac{Q_1 + Q_2}{2} = 285\mathrm{m}^3/\mathrm{s}$；时段 2 为 $t = 6 \rightarrow 12\mathrm{h}$，$\dfrac{Q_1 + Q_2}{2} = (410 + 805)/2 \approx 608\mathrm{m}^3/\mathrm{s}$；其余类推。

第 1 时段开始已知水库水位（汛前水位）182.0m，相应的 $q_0 = 165\mathrm{m}^3/\mathrm{s}$ 作为该时段的 $q_1$ 列入表中（3）栏；相应的 $V = 172 \times 10^6\,\mathrm{m}^3$，作为 $V_1$ 列入表中（6）栏。然后，用试算法求解该时段的 $q_2$ 和 $V_2$，试算从假定 $q_2$ 入手。考虑到第 1 时段 $\dfrac{Q_1+Q_2}{2}$ 比 $q_1$ 大，但大得不多，水库还要蓄水，故假定 $q_2' = 170\mathrm{m}^3/\mathrm{s}$，则 $(q_1 + q_2')/2 = (165 + 170)/2 \approx 168\mathrm{m}^3/\mathrm{s}$。$\Delta V = \left(\dfrac{Q_1+Q_2}{2} - \dfrac{q_1+q_2'}{2}\right)\Delta t = (285 - 168) \times 21600 \approx 2.5 \times 10^6\,\mathrm{m}^3$。$V_2 = V_1 + \Delta V = 172 + 2.5 = 174.5 \times 10^6\,\mathrm{m}^3$。以此 $V_2$ 查 $q-V$ 线得 $q_2 = 187\mathrm{m}^3/\mathrm{s}$，与原先假定 $q_k' = 170\mathrm{m}^3/\mathrm{s}$ 相差较大。要重新试算。接着假定 $q_2 = 185$，$\dfrac{q_1+q_2}{2} = 175\mathrm{m}^3/\mathrm{s}$，$\Delta V = (285 - 175) \times 21600 \approx 2.4 \times 10^6\,\mathrm{m}^3$，$V_2 = 172 + 2.4 = 174.4 \times 10^6\,\mathrm{m}^3$，查得 $g_2 = 185\mathrm{m}^3/\mathrm{s}$，与假定值相等（或十分接近），说明结果正确。该时段计算完毕，将上述结果分别列入表（3）～（5）栏。接着按同样步骤试验以后各时段的 $g$ 和 $V$，只要把上一时段

的 $q_2$ 和 $V_2$ 作为下一时段的 $q_1$ 和 $V_1$。通常只要计算到泄量已出现最大值，水位已达到最高值就可停止。表中（7）栏库水位 $Z$ 可由（6）栏的水库蓄水容积 $V$ 查库容曲线得之。

表 8－4　　　　　　　水库调洪计算表　（$AZ=6h=21600s$）

| 时段/h | 平均入库流量 $\dfrac{Q_1+Q_2}{2}$ /(m³/s) | 时段初末泄量 $q$/(m³/s) | 平均泄量 $\dfrac{q_1+q_2}{2}$ /(m³/s) | 蓄水容积变化 $\Delta V=\left(\dfrac{Q_1+Q_2}{2}-\dfrac{q_1+q_2}{2}\right)\Delta t$ /10⁶m³ | 时段初末蓄水容积 $V$ /10⁶m³ | 库水位 $Z$/m |
|---|---|---|---|---|---|---|
| (1) | (2) | (3) | (4) | (5) | (6) | (7) |
| | | 165 | | | 172 | 182.0 |
| 1 | 285 | 185 | 175 | 2.4 | 174.4 | 182.1 |
| 2 | 608 | 210 | 198 | 8.9 | 183.3 | 182.3 |
| 3 | 1213 | 265 | 238 | 21.1 | 204.4 | 182.7 |
| 4 | 2432 | 435 | 350 | 45.0 | 249.5 | 183.6 |
| 5 | 3055 | 610 | 523 | 54.6 | 304.0 | 184.6 |
| 6 | 2545 | 830 | 720 | 39.4 | 343.4 | 185.3 |
| 7 | 1955 | 940 | 885 | 23.1 | 366.5 | 185.7 |
| 8 | 1420 | 985 | 963 | 9.9 | 376.4 | 185.7 |
| 9 | 975 | 980 | 983 | −0.2 | 376.2 | 185.9 |
| 10 | 655 | 950 | 965 | −6.7 | 369.5 | 185.8 |
| ⋮ | ⋮ | ⋮ | ⋮ | ⋮ | ⋮ | ⋮ |

　　计算结果由表中（1）、（3）栏给出泄流过程线 $q$-$t$；（1）、（6）栏给出水库蓄水容积变化过程 $V$-$t$；（1）、（7）栏给出库水位变化过程 $Z$-$t$；（3）栏 $q$-$t$ 的最大泄量 $q_m$ ＝985m³/s。将 $Q_m=3250$m³/s 削减为 $q_m=985$m³/s 所需调洪库容 $V_F$，可根据（6）栏来计算：$V_F=376.4\times10^6$m³（最大蓄水容积）$-172\times10^6$m³（起始容积）＝204.4 $\times10^6$m³，相应的设计洪水位为 185.9m。此调洪库容中有一部分为防洪兴利结合使用的库容，即正常蓄水位与汛前水位之间的库容，其数值为 $48\times10^6$m³。专用的调洪库容部分为 $204\times10^6$m³$-48\times10^6$m³＝$156\times10^6$m³。

# 第三节　水库发电调度

　　位于同一河流上下游的梯级水电站之间有水力联系。上级水电站水库调节径流后，对其下游各级水电站的来水都有影响。下级水电站的来水是经上级水库调节后的下泄流量加上两级之间的区间来水之和，而不再是原来的下级水电站的天然来水。因此，梯级水电站的调节计算应从最上一级开始，往下逐级进行。除最上一级的天然入流过程不受影响外，第二级以下各级原来的天然入流过程均将改变。因此，调节计算从第二级开始，逐级逐时段向下进行入流量过程的修正计算。梯级水电站径流调节计算方法，一般采用时历列表法，从上而下逐级进行调节计算。以年调节水库的梯级水电站为例，计算步骤如下。

（1）对第一级水库进行调节计算，其方法与单一水库计算相同，求得调节出库流量 $Q_{P1}$。

（2）将第一级水库的调节出库流量过程与第一至第二级之间相应的区间流量 $\Delta Q_2^1$ 相加，即得第二级水库的入库流量 $Q_{V2}$ 过程线，可按式（8-6）计算，即

$$Q_{V2} = Q_{P1} + \Delta Q_2^1 \qquad (8-6)$$

（3）根据第二级水库的入库流量 $Q_{V2}$ 过程，进行调节计算，可求得第二级水库出库流量 $Q_{P2}$ 过程，并与第二至第三级之间相应的区间流量 $\Delta Q_3^2$ 相加，即得第三级水库的入库流量 $Q_{V3}$ 过程线，可按式（8-7）计算，即

$$Q_{V2} = Q_{P2} + \Delta Q_3^2 \qquad (8-7)$$

用同样方法逐级进行调节计算，可求得各级入库流量和出库流量过程线。

实际上这样阶梯水电站独立调节的方式可以说是没有或极少有的情况，而一般在阶梯水电站之间都有水力、水利和电力联系。如各梯级之间进行相互补偿，区间综合用水部门有耗水量，则在计算下级水库的入流时应予扣除，较大的水库还应扣除水量损失。由此，式（8-6）应改写为

$$Q_{V2} = Q_{P1} + \Delta Q_2^1 - D_2 - F_2 \qquad (8-8)$$

对各级可写为

$$Q_{Vi} = Q_{P(i-1)} + \Delta Q_i^{i-1} - D_i - F_i \quad (i=1,2,\cdots,m) \qquad (8-9)$$

式中：$i$ 为梯级水电站由上而下的编号；$m$ 为梯级水电站的总级数；$D_i$ 为第 $i$ 级水库综合用水部门的耗水量；$F_i$ 为第 $i$ 级水库水量损失。

应用上面的公式逐级逐时段修正各级水电站水库的入库流量过程，并求得各级相应的调节流量过程，再计算各级相应的水头，即可求得各级水电站相应的出力过程线。

为了求梯级水电站的保证出力，可对长系列水文资料，按上述方法修正各级入库流量。进行各级的径流调节和水能计算。然后将各级水电站各年供水期的平均出力按从大到小排列，绘出各级水电站的供水期平均出力保证率曲线，根据设计保证率确定各级水电站的保证出力，各级保证出力之和即为梯级水电站群的总保证出力。若梯级水电站采用统一设计保证率，则可选择同一设计枯水年，对该年进行梯级调节计算，求出各级水电站的保证出力，其和便为梯级水电站群的总保证出力。

求梯级水电站群的多年平均年发电量，可对长系列或统一的代表期进行上述梯级调节计算，求得各级水电站的时段平均出力变化过程，然后分别计算各级的多年平均发电量，相加之和即为梯级水电站群的多年平均年发电量。

**一、梯级水电站群的补偿调节**

这里主要讨论库容补偿问题。先举一个简单的例子，在河流的上游有一个年调节水电站甲，其下游有无调节（或调节性能很差）的水电站乙，它们之间有支流汇入。这时，为充分利用水资源，年调节水电站甲的放水与蓄水必须考虑对下游水电站乙的补偿调节作

用，即丰水期水电站甲少泄流多蓄水，使水电站乙充分利用区间径流，枯水期水电站甲多泄流以提高水电站乙的调节流量。根据这样的原则，进行补偿调节的步骤可以归纳如下：

（1）对水电站乙按单库考虑，求出坝址处的天然来水流量过程线，即水库甲的天然来水与区间来水之和，如图8-2中abcdefg。

（2）将水电站甲的兴利库容用于水电站乙，按上述来水，进行单库的等流量调节计算，可得放水流量过程线abdeg。

（3）绘制水电站甲、乙区间流量过程线，如图8-2中1线。

（4）曲线abdefg与1线之间的纵坐标，即为水电站甲向水电站乙补偿调节时的放水流量过程，如图8-2中的阴影部分。

## 二、并联水电站群的径流电力补偿调节

在同一电力系统中的并联水电站群之间可进行径流电力补偿调节，其目的是提高水电站群的总保证出力，并使出力过程尽可能均匀，以增加替代火电容量的效益。并联水电站群的径流电力补偿调节计算，主要解决两个问题：一是补偿调节后水电站群的总保证出力提高多少，即增加补偿效益多大；二是各水电站补偿后其出力过程如何，即水电站群总出力如何合理地在各个电站之间进行分配。补偿的办法是依靠调节性能好的水电站（称为补偿电站）提高和拉平水电站群的总出力过程。

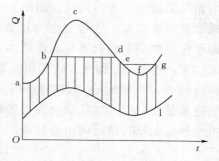

图8-2　梯级水库库容补偿

径流电力补偿调节计算常用的方法有时历法和图解法——电当量法。电当量法的求解思路是将水电站群聚合为一个等效水库，通过电当量转换把水库群的库容合并为一个电当量库容，水电站的径流过程经电当量转换后聚合为能量输入过程，然后绘制能量差积曲线（或累积曲线），按差积曲线法的原理，可求出该等效水库的能量输出过程，即为水电系统的出力过程，据此可分析确定水电站系统的保证出力。时历法的计算特点在于逐个地把条件差的被补偿电站的出力过程，通过补偿电站的依次补偿，来提高和拉平总出力过程，因此，首先需要把参加联合运行的水电站群进行补偿分类。

时历法的具体思路和步骤如下。

（1）将系统中的水电站群划分为补偿电站和被补偿电站两类。按水电站补偿能力大小排列，即将调节库容、多年平均流量和水头大的、综合利用要求比较简单的大容量水电站作为第一类补偿电站，库容、水量和水头较大者作为第二类补偿电站，其余条件较差的均可作为被补偿电站。补偿调节次序是先由第二类补偿电站对被补偿电站进行补偿，然后再由第一类补偿电站进行再补偿，依次进行。

（2）统一的设计枯水段或枯水年的选择。由于各水库调节性能不同，水文条件也可能不尽相同，因此要选择统一的设计枯水段（有多年调节）或枯水年（只有年调节）。具体可根据一两个主要补偿电站所在河流的径流特性，参照其他电站的径流特性来确定。若难于统一或精度要求较高时，可用长系列径流资料进行计算。

（3）对被补偿电站，根据各自的调节库容和天然来水过程，按单库有利的调节方式进

行水能计算，求得各被补偿电站的出力过程，然后同时间相加，即得所有被补偿电站的总出力过程。

（4）对被补偿电站总出力过程，按补偿的次序，根据先补偿水电站的调节库容和相应的天然来水，逐时段进行补偿调节计算，就是把补偿电站的出力加到被补偿电站总出力过程线。由于各时段来水不同，需假定各时段不同的补偿后总出力来进行试算，试算过程如下。

按照补偿电站的天然径流过程，大致确定补偿水库的各蓄水期和供水期（也可根据调节库容，通过等流量调节计算来确定，图 8-3 中 $T_1$ 和 $T_3$ 为供水期，$T_2$ 为蓄水期）。下面以 $T_1$ 时段为例，说明其计算过程。首先，假定一拟发的总出力 $N_1$，即可求得补偿电站所需的逐时段出力值，即图 8-3（a）中阴影部分所示。然后根据补偿电站各时段来水及调节库容，进行定出力试算，直到 $T_1$ 时段末，如果此时调节库容中还有蓄水，即水位没有消落到死水位，说明 $N_1$ 偏小；反之，如果水库没有到 $T_1$ 时段末，便提前泄空了，说明 $N_1$ 偏大。这些情况都应重新假定 $N_1$，使水库能在 $T_1$ 末刚刚放空，此时所得的 $N_1$ 即为所求。以同样的方法进行 $T_2$ 蓄水段的补偿调节计算，这时所拟发出力也应满足使补偿水库从库空到正好蓄满。然后再继续下一调节周期的计算，最后可得到第一补偿电站补偿后的出力过程。

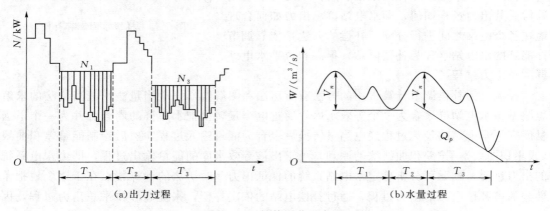

图 8-3　补偿调节示意图

在假定 $N_1$ 时，为避免多次试算，可做近似估算。根据 $T_1$ 时段内，补偿电站的天然来水量 $\sum Q$ 和有效库容 $V_n$，按下式计算补偿电站可发的总补偿电量。

$$E = k\left(\sum Q \pm \frac{V_n}{T_1}\right)HT_1 \tag{8-10}$$

式中：$\pm$ 为供水期和蓄水期，供水期为正号（+），蓄水期为负号（-）；$H$ 为平均水头，由 $V_{死} + 0.5V_n$ 查上游库水位，用调节流量查下游水位之差而得。在被补偿总出力过程线上，求 $N_1$ 线，使图 8-2 中的阴影面积与式（8-10）中的 $E$ 相等，作为补偿调节试算结束的判别条件。

同理，再进行第二个补偿电站的计算。如此逐个对补偿电站进行补偿，最后便可求得电力系统中水电站群补偿后的总出力过程和各个电站的出力过程。

（5）如果选择统一设计枯水段，则设计枯水段内最低的总出力值即是水电站群补偿后的总保证出力。如果用长系列径流资料进行计算，则可将补偿后的各时段总出力按大小排列，作总出力保证率曲线，由设计保证率确定相应总的保证出力。补偿后电站群的总保证出力与补偿前各水电站单独工作时的保证出力总和之差，便是补偿效益。

值得一提的是，关于水电站群联合运用调节的计算，目前已发展到采用"系统科学"的方法，通过建立数学模型，应用计算机从而寻求问题的最优解或满意解，以发挥水电站群联合运用的最大效益。

# 第四节　水　库　常　规　调　度

常规调度是指根据已有的实测水文资料，计算和编制水库调度图，并以此为依据进行水库控制运用的调度方法。常规调度具有操作简单，直观的特点。水库调度图既可以指导水库管理运行，也可用于确定与校核正常蓄水位、死水位、装机容量等水库及水电站主要特征参数。由于水库调度图的制作过程主要依据以往径流资料，而水文过程长期来看具有一定的不平稳性（即水文过程各统计量会随着时间推移而发生变化），因此水库调度图难以充分考虑未来来水变化，如果机械使用调度图，就有可能造成弃水或蓄水发电不满足要求等不合理情况。调度图在实际应用过程中，调度结果往往要结合预报来水、当前时段的实际调度需求进行合理调整。

## 一、水库常规兴利调度

水库常规兴利调度主要包括发电、航运、灌溉、供水等需求，主要任务是：根据水库兴利需求目标和各目标间主次关系，对水量和出力进行合理分配，以充分发挥水库调节能力。下面以水电站为例，介绍水库兴利调度图中基本调度线的绘制方法。

### （一）年调节水电站水库基本调度线

1. 供水期基本调度线的绘制

不同水平年水库在供水期的调度任务不同，并据此绘制供水期基本调度线。对于来水较多的年份（即来水频率不大于设置保证率），水库应当在供水期发足保证出力，并以供水期消落至死水位为目标，尽量加大出力。对于来水频率大于设计保证率的特枯年份，应尽量减少对保证出力的破坏。

图 8-4（a）展示了各种来水频率下的蓄水指示线。其中①线为设计枯水年对应的蓄水指示线。蓄水指示线指一定天然来水下，水电站在供水期按照保证出力运行各时刻对应的蓄水位。蓄水指示线与来水多少密切相关，其一般规律为：来水越丰，蓄水指示线越低［图 8-4（a）中②线］；来水越枯，蓄水位指示线位置越高［图 8-4（a）中③线］。

在实际工程中，由于中长期径流预报精度相对较低，通常通过绘制各典型来水蓄水指示线上下包络线的方式加以考虑，其中上包络线称为上基本调度线［图 8-4（b）中AB］，下包络线称为下基本调度线［图 8-4（b）中CD］。上、下基本调度线围成的区域称为水电站保证出力工作区。只要水库水位在供水期位于该范围，则水电站均能按照保证出力运行。

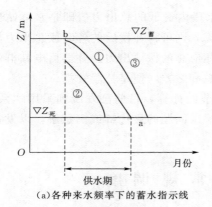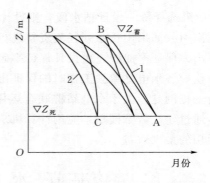

（a）各种来水频率下的蓄水指示线　　　　　　　（b）各典型来水蓄水指标线上下包络线

图 8-4　供水期基本调度线

1—上调度线；2—下调度线

枯水年水库供水期正常工作是中水年与丰水年正常工作的前提，因此，实际工程中，直接采用各典型设计枯水年供水期蓄水指示线上、下包线作为水库供水期基本调度线。

基本调度线的绘制步骤可归纳如下。

（1）选择设计保证率典型年。必要时，可对来水进行修正，使其平均出力尽量接近保证出力，且供水期末时刻尽量一致。为此，可以在设计保证率附近选择 4～5 个年份作为典型年并乘以特定修正系数对来水进行修正。

（2）计算各典型年对应的蓄水指示线。给定来水下，按照保证出力从供水期末死水位开始逆序进行水能计算到供水期初，所得蓄水水位过程作为蓄水指示线。

（3）将各典型年蓄水指示线上、下包线作为供水期上、下基本调度线。上基本调度线是按照保证出力运行的最高水位线，若供水期水位高于该线，则表示需要加大出力。下调度线是按照保证出力运行的最低水位线，若供水期水位低于该线，则表示需要降低出力。

汛期开始较迟时，水库长时间低水位运行容易增加破坏保证出力工作的风险，因此对基本调度线进行修正使其末端重合。具体方法为：水平平移下基本调度线使其末端与上基本调度线末端重合 [图 8-5（a）] 或直接连接下调度线上端与上调度线下端 [图 8-5（b）]。

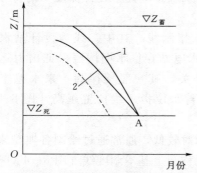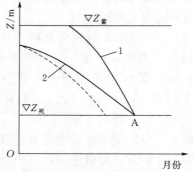

（a）水平位移下调度线使其末端与上调度线末端重合　　（b）直接连接下调度线上端与上调度线下端

图 8-5　供水期基本调度线的修正

1—上基本调度线；2—修正后的下基本调度线

2. 蓄水期基本调度线的绘制

水电站蓄水期基本调度线用于指导水电站在满足水库蓄满的前提下，尽可能多发电，以提高水电站经济效益。与水库供水期上下基本调度线绘制方法类似，水库蓄水期基本调度线也是通过获取若干典型年蓄水期水位指示线的上、下包线的方式求得。基本调度线绘制也可采用典型年法，已知来水的情况下，从蓄水期末的正常蓄水位开始进行逆序水能计算，获得各典型年水位指示线。为防止过早降低库水位导致的对正常工作的破坏，实际工程中将下基本调度线的起点向后移至洪水开始最迟的时刻点，并作光滑曲线，如图 8-6 所示。

3. 水库基本调度图

将所得供水期与蓄水期基本调度线统一绘制可得基本调度图（图 8-7）。该图由基本调度线划分为 5 个主要区域。

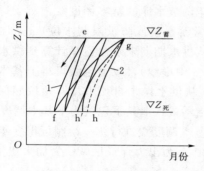

图 8-6　蓄水期水库调度线

1—上基本调度线；2—下基本调度线

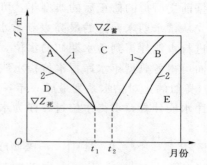

图 8-7　水库基本调度

1—上基本调度线；2—下基本调度线

（1）供水期出力保证区（A 区）。当水库供水期水位在此区域运行时，水电站可按保证出力运行。

（2）蓄水期出力保证区（B 区）。其意义同（1）。

（3）加大出力区（C 区）。当水库水位在此区域内时，水电站可以以大于保证出力的方式运行。

（4）供水期出力减小区（D 区）。当水库水位在此区域内时，水电站应及早减小出力工作。

（5）蓄水期出力减小区（E 区）。其意义同（4）。

由上述可见，在水库运行过程中，图 8-7 是能对水库的合理调度起到指导作用的。

（二）多年调节水电站水库基本调度线

1. 绘制方法及其特点

对于调节能力比较稳定的多年调节水库，其基本调度线绘制方法与年调节水库类似。主要区别为：多年调节水库采用连续枯水和丰水年系列进行基本调度线的绘制。实际工程中也可以用计算典型年法进行简化计算，即只对枯水年系列的第一年和最后一年水库工况进行研究。

### 2. 计算典型年及其选择

多年调节水库需尽量确保水库即使遇到连续枯水年也可按照保证出力运行。以此为要求，对枯水年系列第一年和最后一年工况进行分析。

对于枯水年系列的第一年，如果该年年末可蓄水到多年库容且该年各月份可以按照保证出力发电，那么以此绘制的蓄水指示线即为上基本调度线。显然，如果来水多于该年来水的年份可以允许水电站增加出力发电。对于枯水系列的最后一年，若该年多年库容已经放空的前提下，正好满足保证出力运行要求，则根据该年绘制的蓄水指示线可以作为水库运行的下基本调度线。显然，若来水少于该年且水库已经放空，则水库需要减少出力运行。

综上所述，计算典型年来水应正好与按保证出力运行所需水量一致。因此可据此在历史资料中选择若干年份作为典型年，然后对流量值进行必要修正，可得计算典型年。

### 3. 基本调度线的绘制

根据前文所得的修正后的典型年，可绘制多年调节水库的基本调度线。对于每个典型年，首先从蓄水期末允许的最高兴利蓄水位（正常蓄水位或防洪限制水位），逆序按照保证出力进行水能计算到蓄水期初的水位。然后再从供水期期末水位逆序计算到供水期初水位。继而可得各典型年水库蓄水位指示线（图8-8中虚线），取上包线可得上基本调度线（1线）。类似的，对枯水系列最后一年各典型年，从供水期末自死水位开始按照保证出力进行逆序水能计算，求得水位过程作为水库蓄水指示线，取其下包线为下基本调度线。

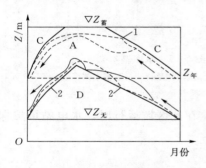

图8-8 多年调节水库基本调度图
1—上基本调度线；2—下基本调度线

对上、下基本调度线进行统一绘制可得多年调节水库调度图，图中A为出力保证区，C为加大出力区，D为降低出力区。

### （三）加大出力和降低出力调度线

当水库水位位于上基本调度线之上时，水库应当加大出力运行。水库水位位于基本调度线之下时，水库应降低出力运行。

### 1. 加大出力调度线

水电站运行至加大出力区时，应当加大出力，但是具体如何合理利用需要分情况考虑。一般来讲，有以下三种运用方式：

（1）立即加大出力（图8-9中①线）。当发现水库在$t_i$时刻位于加大出力区时，立即加大出力，使水库下一时刻$t_{i+1}$就落在上基本调度线上。该方式可充分利用水量，但出力波动较大。

（2）后期加大出力（图8-9中②线）。该方式在后期加大出力，可以充分利用高水头发电，但也会导致出力不均匀，后期来水较大时容易导致弃水。

（3）均匀加大出力（图8-9中③线）。该方式可以使出力尽量均匀。

当确定加大出力的运行方式后，可以结合水能计算对加大出力调度线进行计算。

### 2. 降低出力调度线

水电站运行至降低出力区后需要降低出力运行，与加大出力调度方式类似，降低出力有如下三种方式。

（1）立即降低出力（图 8-9 中④线）。当水库落入降低出力区后，立即降低出力，使得水库在下一时刻就返回至下基本调度线。该方式可以最小化破坏时长。

（2）后期集中降低出力（图 8-9 中⑤线）。水电站首先按照保证出力运行，待放空后再以天然入库流量运行。该方式运行简单且破坏时间短，但是该方式运行水头低，后期来水较少时难以保证出力发电，容易造成较大的破坏强度，应谨慎使用该方式。

（3）均匀降低出力（图 8-9 中⑥线）。该方式破坏强度小，但是持续时间长。实际工程中，该方法应用较广。

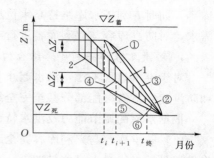

图 8-9　加大出力和降低出力的调度方式
1—上基本调度线；2—下基本调度线

将上、下基本调度线，加大出力和降低出力调度线统一绘制可得发电为主要目的的调度全图。

### 二、水库常规防洪调度

防洪直接涉及坝体以及水库上下游水工建筑物安全，《中华人民共和国水法》中明确规定，"开发利用水资源应当服从防洪的总体安排"，因此无论水库是否以防洪为主，都需对防洪需求进行充分考虑。

防洪调度指运用防洪工程或防洪系统中的设施，有计划地实时安排洪水以达到防洪最优效果。防洪调度的主要目的是减免洪水危害。利用防洪调度图指导水库防洪的方式即为常规防洪调度。

#### （一）防洪调度图

防洪调度图由汛期各个时刻蓄水指示线（如防洪调度线、防洪限制水位等）及由其划分的调洪区构成。如图 8-10 所示，1、2 线分别为兴利调度的上、下基本调度线。水库的防洪调度区是水库汛期为满足防洪需求预留的调度区域，其上边界是对应各标准设计洪水的防洪特征水位（防洪高水位 $Z_防$、设计洪水位 $Z_设$、校核洪水位 $Z_校$），下边界为防洪限制线水位 $Z_限$，右边界是防洪调度线。

#### （二）防洪调度图的绘制方法

防洪调度线的确定与设计洪水及兴利调度图相关。首先根据设计洪水最晚可能出现日期在兴利调度图上基本调度线上确定出防洪限制水位。然后结合防洪库容（即防洪限制水位与防洪高水位之间的容积）与下游防洪标准对应洪水过程线，利用水库调洪演算算出水库蓄水变化过程，并将其平移至水库兴利调度图上，可得防洪限制区。随后选取若干典型洪水过程，分别绘制其水位过程，其下包线即为防洪调度线。

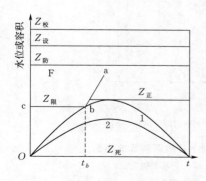

图 8-10　某水库防洪、发电调度图

防洪需求与兴利需求存在矛盾。对于防洪，水库汛期预留库容越多越有利于对洪水的调节。对于兴利需求，水库水位越高，越有利于汛末蓄至兴利库容，同时有利于水库维持高水位运行增加水电发电效率。因此，要充分协调防洪与兴利需求，对防洪库容与兴利库容进行有效结合，主要分以下两种情况。

1. 防洪库容和兴利库容结合的情况

对于洪水过程平稳，洪水起止日期稳定的水库，其径流过程容易掌握，那么兴利库容和防洪库容就有可能部分甚至完全结合。

根据水库的调节能力及洪水特性，防洪调度线的绘制可分为以下 3 种情况。

（1）防洪库容与兴利库容完全结合，汛期防洪库容为常数。如图 8-11（a）所示，首先根据设计洪水最迟可能日期 $t_k$，在上基本调度线上定出 b 点，其对应水位即为防洪限制水位。设计洪水位与汛限水位之间的库容为拦洪库容。以拦洪库容和设计洪水过程为输入，根据一定的溢洪道方案进行调洪计算可得水库蓄水变化过程。以 b 点为起点，将蓄水过程移至兴利调度图上，蓄水过程与设计洪水位相交于 a 点。据此可得 abc 线，防洪设计水位与 abc 线围成的 F 区域为防洪限制区。汛期水库水位位于该区域时应当开闸泄洪。

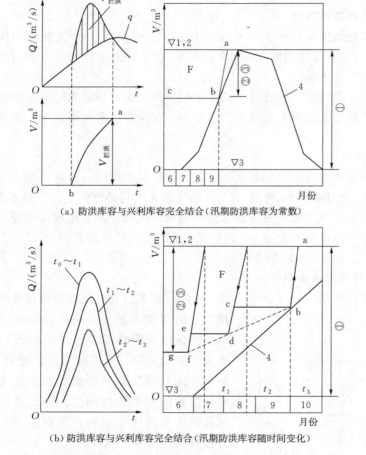

（a）防洪库容与兴利库容完全结合（汛期防洪库容为常数）

（b）防洪库容与兴利库容完全结合（汛期防洪库容随时间变化）

图 8-11 防洪库容与兴利库容完全结合情况下防洪调度线的绘制

1—正常蓄水位；2—设计洪水位；3—死水位；4—上基本调度线；

①—兴利库容；②—拦洪库容；③—共有库容

（2）防洪库容与兴利库容完全结合，但汛期防洪库容随时间变化。

对于洪水规律较强的情况，可根据洪水规律进行汛期限制水位的分段抬高，以充分利用兴利库容。在实际工程中，汛期划分时段数可通过分析气象成因、对历史洪水过程精细统计分析等方法确定。如图 8-11（b）所示，将汛期划分为三段。调度线从后往前逐时段绘制。首先按照情况（1）中方法对 $t_2 \sim t_3$ 段调度线性绘制。然后从 $t_2$ 时刻开始，根据该时段设计洪水进行逆向计算，继而推算出第二段防洪限制水位。用类似方法可进一步确定第一段汛期限制水位，依次连接 abdfg 可得防洪调度线。实际工程中，洪水成因复杂影响因素众多，常常按照上述方法对各种洪水场景进行计算得到防洪限制水位，然后取其下包线作为最终的防洪调度线。

（3）防洪库容与兴利库容部分结合的情况。

如图 8-12 所示，该情况汛期限制水位 bc 确定方法与情况（1）一致。若设计洪水变大或下泄流量变小，水库蓄水量移至兴利调度图上后，a'点将达到设计洪水位位置。此时防洪库容与兴利库容只有部分重叠（图中③所示区域）

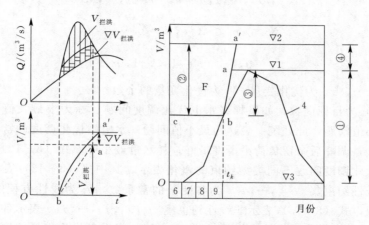

图 8-12　防洪库容与兴利库容部分结合情况下防洪调度线的绘制

1—正常蓄水位；2—设计洪水位；3—死水位；4—上基本调度线；

①—兴利库容；②—拦洪库容；③—共用库容；④—专用拦洪库容

实际生产实践过程中，兴利库容与防洪库容的结合程度需要根据实际情况进行综合分析计算取得。此类情形下，调度图的下限边界控制线均由一个或多个汛期限制水位与正常蓄水位连线组成，上限边界控制线由设计洪水位确定，左右范围由汛期时间确定，上下控制线之间为所得的防洪调度区。

防洪与兴利调度图的统一绘制可得水库调度全图，当水位低于汛期限制水位时采用兴利调度图，否则按照防洪调度图进行调度。

2. 防洪库容和兴利库容完全不结合的情况

对于汛期洪水规律不明显，起止时间不稳定的情况，防洪库容与兴利库容难以结合，通常将其分开考虑。此时，水库正常蓄水位与防洪限制水位重合，作为防洪不限边界控制线。该情况下，设计洪水位可结合设计洪水过程根据拟定调度规则进行调洪计算得到。

# 第五节 水库优化调度

水库优化调度指，在满足电站给定约束条件下，对相互之间存在水力电力联系的水电站的统一协调调度。随着水资源和水电能源的不断开发利用，水库群已成为最常见的水利水电系统。同一个电网内，往往有许多水电站形成水电站水库群，实行水电站水库群联合优化调度，可以起到库容补偿、水文补偿的作用，在几乎不增加任何额外投资的条件下，就可以获得比单库优化调度更显著的经济效益。

运筹优化方法原理是水库优化调度的基础理论。水库优化调度模型主要包括优化变量、目标函数以及约束条件。常规水库优化调度问题可统一概化为如下形式：

$$\min_{x \in R^n} f(x_1 x_2, \cdots, x_V) \tag{8-11}$$

$$\text{s.t.} \quad a_{i,1}x_1 + a_{i,2}x_2 + \cdots + a_{iV}x_V = b_i, \quad i = 1, \cdots, M_l \tag{8-12}$$

$$c_i(x_1, x_2, \cdots, x_V) = 0, \quad i = 1, \cdots, M_n \tag{8-13}$$

$$\underline{X}_i \leqslant x_i \leqslant \overline{X}_i, \quad i = 1, \cdots, V \tag{8-14}$$

$$x_i \in \{0,1\}, \quad i \in \mathrm{II} \subseteq \{1, \cdots, V\} \tag{8-15}$$

式中：$x_1$，$x_2$，$\cdots$，$x_V$ 为优化变量；$V$ 为优化变量的个数。

式（8-11）为目标函数；如果梯级水电优化调度问题目标为求最大值，则可以等价转化为负的最小值问题，此处统一表达为最小值问题；水电站优化调度中常用的目标函数包括发电量最大，调峰后余留负荷平滑度最好，耗水量最小等。式（8-12）、式（8-15）表示梯级水电优化调度问题不同类型约束的概化表示。其中式（8-12）表示梯级水电优化调度问题的线性约束集。$a_{i,1}$，$\cdots$，$a_{i,V}$ 为各变量的常系数，$b_i$ 为线性方程的常数项，$M_l$ 为线性约束个数。式（8-13）表示非线性约束集。$c_i(x_1, x_2, \cdots, x_V)$ 表示各优化变量之间的非线性关系；$M_n$ 表示非线性约束个数。式（8-14）表示各优化变量的边界约束；$\underline{X}_i$、$\overline{X}_i$ 分别表示变量的 $X_i$ 的下界值与上界值；如果 $\underline{X}_i = \overline{X}_i$ 则表示 $X_i$ 为定值。式（8-15）表示离散约束，即某些变量被限定为 0-1 变量；II 表示整数变量的索引集合。

水库优化调度模型从对径流随机性的考虑方式可以分为确定性水库优化调度模型和随机性优化调度模型。根据调度步长和调度周期可以分为中长期水库优化调度、短期水库优化调度及厂内经济优化运行。上述不同类型水库调度模型在目标函数和约束条件上均有着显著差异。例如在中长期水库优化调度中，通常忽略水流滞时（即上游水库下泄流量到达下游水库的时间差）。然而，对于短期水库优化调度，由于其调度时段在 15～60min，水流滞时对水库优化调度影响显著，不容忽略。体现到模型中，也就是短期水库优化调度约束相较于长期水库优化调度更为复杂。限于篇幅本书列出几个较常用的水库优化调度模型。

## 一、水库优化调度的发电量最大模型

（一）目标函数

以发电为主的中长期优化调度一般采用发电量最大模型。

$$\max E(Z) = \sum_{i=1}^{N} \sum_{j=i}^{T} A_i Q_{i,j} H_{i,j} \Delta t_j \tag{8-16}$$

式中：$i$ 和 $j$ 分别为水库和时段序号；$N$ 为参与计算的水库总数；$T$ 为总时段数；$E$ 为总发电量，$kW \cdot h$；$A_i$ 为水库 $i$ 的出力系数；$H_{i,j}$ 为水库 $i$ 时段 $j$ 的平均净水头；$\Delta t_j$ 为时段 $j$ 的小时数，h；$Q_{i,j}$ 为水库 $i$ 在时段 $j$ 的发电流量。

（二）约束条件

1. 始末水位约束

$$Z_{i,0} = Z_i^{\text{start}}, Z_{i,T} = Z_i^{\text{end}} \tag{8-17}$$

式中：$Z_i^{\text{start}}$、$Z_i^{\text{end}}$ 分别为水库 $i$ 给定的起始水位和期望末水位。

2. 水位上下限

$$\underline{Z}_{i,j} \leqslant Z_{i,j} \leqslant \bar{Z}_{i,j} \tag{8-18}$$

式中：$\underline{Z}_{i,j}$、$\bar{Z}_{i,j}$ 分别为水库 $i$ 时段 $j$ 的水位下限和上限。在实际工程中，下限水位通常取水库死水位。上限水位在汛期取汛限水位，非汛期取正常高蓄水位。

3. 出力上下限

$$\underline{N}_{i,j} \leqslant A_i Q_{i,j} H_{i,j} \leqslant \bar{N}_{i,j} \tag{8-19}$$

式中：$\underline{N}_{i,j}$、$\bar{N}_{i,j}$ 分别为水库 $i$ 时段 $j$ 的出力下限和上限。出力下限和上限主要由水库机组特性决定。

4. 水量平衡方程

$$V_{i,j+1} = V_{i,j} + 3600 \times (I_{i,j} - Q_{i,j} - S_{i,j}) \Delta t_j \tag{8-20}$$

其中

$$I_{i,j} = q_{i,j} + \sum_{u \in \Omega_i} (Q_{u,j} + S_{u,j}) \tag{8-21}$$

式中：$V_{i,j}$ 为水库 $i$ 时段 $j$ 的末库容，$m^3$；$I_{i,j}$、$q_{i,j}$、$S_{i,j}$ 分别为水库 $i$ 时段 $j$ 的入库流量、区间流量以及弃水流量，其中 $q_{i,j}$ 为已知；$\Omega_i$ 为水库 $i$ 的直接上游水库集合，对于龙头水库 $\Omega_i$ 为空集。

5. 发电流量限制

$$\underline{Q}_{i,j} \leqslant Q_{i,j} \leqslant \bar{Q}_{i,j} \tag{8-22}$$

式中：$\underline{Q}_{i,j}$、$\bar{Q}_{i,j}$ 分别为水库 $i$ 时段 $j$ 的发电流量下限和上限。

6. 出库流量限制

$$\underline{O}_{i,j} \leqslant O_{i,j} + S_{i,j} \leqslant \bar{O}_{i,j} \tag{8-23}$$

式中：$\underline{O}_{i,j}$、$\bar{O}_{i,j}$ 分别为水库 $i$ 时段 $j$ 的出库流量下限和上限。

**二、水库优化调度的梯级蓄能最大模型**

优化问题描述：已知调度初期水库水位、调度期各时段入库径流以及调度期梯级水库群各时段应发负荷（或电量），要求在电站间合理分配负荷，以尽量减少发电用水，抬高发电水头，增加梯级系统蓄能，为水电系统安全、稳定、经济运行创造条件。该模型能够充分考虑相同水量在不同水库所具有的能量不同这一特点。

目标函数：

$$\max F = \sum_{i=1}^{N} ES_i \tag{8-24}$$

$$ES_i = \frac{V_i^T + WT(i)}{\eta_i} \tag{8-25}$$

$$WT(i) = \sum_{i' \in \Omega_i} [V_{i'}^T + WT(i')] \tag{8-26}$$

约束条件：

$$\sum_{i=1}^{N} A_i Q_{i,j} H_{i,j} \Delta t_j = N_j \tag{8-27}$$

式中：$ES_i$ 为 $i$ 号电站及其全部上游电站死水位以上水量在 $i$ 号电站可产生的电量，采用式（8-25）计算；$\eta_i$ 为 $i$ 号电站平均耗水率；$WT(i)$ 为 $i$ 号电站水库及其全部上游电站水库调度期末死水位以上蓄水量；约束条件同前，主要还包括水库水位（库容）约束，水电站出力约束，水库下泄流量约束，水量平衡约束等。

**三、分时电价下水库发电优化调度模型**

随着我国发电侧电力市场的开放和"厂网分开、竞价上网"的实施，单一的电价体制必将退出电力市场。当前，国内已经开始实施电力市场的试点。在分时电价制度下，如何制定水电系统的运行方案，既提高水电系统的发电效益，又为电力系统提供充足的高峰电量，提高系统运行的安全稳定性，是迫切需要研究的问题。

在各电站分时上网电价给定的前提下，水电站年收益决定于年内所有时段电价与上网电量的乘积之和，调度目标是使水电站群年收益最大。

目标函数：

$$\max P = \sum_{i=1}^{N} \sum_{j=1}^{T} p_{i,j} A_i Q_{i,j} H_{i,j} \Delta t_j \tag{8-28}$$

式中：$p_{i,j}$ 为水库 $i$ 在时段 $j$ 的上网分时电价。

约束条件包括水库水位（库容）约束、水电站出力约束、水库下泄流量约束、水量平衡约束等。

水库群联合优化调度模型求解的难点在于随着水库数目的增多，会出现"维数灾"问题，常用的方法有动态规划、各类改进的动态规划法、遗传算法、大系统分解协调算法、蚁群算法等，限于篇幅要求，本书重点介绍动态规划方法。

可将水库调度问题视为多阶段决策过程的最优化问题，每一计算时段（例如 1 个月）就是一个阶段，水库蓄水位就是状态变量，各综合利用部门的用水量和水电站的出力、发电量均为决策变量。其中多阶段决策过程是指，在整个决策过程中，分成若干个相互联系的子过程，每一个子过程都会做出相应的决策，并且每一个过程所做的决策都会影响下一个决策过程，最终进而影响整个决策过程。各子过程所确定的决策会形成一个决策序列，通常将这一决策序列称为多阶段决策过程的一个策略。每一个子过程会有多个决策，所有子过程的决策进行排列组合后就会形成很多组可供选择的策略,不同的策略最终得到的结果不同,优化问题就是从这些策略中将最优的策略挑选出来。

动态规划是解决多阶段决策过程最优化的一种方法。可认为,动态规划是靠递推关系从终点逐时段向开始方向寻取最优解的一种方法。然而,单纯的递推关系是不能保证获得最优解的,一定要通过最优化原理的应用才能实现。

从水库优化调度角度来讲,最优化的原理是若将水电站某一运行时间(例如水库供水期)按时间顺序划分为 $t_0 \sim t_n$ 个时刻,划分成 $n$ 个相等的时段(例如月)。设以某时刻 $t_i$ 为基准,则称 $t_0 \sim t_i$ 为以往时期,$t_i \sim t_{i+1}$ 为面临时段,$t_{i+1} \sim t_n$ 为余留时期。水电站在这些时期中的运行方式可由各时段的决策函数——出力及水库蓄水情况组成的序列来描述。如果水电站在 $t_i \sim t_n$ 内的运行方式是最优的,那么包括在其中的 $t_{i+1} \sim t_n$ 内的运行方式也必定是最优的。如果已对余留时期 $t_{i+1} \sim t_n$ 按最优调度准则进行了计算,那么面临时段 $t_i \sim t_{i+1}$ 的最优调度方式可以这样选择:使面临时段和余留时期所获得的综合效益符合选定的最优调度准则。

根据上面提到的动态规划的描述,寻找最优的调度方式是从最后一个子过程($t_{n-1} \sim t_n$)开始(此时库中水位是已知的,如水库期末的水位为死水位),向时间序列的逆方向进行递推计算,从而求出整个调度过程的最优方式。这样看来,余留时期的效益是已知的且是最优的调度策略,只需根据调度准则对面临时段进行求解即可。

如果最优化目标是使目标函数(例如取得的效益)极大化,则根据最优化原理,可将全周期的目标函数用面临时段和余留时期两部分之和表示。对于第一个时段,目标函数 $f_1^*$ 为

$$f_1^*(s_0, x_1) = \max[f_1(s_0, x_1) + f_2^*(s_1, x_2)] \tag{8-29}$$

式中:$s_i$ 为状态变量,下标数字表示时刻;$x_i$ 为决策变量,下标数字表示时刻;$f_1(s_0, x_1)$ 为第一时段状态处于 $s_0$ 作出决策 $x_1$ 所得的效益;$f_1^*(s_1, x_2)$ 为从第二时段开始一直到最后时段(即余留时期)的效益。

对于第二时段至第 $n$ 时段及第 $i$ 时段至第 $n$ 时段的效益,按最优化原理同样可以写为

$$f_2^*(s_1, x_2) = \max[f_2(s_1, x_2) + f_3^*(s_2, x_3)] \tag{8-30}$$

$$f_i^*(s_{i-1}, x_i) = \max[f_i(s_{i-1}, x_i) + f_{i+1}^*(s_i, x_{i+1})] \tag{8-31}$$

对于第 $n$ 时段,$f_n^*$ 可写为

$$f_n^*(s_{n-1}, x_n) = \max[f_n(s_{n-1}, x_n)] \tag{8-32}$$

以上就是动态规划递推公式的一般形式。如果从第 $n$ 时段开始,假定不同的时段初状态 $s_{n-1}$,只需确定该时段的决策变量 $x_n$(在 $x_{n1}$、$x_{n2}$、…、$x_{mn}$ 中选择)。对于第 $n-1$ 时段,只要优选决策变量 $x_{n-1}$,一直到第一时段,只需优选 $x_1$。

为加深对方法的理解,下面举一个经简化过的水库调度例子。

某年调节水库 11 月初开始供水,来年 4 月末放空至死水位,供水期共 6 个月,则共有 6 个阶段。为简化,假定已进行初选,每阶段只留 3 个状态(以圆圈表示)和 5 个决策(以线条表示),由它们组成 $s_0 \sim s_6$ 的许多种方案,如图 8-16 所示。图中线段上面的数字代表各月根据入库径流采取不同决策可获得的效益。

用动态规划优选方案时,从 4 月末,即余留时期死水位处开始向逆时序递推计算。对

于 4 月初，3 种状态各有一种决策，孤立地看以 $s_{51} \sim s_6$ 的方案较佳。

再对 3 月和 4 月的供水情况进行研究。看 3 月初情况，从状态 $s_{41}$ 来看，发现 $s_{41} s_{52} s_6$ 决策较 $s_{41} s_{51} s_6$ 决策更好，因前者两个月的总效益为 14，与后者相比较大，所以选 $s_{41} s_{52} s_6$ 决策为最优方案。将方案中效益最大的决策效益标注在下方括号中，以便进行下一步方案效益比较。同理可得另外两种状态的最优决策。$s_{42} s_{53} s_6$ 优于 $s_{42} s_{53} s_6$ 方案，$s_{42} s_{53} s_6$ 总效益为 16；$s_{42} s_{53} s_6$ 的总效益为 12。最终对各状态的效益比较得出，对 3 月和 4 月来说，$s_{42} s_{53} s_6$ 这个方案较佳，它的总效益为 16（其他两方案的总效益分别为 14 和 12）。

对于 2 月初情况，2 月是其面临时段，3 月和 4 月是余留时期。余留时期的总效益就是写在括号中的最优决策的总效益。这时的任务是选定面临时段的最优决策，以使该时段和余留时期的总效益最大。以状态 $s_{31}$ 为例，面临时段的两种决策中以第 2 种决策较佳，总效益为 $13 + 16 = 29$；对状态 $s_{32}$，则以第 1 种决策较佳，总效益为 28；同理可得 $s_{33}$ 的总效益为 19 也是唯一决策。

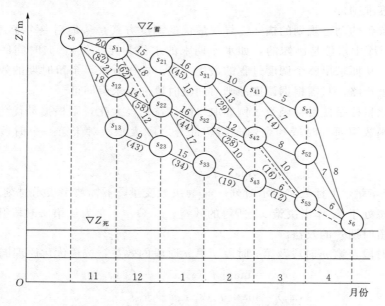

图 8-13　采用动态规划法进行水库调度的简化例子

继续对 1 月初、12 月初、11 月初的情况进行研究，由递推的方法选出最优决策。最终决定的方案是 $s_0 s_{11} s_{22} s_{32} s_{42} s_{53} s_6$，总效益为 82，图 8-13 上双线表示的就是最优方案。

说明：如果时段增多，状态数目增加，决策数目增加，而且决策过程还要进行试算，则整个计算是比较繁杂的，用电子计算器来机型计算可以节省人力和物力。

# 习　题

1. 将本章第二节例 8-1 中堰顶高程修改为 182.0m，孔口净宽修改为 45m，流量系数修改为 $m = 0.587$，设计洪水过程线 $Q$-$t$ 见表 8-5，其余数据与例 8-1 保持一致，试重新进行调洪计算，并确定最大泄量 $q_m$、调洪库容 $V_F$ 和设计洪水位。

| 表 8 - 5 | | | | | | 设 计 洪 水 过 程 线 | | | | | | | | |
|---|---|---|---|---|---|---|---|---|---|---|---|---|---|---|
| $t/h$ | 0 | 6 | 12 | 18 | 24 | 36 | 42 | 48 | 54 | 60 | 66 | 72 | 78 | 84 |
| $Q/(m^3/s)$ | 81 | 410 | 805 | 1620 | 3250 | 2860 | 2230 | 1680 | 1160 | 790 | 520 | 370 | 275 | 160 |

2. 某年调节水库 10 月初开始供水，来年 3 月末放空至死水位，供水期共 6 个月，如每个月作为一个阶段，则共有 6 个阶段。为了简化，假定已经过初选，每阶段只留 3 个状态（以圆圈表示出）和 5 个决策（以线条表示），由它们组成 $s_0 \sim s_6$ 的许多种方案，如图 8 - 14 所示。图中线段上面的数字代表各月根据入库径流采取不同决策可获得的效益。利用动态规划算法求解最优水位过程线。

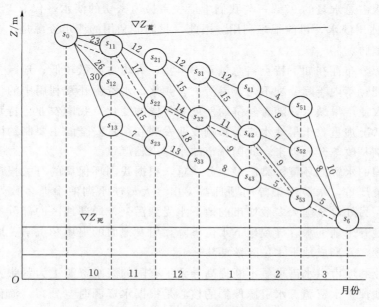

图 8 - 14　水库优化调度示例

第八章习题答案

# 第九章 水资源保护与管理

## 第一节 水资源保护的概念、任务和内容

水是生命的源泉，它滋润了万物，哺育了生命。我们赖以生存的地球有70%是被水覆盖着的，而海水占总水量的97%；与我们生活关系最为密切的淡水，仅有3%，并且淡水中又有78%为冰川淡水，目前很难利用。因此，我们能利用的淡水资源是十分有限的，并且受到污染的威胁。

我国水资源分布存在如下特点：总量并不丰富，人均占有量较低；地区分布不均，水土资源不相匹配；年内年际分配不匀，旱涝灾害频繁。水资源开发利用中的供需矛盾日益加剧。首先是农业干旱缺水，随着经济的发展和气候的变化，我国农业，特别是北方地区农业干旱缺水状况加重，干旱缺水成为影响农业发展和粮食安全的主要制约因素。其次是城市缺水，特别是改革开放以来，我国城市缺水越来越严重。

目前，我国的水资源环境污染已经十分严重，根据我国环保局的有关报道：我国的主要河流有机污染严重，水源污染等问题日益突出。大型淡水湖泊中大多数处在富营养状态，水质较差。另外，全国大多数城市的地下水受到污染，局部地区的部分指标超标。由于一些地区过度开采地下水，导致地下水位下降，引发地面的坍塌和沉陷、地裂缝和海水入侵等地质问题，并形成地下水位降落漏斗。

农业、工业和城市供水需求量不断提高导致了有限的淡水资源更为紧张。为了避免水危机，我们必须保护水资源。水资源保护的核心是根据水资源时空分布、演化规律，调整和控制人类的各种取用水行为，使水资源系统维持一种良性循环的状态，以达到水资源的可持续利用。水资源保护不是以恢复或保持地表水、地下水天然状态为目的的活动，而是一种积极的、促进水资源开发利用更合理、更科学的问题。水资源保护与水资源开发利用是对立统一的，两者既相互制约，又相互促进。保护工作做得好，水资源才能可持续开发利用；开发利用科学合理了，就达到了保护的目的。

水资源保护工作应贯穿在人与水的各个环节中。从更广泛的意义上讲，正确客观的调查、评价水资源，合理的规划和管理水资源，都是水资源保护的重要手段，因为这些工作是水资源保护的基础。从管理的角度来看，水资源保护主要是"开源节流"、防治和控制水源污染。它一方面涉及水资源、经济、环境三者平衡与协调发展的问题，另一方面还涉及各地区、各部门、集体和个人用水利益的分配与调整[27]。这里面既有工程技术问题，也有经济学和社会学问题。同时，还要广大群众积极响应，共同参与，就这一点来说，水资源保护也是一项社会性的公益事业。

### 一、水资源保护的目标

水是人类生产、生活不可替代的宝贵资源。合理开发、利用和保护有限的水资源，对

保证工农业生产发展，城乡人民生活水平稳步提高，以及维护良好的生态环境，均有重要的实际意义。

我国水资源总量居世界第六位，人均耕地亩均占有水资源量却远低于世界平均水平。地区分布不均、年际变化大、水质污染与水土流失加剧，使水资源供需矛盾日益突出，加强水资源管理，有效保护水资源已经迫在眉睫。

为了防止因不恰当的开发利用水资源而造成水源污染或破坏水源，所采取的法律、行政、经济、技术等综合措施，以及对水资源进行的积极保护与科学管理，称为水资源保护。水资源保护内容包括地表水和地下水的水量与水质的保护。一方面是对水量合理取用及其补给源的保护，即对水资源开发利用的统筹规划、水源地的涵养和保护、科学合理地分配水资源、节约用水、提高用水效率等，特别是保证生态需水的供给到位；另一方面是对水质的保护，主要是调查和治理污染源，进行水质监测、调查和评价，制定水质规划目标，对污染排放进行总量控制等，其中按照水环境容量的大小进行污染排放总量控制是水质保护方面的重点。

水资源保护的目标是，在水量方面必须要保证生态用水，不能因为经济社会用水量的增加而引起生态退化、环境恶化以及其他负面影响；在水质方面，要根据水体的水环境容量来规划污染物的排放量，不能因为污染物超标排放而使饮用水源地受到污染或危及其他用水的正常供应。

### 二、水资源保护的步骤

水资源保护的步骤是在收集水资源现状、水污染现状、区域自然、经济状况资料的基础上，根据经济社会发展需要，合理划分水功能区、拟定可行的水资源保护目标、计算各水域使用功能不受破坏条件下的纳污能力、提出近期和远期不同水功能区的污染物控制量及削减量，为水资源保护监督管理提供依据。水资源保护工作的步骤如图9-1所示。

### 三、水资源保护工程措施

#### （一）水利工程措施

水利工程在水资源保护中具有十分重要的作用。通过水利工程的引水、调水、蓄水、排水等各种措施，可以改善或破坏水资源状况。因此，要采用正确的水利工程来保护水资源[28]。

#### 1. 调蓄水工程措施

通过江、河、湖、库水系上一系列的水利工程，改变天然水系的丰、枯水期水量不平衡状况，控制江河径流量，使河流在枯水期具有一定的水域来稀释净化污染物质，改善水体质量。特别是水库的建设，可以明显改变天然河道枯水期径流量，改善河流的水质状况。

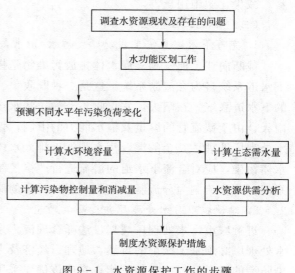

图9-1　水资源保护工作的步骤

2. 进水工程措施

从汇水区来的水一般要经过若干沟、渠、支河而流入湖泊、水库，在其进入湖库之前可设置一些工程措施控制水量水质。

（1）设置前置库。对库内水进行渗滤或兴建小型水库调节沉淀，确保水质达到标准后才能汇入到大中型江、河、湖、库之中。

（2）兴建渗滤沟。适用于径流量波动小、流量小的情况，也适用于农村、畜禽养殖场等分散污染源的污水处理，属于土地处理系统。在土壤结构符合土地处理要求且有适当坡度时可考虑采用。

（3）设置渗滤池。在渗滤池内铺设人工渗滤层。

3. 湖、库底泥疏浚

湖、库底泥疏浚是解决内源磷污染释放的重要措施，能将污染物直接从水体取出。但是湖、库底泥疏浚又会产生污泥处置和利用问题，可将疏浚挖出的污泥进行浓缩，上清液经除磷后回填到湖、库中。污泥可直接施向农田，用作肥料，并改善土质。

（二）农林工程措施

1. 减少面源污染

在汇流区域内，应科学管理农田，控制施肥量，加强水土保持，减少化肥的流失。在有条件的地方，宜建立缓冲带，改变耕种方式，以减少肥料的使用量与流失量。

2. 植树造林，涵养水源

植树造林，绿化江、河、湖、库周围山丘大地，以涵养水源，净化空气，减少氮素干湿沉降，建立美好生态环境。

3. 发展生态农业

建立养殖业、种植业、林果业相结合的生态工程，将畜禽养殖业排放的粪便有效利用于种植业和林果业，形成一个封闭系统，使生态系统中产生的营养物质在系统中循环利用，而不排入水体，减少对水环境的污染和破坏。积极发展生态农业，增加使用有机肥料，减少化肥施用量。

（三）市政工程措施

1. 完善下水道系统工程，建设污水/雨水截流工程

截断向江、河、湖、库水体排放污染物是控制水质的根本措施之一[29]。我国老城市的下水道系统多为合流制系统，这是一种既收集、输送污水，又收集、输送降雨后地表排水的下水道系统。在晴天，它仅收集、输送污水至城市污水处理厂，经污水处理后排放。在雨天，由于截流管的容量及输水能力的限制，仅有一部分雨水、污水的混合污水可送至污水处理厂处理，其余的混合污水则就近排入水体，往往造成水体的污染。为了有效地控制水体污染，应对合流下水道的溢流进行严格控制，其措施与办法主要为源控制，优化排水系统，改合流制为分流制，加强雨水、污水的储存，积极利用雨水资源。

2. 建设城市污水处理厂并提高其功能

进行城市污水处理厂规划，选择合理流程是一个十分重要又十分复杂的过程。城市污水处理厂必须基于城市的自然、地理、经济及人文的实际条件，同时也要考虑到城市水污染防治的需要及经济上的可能；它应该优先采用经济价廉的天然净化处理系统，也应在必

要时采用先进高效的新技术、新工艺；它应满足当前城市建设和人民生活的需要，也应预测并满足一定规划期后城市的需要。总之，这是一项系统工程，需要进行深入细致的技术经济分析。

3. 城市污水的天然净化系统

城市污水天然净化系统的特点是，利用生态工程学的原理及自然界微生物的作用，对废水污水实现净化处理。在稳定塘、水生植物塘、水生动物塘、湿地、土地处理系统以及上述处理工艺的组合系统中，菌藻及其他微生动物、浮游动物、底栖动物、水生植物和农作物及水生动物等进行多层次、多功能的代谢过程，还有相伴随的物理的、化学的、物理化学的多种过程，可使污水中的有机污染物、氮、磷等营养成分及其他污染物进行多级转换、利用和去除，从而实现废水的无害化、资源化与再利用。因此，天然净化符合生态学的基本原则，而且具有投资省、运行维护费低、净化效率高等优点。

（四）生物工程措施

利用水生生物及水生态环境食物链系统达到去除水体中氮、磷和其他污染物的目的。其最大特点是投资省、效益好，且有利于建立合理的水生生态循环系统。

**四、水资源保护内容**

水资源保护是指为了防治水污染和合理利用水资源，采取的行政、法律、经济、技术等综合措施，对水资源进行积极保护与科学管理。当前，我国水资源的短缺已成为可持续发展的严重制约因素，可以说已经成为我国可持续发展的瓶颈。从目前情况看，我国人均水资源量约为 $2200m^3$，属于轻度缺水的国家；但水资源时空分布严重不均，人口众多和传统工业经济发展速度较快加剧了缺水问题；严重的水污染又使缺水问题日益严重。近年来，水资源保护已经成为非常尖锐的问题。水污染防治是水资源保护的当务之急。

水资源保护的主要内容包括水量保护和水质保护两个方面。在水量保护方面，主要是对水资源统筹规划、涵养水源、调节水量，科学用水、节约用水、建设节水型工农业和节水型社会；在水质保护方面，主要制定水质规划，提出防治措施，制定水环境保护法规和标准，进行水质调查、监测与评价，研究水体中污染物质迁移、污染物质转化和污染物质降解与水体自净作用的规律，建立水质模型，制定水环境规划，实行科学的水质管理[30-31]。

（一）水资源保护规划

1. 规划内容

《中华人民共和国水法》第十四条规定，开发、利用、节约、保护水资源和防治水害，应当按照流域、区域统一制定规划，同时明确规定水资源保护规划是流域规划和区域规划所包括的专业规划之一。我国从 1983 年开始，在传统的江河流域规划中增加了水资源保护的内容。各流域机构会同省市水利、环保部门开展了长江、黄河、淮河、松花江、辽河、海河、珠江等七大江河流域水资源保护规划。2000 年，水利部又在全国布置开展水资源保护规划编制工作。2003 年，根据规划成果印发了《全国水资源保护规划初步报告》。目前，水资源保护规划又纳入全国水资源综合规划进行编制。

水资源保护规划的内容主要包括：在调查分析河流、湖泊、水库等污染源分布、排放量和方式等情况的基础上，与水文状况和水资源开发利用情况相联系，利用水质模型等手段，探索水质变化规律，评价水质现状和趋势，预测各规划水平年的污染状况；划定水体功能分区的范围和确定水质标准，按功能要求制定环境目标，计算水环境容量和与之相应的污染物消减量，并分配到有关河段、地区、城镇，提出符合流域或区域的经济合理的综合防治措施；结合流域或区域水资源开发利用规划，协调干支流、左右岸、上下游、地区之间的水资源保护；水质水量统筹安排，对污染物的排放实行总量控制，单项治理与综合治理相结合，管理与治理相结合。

2. 规划原则

制定水资源保护规划应遵循的基本原则主要有：可持续发展原则，全面规划、统筹兼顾、重点突出的原则，水质与水量统一规划、水资源与生态保护相结合的原则，地表水与地下水统一规划原则，突出与便于水资源保护监督管理原则。

3. 规划编制步骤

水资源保护规划是一个反复协调决策的过程，通过这个过程，寻求一个统筹兼顾的最佳规划方案。一个实用性的最佳规划方案应该使整体与局部、局部与局部、主观与客观、现状与远景、经济与水质、需要与可能等各方面协调统一，在具体工作中又往往表现为社会各部门各阶层之间的协调统一。概括起来，规划过程可分为 4 个环节，即规划目标、建立模型、模拟优化以及评价决策。每个环节都有各自相应的工作和准备工作，且各个环节的工作内容往往又是相互穿插和反复进行的。具体编制水资源保护规划报告时，其工作步骤一般分以下 3 个阶段。

（1）第一阶段。收集与综述现有的数据、资料、报告及总结过去的工作，内容涉及以下方面。

1）自然条件。地理位置、地形地貌、气候气温、降雨量、风向、面积与分区等。

2）人口状况。市区人口、乡镇人口、常住人口、流动人口，人口密度与空间分布、自然增长率、人口预测等。

3）城市建设总体规划。城市的规模、性质，城镇体系（如规划市区、卫星城或县城、中心镇、一般建制镇等），城市建设用地性质（居民住宅、公共建筑、工业等）。

4）社会经济发展现状及预测。包括国内生产总值、工业结构、产值分布、产业结构、不同产业的分布特征、工业发展速度（现状与预测值）、国内生产总值的发展速度等。

5）环境污染与水资源保护现状。污染源、污染性质、污染负荷、水体特征（水文的、水力的）、水质监测状况（布点、监测频率、监测因子）及历年统计资料、数据与结果。

6）水资源保护目标、标准及水功能区划分状况。水功能区划是指水资源保护类别及水质目标的确定，它是水资源保护规划的基础。根据对现有的数据和资料的收集、归类与初步分析，应确定尚需补充收集的数据与资料，并制订补充取样分析、监测的计划。在此阶段还应确定规划水域。

（2）第二阶段。

1）建立数据管理系统地理信息系统，将适宜的有关数据、技术参数及资料输入上述系统，提出尚需补充的数据及资料。

2）确定各类污染源及污染负荷，包括工业废水污染源、农村污染源、生活污水污染源、城市粪便量、雨水量及初期暴雨径流量挟带的污染物量。

3）模型选择、采用、校正与检验。在水资源保护规划中，需采用模型进行水量、水质预测，并对推荐规划方案进行优化决策，以达到最小费用。目前一般采用多参数综合决策分析模型或最小费用模型，这类模型需要输入各种费用数据及水资源质量参数等。

4）酝酿制定可能的推荐规划方案，提出解决水环境污染及改善水质的战略、途径、方法与措施，对制定长期的水资源保护战略提出意见和建议。

（3）第三阶段。规划方案确定及实施计划安排。

1）应提出各种战略、对策及解决问题措施的清单。

2）对提出的规划方案进行技术、经济分析，以达到技术上的可行和经济上的合理。如果通过模型的模拟运行计算和分析，达不到既定水质目标、技术上不可行或经济上不合理，则需要提出在技术、经济上更为可行的规划方案，通过一次或两次计算，最后制定出推荐的规划方案。

3）应制定各工程项目实施的优先顺序和实施计划（不同规划年各工程项目的实施计划）。

4）应对水资源保护与管理提出体制、法规、标准、政策等方面的意见和建议。最后还应考虑当地政府财政上的支撑能力，以期获得批准和实施。

（4）规划的主要技术措施。水资源保护规划编制过程中，基本上采用系统工程的分析方法，但对其中各专题内容，可根据其特性分别采用现状调查、类比分析、实测计算、历史比较、未来预测、可行性分析、系统分析、智能技术、决策技术、可靠性分析等方法。

水资源保护规划中的主要技术措施包括水功能区划、水质监测、水质评价、水污染防治等。

# 第二节　水功能区划分

## 一、水功能区划的目的和意义

水是重要的自然资源。随着我国经济社会的发展和城市化进程的加快，水资源短缺、水污染严重已经成为制约国民经济可持续发展的重要因素。2013 年在全国 20.8 万 km 评价河长中，水质为Ⅳ类及劣于Ⅳ类的占 31.4％，一些城市的供水水源地水质恶化，直接影响到人民身体健康。造成这些现象的原因主要是工业及生活废污水大量增加、废污水不经达标处理直接排放、水域保护目标不明确、入河排污口不能规范管理、污水随意排放等。

为了解决目前水资源开发利用和保护存在的不协调问题，为了保护珍贵的水资源，使水资源能够持续利用，需要根据流域或区域的水资源状况，同时考虑水资源开发利用现状和经济社会发展对水量和水质的需求，在相应水域划定具有特定功能、有利于水资源的合理开发利用和保护的区域。如将河流源头设置为水资源保护区、将经济较发达的区域设置为水资源开发利用区、考虑经济社会的发展前景设置水资源保留区等，使水资源充分合理利用，发挥最大的效益。同时，通过水功能区划，实现了水资源利用和水资源保护的预先协调，极大地避免了水资源"先使用后治理"的问题。

## 二、水功能区划指导思想及原则

（一）指导思想

水功能区划是针对水资源三级区内的主要江、河、湖、库、国家级及省级自然保护区、跨流域调水及集中式饮用水水源地、经济发达城市水域，结合流域、区域水资源开发利用规划及经济社会发展规划，根据水资源的可再生能力和自然环境的可承受能力，科学、合理地开发和保护水资源，既满足当代和本区域对水资源的需求，又不损害后代和其他区域对水资源的需求，促进经济、社会和生态的协调发展，实现水资源可持续利用，保障经济社会的可持续发展。

（二）区划原则

1. 前瞻性原则

水功能区划应具有前瞻性，要体现社会发展的超前意识，结合未来经济社会发展需求，引入本领域和相关领域研究的最新成果，为将来高新技术发展留有余地。如在工业污水排放区，区划的目标应该以工艺水平提高、污染治理效果改善后工业潜在的污染为区划的目标，减少排放区污染物浓度，减少水资源保护的投入，增大水资源的利用量。

2. 统筹兼顾，突出重点的原则

水功能区划涉及上下游、左右岸、近远期以及经济社会发展需求对水域功能的要求，应借助系统工程的理论方法，根据不同水资源分区的具体特点建立区划体系和选取区划指标，统筹兼顾，在优先保护饮用水水源地和生活用水前提下，兼顾其他功能区的划分。

3. 分级与分类相结合的原则

水资源开发利用涉及不同流域、不同的行政区，大到一个国家、一个流域，小到一条河、一个池塘。水功能区的划分应在宏观上对流域水资源的保护和利用进行总体控制，协调地区间的用水关系；在整体功能布局确定的前提下，再在重点开发利用水域内详细划分各种用途的功能类别和水域界线，协调行业间的用水关系，建立功能区之间横向的并列关系和纵向的层次体系。

4. 便于管理，实用可行的原则

水资源是人们赖以生存的重要自然资源，水资源质和量对地区工业、农业、经济的发展起着重要的作用。如一些干旱地区，没有灌溉就没有产量；城市如果缺水可能导致社会的不安定。为了合理利用水资源，杜绝"抢""堵""偷"等不正当的水资源利用现象，也为了便于管理，实现水资源利用的"平等"，水功能的分区界限尽可能与行政区界一致。利用实际使用的，易于获取和测定的指标进行水功能区划分。区划方案的确定既要反映实际需求，又要考虑技术经济现状和发展，力求实用、可行。

5. 水质、水量并重的原则

水功能区划分既要考虑对水量的需求，又要考虑对水质的要求，但对常规情况水资源单一属性（数量和质量）要求的功能不做划分，如发电、航运等。

**三、水功能区划的依据**

我国江、河、湖、库水域的地理分布、空间尺度有很大差异，其自然环境、水资源特征、开发利用程度等具有明显的地域性。对水域进行的功能划分能否准确反映水资源的自然属性、生态属性、社会属性和经济属性，很大程度上取决于功能区划体系（结构、类型、指标）的合理性。水功能区划体系应具有良好的科学概括、解释能力，在满足通用性、规范性要求的同时，类型划分和指标值的确定与我国水资源特点相结合，是水功能区划的一项重要的标准性工作。

遵照水功能区划的指导思想和原则,通过对各类型水功能内涵、指标的深入研究,综合取舍,我国水功能区划采用两级体系,即一级区划和二级区划。

水功能一级区划分四类,即保护区、缓冲区、开发利用区和保留区;水功能二级区划在一级区划的开发利用区内进行,共分七类,包括饮用水源区、工业用水区、农业用水区、渔业用水区、景观娱乐用水区、过渡区和排污控制区。一级区划宏观上解决水资源开发利用与保护的问题,主要协调地区间关系,并考虑发展的需求;二级区划主要协调用水部门之间的关系。

水功能区划的一级划分在收集分析流域或区域的自然状况,经济社会状况,水资源综合利用规划以及各地区的水量和水质的现状等资料的基础上,按照先易后难的程序,依次划分规划保护区、缓冲区、开发利用区及保留区。二级区划则首先确定区划的具体范围,包括城市现状水域范围和城市规划水域范围,然后收集区域内的资料,如水质资料、取水口和排污口资料、特殊用水资料(鱼类产卵场、水上运动场)及城区规划资料,初步确定二级区的范围和工业、饮用、农业、娱乐等水功能分布,最后对功能区进行合理检查,避免出现低功能区向高功能区跃进的衔接不合理现象,协调平衡各功能区位置和长度,对不合理的功能区进行调整。水功能区划程序如图 9-2 所示。

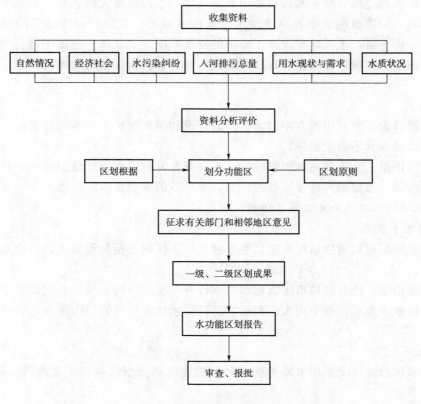

图 9-2 水功能区划程序

（一）水功能一级区划分类及划区依据

1. 保护区

保护区指对水资源保护、饮用水保护、生态环境及珍稀濒危物种的保护具有重要意义的水域。

具体划区依据：①源头水保护区，即以保护水资源为目的，在主要河流的源头河段划出专门涵养保护水源的区域，但个别河流源头附近如有城镇，则划分为保留区；②国家级和省级自然保护区范围内的水域；③已建和规划水平年内建成的跨流域、跨省（自治区、直辖市）行政区域的大型调水工程水源地及其调水线路，省内重要的饮用水源地；④对典型生态、自然环境保护具有重要意义的水域。

2. 缓冲区

缓冲区指为协调省际间、矛盾突出的地区间用水关系；协调内河功能区划与海洋功能区划关系；以及在保护区与开发利用区相接时，为满足保护区水质要求需划定的水域。

具体划分依据：跨省（自治区、直辖市）行政区域河流、湖泊的边界水域，省际边界河流、湖泊的边界附近水域；用水矛盾突出地区之间水域。

3. 开发利用区

开发利用区主要指具有满足工农业生产、城镇生活、渔业、娱乐和净化水体污染等多种需水要求的水域和水污染控制、治理的重点水域。

具体划分依据：取（排）水口较集中，取（排）水河长较大的水域，如流域内重要城市江段、具有一定灌溉用水量和渔业用水要求的水域等。开发利用程度采用城市人口数量、取水量、排污量，水质状况及城市经济的发展状况（工业值）等能间接反映水资源开发利用程度的指标，通过各种指标排序的方法，选择各项指标较大的城市河段，划为开发利用区。

4. 保留区

保留区指目前开发利用程度不高，为今后开发利用和保护水资源而预留的水域。该区内水资源应维持现状不遭受破坏。

具体划区依据：受人类活动影响较少，水资源开发利用程度较低的水域；目前不具备开发条件的水域；考虑到可持续发展的需要，为今后的发展预留的水域。

（二）水功能二级区分类及划区依据

1. 饮用水水源区

饮用水水源区指城镇生活用水需要的水域。功能区划分指标包括人口、取水总量、取水口分布等。

具体划区依据：已有的城市生活用水取水口分布较集中的水域或在规划水平年内城市发展设置的供水水源区；每个用水户取水量需符合水行政主管部门实施取水许可制度的细则规定。

2. 工业用水区

工业用水区指城镇工业用水需要的水域。功能区划分指标包括工业产值、取水总量、取水口分布等。

具体划区依据：现有的或规划水平年内需设置的工矿企业生产用水取水点集中的水

域；每个用水户取水量需符合水行政主管部门实施取水许可制度的细则规定。

3. 农业用水区

农业用水区指农业灌溉用水需要的水域。功能区划分指标包括灌区面积、取水总量、取水口分布等。

具体划分依据：已有的或规划水平年内需要设置的农业灌溉用水取水点集中的水域；每个用水户取水量需符合水行政主管部门实施取水许可制度的细则规定。

4. 渔业用水区

渔业用水区指具有鱼、虾、蟹、贝类产卵场、索饵场、越冬场及洄游通道功能的水域，养殖鱼、虾、蟹、贝、藻类等水生动植物的水域。功能区划分指标包括渔业生产条件及生产状况。

具体划区依据：具有一定规模的主要经济鱼类的产卵场、索饵场、洄游通道，历史悠久或新辟人工放养和保护的渔业水域；水文条件良好，水交换畅通；有合适的地形、地质。

5. 景观娱乐用水区

景观娱乐用水区指以景观、疗养、度假和娱乐需要为目的的水域。功能区划分指标包括景观娱乐类型及规模。

具体划区依据：休闲、度假、娱乐，运动场所涉及的水域，水上运动场，风景名胜区所涉及的水域。

6. 过渡区

过渡区指为使水质要求有差异的相邻功能区顺利衔接而划定的区域。功能区划分指标包括水质与水量。

具体划区依据：下游用水水质要求高于上游水质状况；有双向水流的水域，且水质要求不同的相邻功能区之间。

7. 排污控制区

排污控制区指接纳生活生产污废水比较集中，所接纳的污废水对水环境无重大不利影响的区域。功能区划分指标有排污量、排污口分布。

具体划区依据：接纳污废水中污染物可稀释降解，稀释自净能力较强的水域，其水文、生态特性适宜于作为排污区。

**四、水功能区水质目标拟定**

水功能区划定后，还要根据水功能区的水质现状、排污状况、不同水功能区的特点以及当地技术经济条件等，拟定各水功能一级区划、二级区划的水质目标值。水功能区的水质目标值是相应水体水质指标的确定浓度值。

在水功能一级区划中，保护区应按照《地表水环境质量标准》（GB 3838—2002）中Ⅰ类、Ⅱ类水质标准来定，因自然、地质原因不满足Ⅰ类、Ⅱ类水质标准的，应维持水质现状；缓冲区应按照实际需要来制定相应水质标准或按现状来控制；开发利用区按各二级区划来制定相应的水质标准；保留区应按现状水质类别来控制。

在水功能二级区划中，饮用水源区应按照《地表水环境质量标准》（GB 3838—2002）中Ⅱ类、Ⅲ类水质标准来定；工业用水区应按照《地表水环境质量标准》（GB 3838—2002）

中Ⅳ类水质标准来定；农业用水区应按照《地表水环境质量标准》（GB 3838—2002）中Ⅴ类水质标准来定；渔业用水区应按照《渔业水质标准》（GB 11607—89），并参照《地表水环境质量标准》（GB 3838—2002）中Ⅱ～Ⅲ类水质标准来定；景观娱乐用水区应参照《地表水环境质量标准》（GB 3838—2002）中Ⅲ～Ⅳ类水质标准来定；过渡区和排污控制区应按照出流断面水质达到相邻水功能区的水质要求选择相应的水质控制标准来定。

# 第三节　水环境容量

## 一、水环境容量的定义和影响因素

水环境容量是指在不影响水的正常用途的情况下，水体所能容纳的污染物的量或自身调节净化并保持生态平衡的能力。

水环境容量的影响因素主要是水体特征、水质目标和污染物特性。

（1）水体特征。包括水体的几何参数，如河宽、水深；水文参数，如流量、流速；地球化学背景参数，如主要水化学成分、污染源的背景水平、水的 pH 值；水体的物理自净作用，如稀释、扩散、沉降、分子态吸附；物理化学自净作用，如离子态吸附；化学自净作用，如水解、氧化、光化学等；生物降解作用，如水解、氧化还原、光合作用等。这些参数决定着水体对污染物的扩散稀释能力和自净能力，从而决定着水体环境容量的大小。

（2）水质目标。水体对污染物的纳污能力是相对于水体满足一定的使用功能而言的。根据水体的用途不同，允许存在于水体的污染物浓度也不同。我国将地面水质标准按污染程度分为五类，每类水体允许的水质标准影响着水环境容量的大小。

（3）污染物特性。污染物本身具有的化学特性和在水体中的含量不同，水体对污染物自净作用不同；不同污染物对人体健康的影响和对水生生物的毒性作用是不相同的，相应地，允许存在于水体的污染浓度也不相同。所以，针对不同的污染物有不同的水环境容量。

## 二、水环境容量的计算

水环境容量大小与水体特征、水质目标及污染物特性有关，同时还与污染物排放的方式以及排放的时空分布有密切关系。因此，需要运用水质迁移转化基本方程来求解水体中污染物的时间、空间分布过程，再根据水体的水功能区目标和要求，来计算水环境容量大小。

由于污染物进入水体后，主要受到稀释、迁移和转化作用，因此水环境容量实际上由三部分组成，其表达式为

$$W_T = W_d + W_t + W_s \tag{9-1}$$

式中：$W_T$ 为水体对污染物的总水环境容量；$W_d$ 为水体对污染物的稀释容量；$W_t$ 为水体对污染物的迁移容量；$W_s$ 为水体对污染物的净化容量。

下面将以河流一维水质基本方程为例来介绍水环境容量的计算方法及解析解。

（一）稀释容量

稀释容量是由水体对污染物的稀释作用所引起的，它与水体体积和污径比有关。设水

体的流量为 $Q$，污染物在水体中的背景浓度为 $C_B$，污染物的水环境质量标准为 $C_S$，排入水体的污水流量为 $q$，则水体对该污染物的稀释容量可表达为

$$W_d = Q(C_B - C_S)\left(1 + \frac{q}{Q}\right) \tag{9-2}$$

令 $V_d = Q$，$P_d = (C_B - C_S)\left(1 + \frac{q}{Q}\right)$，则有

$$W_d = V_d P_d \tag{9-3}$$

式中：$P_d$ 为水体对污染物稀释容量的比容。

（二）迁移容量

水体对污染物的迁移容量是由水体的流动引起的，与水体流速、扩散系数等水力学特征有关。其数学表达式为

$$W_t = Q(C_S - C_B)\left(1 + \frac{q}{Q}\right)\left\{\frac{\sqrt{4\pi E_x t}}{u}exp\left[\frac{(x-ut)^2}{4E_x t}\right]\right\} \tag{9-4}$$

令 $V_t = Q$，$P_t = (C_S - C_B)\left(1 + \frac{q}{Q}\right)\left\{\frac{\sqrt{4\pi E_x t}}{u}exp\left[\frac{(x-ut)^2}{4E_x t}\right]\right\}$，则有

$$W_t = V_t P_t \tag{9-5}$$

式中：$P_t$ 为水体对污染物迁移容量的比容。

（三）净化容量

水体对污染物的净化容量主要是由水体对污染物的生物作用或化学作用使之降解而产生的，所以净化容量是针对可衰减污染物而言的。假定这类污染物的衰减过程遵守一级反应动力学规律，则其反应速率 $R$ 可写为

$$R = -kC \tag{9-6}$$

式中：$k$ 为反应速率常数，其大小反映污染物在水体中被净化的能力。

由上述若干物理量得出水体对污染物净化容量的表达式为

$$W_S = Q(C_S - C_B)\left(1 + \frac{q}{Q}\right)\left[1 - exp\left(-\frac{x}{\tau u}\right)\right] \tag{9-7}$$

$\tau$ 为 $k$ 的倒数，它反映了污染物被降解的难易程度，$\tau$ 越大，污染物在环境中停留的时间越长，水体对它的容量越小。反应速率 $R$ 与污染物浓度 $C$ 及 $\tau$ 有关，它反映水体对污染物自净的快慢程度。

令 $V_S = Q$，$P_S = (C_S - C_B)\left(1 + \frac{q}{Q}\right)\left[1 - exp\left(-\frac{x}{\tau u}\right)\right]$ 则有

$$W_S = V_S P_S \tag{9-8}$$

式中：$P_S$ 为水体对污染物净化容量的比容。

（四）总水环境容量

水体对污染物的稀释容量、迁移容量和净化容量之和称为总水环境容量，其大小为

$$W_T = Q(C_S - C_B)\left(1 + \frac{q}{Q}\right)\left\{2 + \frac{\sqrt{4\pi E_x t}}{u}exp\left[\frac{(x-ut)^2}{4E_x t}\right] - exp\left(-\frac{x}{\tau u}\right)\right\} \tag{9-9}$$

如果污染物是难降解的，则 $k=0$，那么 $exp\left(-\frac{x}{\tau u}\right) = 1$，这时

$$W_T = Q(C_S - C_B)\left(1 + \frac{q}{Q}\right)\left\{1 + \frac{\sqrt{4\pi E_x t}}{u}exp\left[\frac{(x - ut)^2}{4E_x t}\right]\right\} \qquad (9-10)$$

说明水体对难降解污染物只有稀释容量和迁移容量，而无净化容量。

如果扩散作用的效果很不显著，以至于可以忽略不计，即 $E_x = 0$，这时 $\dfrac{\sqrt{4\pi E_x t}}{u}$

$exp\left[\dfrac{(x - ut)^2}{4E_x t}\right] \to 0$，则式（9-10）变为

$$W_T = Q(C_S - C_B)(1 + \frac{q}{Q}) \qquad (9-11)$$

式（9-11）表明，对于难降解污染物，在不考虑水体的扩散作用时，不存在迁移容量和净化容量，水体的总水环境容量就等于稀释容量。

### 三、污染物排放总量控制

#### （一）实施污染物排放总量控制的意义

我国在水环境监测和管理上，多年来一直采用浓度控制的管理模式。浓度控制就是控制废污水的排放浓度，要求排入水域的污染物的浓度达到污染物排放标准，即达标排放。污染物排放标准有行业排放标准和国家污水综合排放标准等。

应该说，浓度控制对污染源的管理和水污染的控制是有效的，但也存在一些问题。由于没有考虑受纳水体的承受能力，有时候即使污染源全部都达标排放，由于没法控制排放总量，受纳水体水质还是被严重污染；加上全国性的工业废水排放标准往往不能把所有地区和所有情况都包括进去，在执行中会遇到一些具体问题，如对于不同纳污能力的水体，同一行业执行同一标准，环境效益却不同，纳污能力大的水体能符合要求，而纳污能力小的水体可能已受到污染。这些问题的解决，一方面可通过制定更加严格的地区水污染排放标准；另一方面，就是实行总量控制。

总量控制是根据受纳水体的纳污能力，将污染源的排放数量控制在水体所能承受的范围之内，以限制排污单位的污染物排放总量。1996 年我国开始推行"一控双达标"的环保目标。"一控"指的是污染物总量控制，就是控制各省（自治区、直辖市）所辖区主要污染物的排放量在国家规定的排放总量指标内。总量控制并非对所有的污染物都控制，而是对二氧化硫、工业粉尘、化学耗氧量、汞、镉等 12 种主要工业污染物进行控制。"双达标"指的是工业污染源要达到国家或地方规定的污染物排放标准、空气和地表水按功能区达到国家规定的环境质量标准。按功能区达标指的是城市中的工业区、生活区、文教区、商业区、风景旅游区、自然保护区等，不是执行同一个环境质量标准，而是分别达到不同的环境质量标准。我国从 2000 年开始实行污染物总量控制。据国家环保总局（现生态环境部）发布的《2005 年中国环境状况公报》，2005 年全国工业废水排放达标率为 91.2%，比 2004 年提高 0.5 个百分点。其中，重点企业工业废水排放达标率为 92.8%，比 2004 年提高 0.9 个百分点；非重点企业工业废水排放达标率为 80.6%，与 2004 年持平。说明使用总量控制有利于环境条件的改善。

污染物排放总量可依据功能区域水域纳污能力，反推允许排入水域的污染物总量，这种方法称为容量控制法。也可依据一个既定的水环境目标或污染物削减目标，正推限定排

污单位污染物排放总量,称为目标总量控制法。由此可见,在研究水功能区纳污能力,建立功能区水质目标与排放源的输入响应关系的基础上,将功能区污染物入河量分配到相应陆域各排放源,是总量控制的重要环节,也是总量控制中的技术关键问题。只有了解和掌握水域污染物控制量和削减量,才能达到有效控制水污染的目的。因此,制定污染物控制量和削减量方案是实施污染物排放总量控制的前提,对控制水环境污染,改善和提高水环境质量具有重大的意义。

（二）污染物控制量和削减量的确定

1. 污染物入河控制量

为了保证功能区水体的功能,水质要达到功能区水质目标,在一定的规划设计水平条件下,功能区水体的纳污能力是一定的,必须对进入功能区水体的污染物入河总量进行控制。

根据水功能区的纳污能力和污染物入河量,综合考虑功能区水质状况、当地技术经济条件和经济社会发展,确定污染物进入水功能区的最大数量,称为污染物入河控制量。污染物入河控制量是进行功能区水质管理的依据。不同的功能区入河控制量按不同的方法分别确定,同一功能区不同水平年入河控制量可以不同。

不同的水功能区入河控制量可采用下面的方法来确定:当污染物入河量大于水环境容量时,以水环境容量作为污染物控制量;当污染物入河量小于水环境容量时,以现状条件下污染物入河量作为入河控制量。

2. 污染物入河削减量

水功能区的污染物入河量与其入河控制量相比较,如果污染物入河量超过污染物入河控制量,其差值即为该水功能区的污染物入河削减量。

功能区的污染物入河控制量和削减量是水行政主管部门进行水功能区管理的依据;是水行政主管部门发现污染物排放总量超标或水域水质不满足要求时,提出排污控制意见的依据;同时,也是制订水污染防治规划方案的基础。

3. 污染物排放控制量

为保证功能区水质符合水域功能要求,根据陆域污染源污染物排放量和入河量之间的输入响应关系函数,由功能区污染物入河控制量所推出的功能区相应陆域污染源的污染物排放最大数量,称为污染物排放控制量。污染物排放控制量在数值上等于该功能区入河控制量除以入河系数。

4. 水污染物排放削减量

水功能区相应陆域的污染物排放量与排放控制量之差,即为该功能区陆域污染物排放削减量,陆域污染物排放削减量是制定污染源控制规划的基础。

水污染物排放削减量有两种分配方法:一是将规划区域的水污染物允许排放量作为总量控制目标,分配到各个水污染控制单元,然后根据污染现状和污染变化预测,分别计算各个污染控制单元的各个污染源的削减量;二是由全规划区域统一计算出总的水污染物削减量,作为主要水污染物排放总量削减指标,直接分配到各个水污染源。

**四、水环境容量的分配**

环境容量是一种功能性资源,它具有商品的一般属性,排污权分配的实质是对环境容量资源这种特殊商品的一种配置。排污指标应该有价值和使用价值。排污指标被企业无偿占有，其弊端有二：一是失去了用经济手段调整污染项目的市场准入功能；二是企业占用的现有排污指标无法流通，市场配置环境资源的功能难以发挥出来。

水环境容量的分配就是以污染物排放总量控制为目标，根据排污地点、数量和方式，结合污染物排污总量削减的优先顺序，考虑技术、经济的可行性等因素，用水环境中污染物最大允许排放量分配各控制区域的环境容量资源，确定各污染源的最大允许排放量或需要削减量。

根据污染负荷总量分配出发点的不同，可以将其分为优化分配和公平分配两种。前者以环境经济整体效益最优化为目标，后者则追求公平，兼顾公平与效率。

（一）总量分配原则

污染物允许总量的分配关系到各污染源的切身利益，分配应以公平性原则为根本，同时追求经济效率，即以较低的社会成本达到区域内总的允许排放量最大的环境效益。

尽管在社会资源、利益分配上关于公平的度量还有很多争议，难以有一个被普遍接受的"公平原则"，但就污染物总量分配而言，以下原则可以指导具体污染源的排放总量的分配。

1. 考虑功能区域差异

在污染物允许排放量的分配中应该考虑到不同功能区域中不同行业的自身特点。按照不同的功能区域进行划分，由于各种行业间污染物产生数量、技术水平或污染物处理边际费用的差异，处理相同数量污染物所需费用相差很大或生产单位产品排放污染物数量相差甚远，因此在各个功能区域间分配污染物允许排放量时应该兼顾这种功能划分的差别，适当进行调整，以较小的成本实现环境的达标。

2. 环境容量充分利用

各个排污系统或各单元分配的容量要使得区域的允许排放总量为最大，以体现环境容量得到充分利用。

3. 集中控制原则

对于位置邻近、污染物种类相同的污染源，首先要考虑实行集中控制，然后将排放余量分配给其他污染源。

4. 规模差异原则

在已经划分的功能区内部，污染物允许排放量与企业规模成正比。在新开发区的具体实践中，推荐采用按照地块面积分配区域内部污染排放量的方法。

5. 清洁生产原则

允许排放量的分配中应该按照行业先进的生产标准设计排污指标，促使企业采用清洁生产技术。削减废水排放量与降低生产、生活用水量有密切关系，合理开发利用水资源、节约用水、提高水的重复利用率是削减废水排放量的根本途径。

（二）常用的总量分配方法与特点

1. 等比例分配方法

等比例分配方法是在承认各污染源排放现状的基础上，将受总量控制的允许排放总量等比例地分配到各水功能区或污染控制单元所对应的污染源中，各污染源等比例分担排放责任。该方法思路简单，通过量上的绝对公平进行总量分配，但是忽略了排污企业的生产工艺、生产设备、能源结构、资源利用率、污染治理水平等多方面的差别。

### 2. 按贡献率削减排放量分配方法

按贡献率削减排放量分配方法是依据各个污染源对总量控制区域内环境质量的影响程度大小，按污染物贡献率大小来削减污染负荷。即以浓度排放标准和等标准污染负荷率值控制标准加权平均，求得各污染源的基础允许排放量和基础削减量。该方法在一定程度上体现了每个污染源平等共享环境容量资源，同时也平等承担超过其允许负荷量的责任。但是它不能反映不同行业污染治理费用的差异，因而在污染治理费用方面存在一定不公平性。

### 3. 费用最小分配方法

该方法是以治理费用最小作为目标函数，以环境目标值作为约束条件，建立优化数学模型，求得各污染源的允许排放负荷，使系统的污染治理投资费用总和最小。该方法只是从理论上追求社会整体效益最大，忽略了各排污者之间的公平性问题，忽略了监督和管理的成本因素和实践中污染治理效率、边际治理费用的高低，这将导致管理得力的污染源负担更多的削减量。允许排放量分配的不公平不利于企业在平等的市场交换条件下开展竞争，严重挫伤企业防治污染的积极性，激发企业的抵触情绪，从而导致规划方案难以落实。国内外的大量实践均表明，只依照最小费用方法分配允许排放量的做法在实践中遇到了极大的阻力。

除以上三种应用最为广泛的分配方法外，还有排污指标有偿分配法、行政协调分配法、多目标加权评价法等多种分配方法。这些分配方法对推动我国总量控制工作的深入开展起到了积极的作用，但是由于方法的局限性和地区的差异性，各种负荷分配方法都很难在较大范围内得到推广。无论采用什么分配方法，都要与本地区的社会、经济和环境状况相适应。

# 第四节　水资源管理

水资源管理是针对水资源分配、调度的具体组织、协调、实施和监督，是水资源规划方案的具体实施过程。通过水资源合理分配、优化调度、科学管理，以做到科学、合理地开发利用水资源，支撑社会经济发展，改善生态环境，并达到水资源开发、社会经济发展及生态环境保护相互协调的目的。

本节将结合前面介绍的基础理论知识，阐述水资源管理的工作流程，介绍可持续水资源管理的措施。

## 一、水资源管理的工作流程

与水资源规划相比，水资源管理的工作目标、流程、手段差异更大，受人为作用影响的因素更多。但从水资源配置的角度来说，其工作流程基本类似，如图9-3所示。

### 1. 确立管理目标

与水资源规划工作相似，在开展水资源管理工作之前，也要首先确立管理的目标和方向，这是管理手段得以实施的依据和保障。如在对水库进行调度管理时，丰水期要以防洪

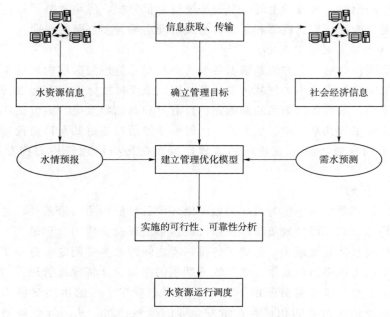

图 9-3 水资源管理一般工作流程图

和发电为主要目标，而枯水期则要以保障供水为主要目标。

2. 信息获取、传输

信息获取、传输是水资源管理工作得以顺利开展的基础条件，通常需要获取的信息有水资源信息、社会经济信息等。水资源信息包括来水情势、用水信息以及降水观测等。社会经济信息包括与水有关的工农业生产变化、技术革新、人口变动、水污染治理以及水利工程建设等。总之，需要及时了解与水有关的信息，对未来水利用决策提供基础资料。

为了对获得的信息迅速做出反馈，需要把信息及时传输到处理中心。同时，还需要对获得的信息及时进行处理，建立水情预报系统、需水量预测系统，并及时把预测结果传输到决策中心。资料的采集可以运用自动测报技术，信息的传输可以通过无线通信设备或网络系统来实现。

3. 建立管理优化模型，寻找最优管理方案

根据研究区的社会、经济、生态环境状况、水资源条件、管理目标，建立该区水资源管理优化模型。通过对该模型的求解，得到最优管理方案。关于模型的类型及其求解方法已在前面介绍过。

4. 实施的可行性、可靠性分析

对选择的管理方案实施的可行性、可靠性进行分析。可行性分析包括技术可行性、经济可行性，以及人力、物力等外部条件的可行性分析；可靠性分析是对管理方案在外部和内部不确定因素的影响下实施的可靠度、保证率的分析。

5. 水资源运行调度

水资源运行调度是对传输的信息，在通过决策方案优选、实施的可行性、可靠性分析之后，做出的及时调度决策。可以说，这是在实时水情预报、需水预测的基础上所做的实

时调度决策。

## 二、水资源管理措施

水资源管理是一项复杂的水事行为，包括很广的管理内容。进行水资源管理需要建立一套严格的管理体制，保证水资源管理制度的实施；需要公众的广泛参与，建立水资源管理的良好群众基础；水资源是有限的，使用水资源应该是有偿的，所以还需要采用经济措施及其他间接措施，以实现水资源的宏观调控；针对复杂的水资源系统和多变的社会经济系统，必须具有水资源实时调度的能力。通常，水资源管理措施包括管理体制与公众参与，采用经济运行机制，制定管理方案并进行实时调度等多个方面。

（一）措施之一：管理体制与公众参与

为了实现水资源管理的目标，确保水资源的合理开发利用、国民经济可持续发展以及人民生活水平不断提高，必须建立完善的管理体制和法律法规措施，加强公众的参与。这是非常重要的，也是非常关键的。

1. 完善水资源管理体制，对水资源管理起主导作用

纵观国内外水资源管理的经验和优势，可以看出，水资源开发利用和保护必须实行全面规划、统筹兼顾、综合利用、统一管理的策略，充分发挥水资源的多种功能，以求获得较大的综合效益。同时，可以看出，水资源管理体制越健全，这些优势体现得越充分。

我国主要江河流域面积大，人口众多，管理手段还比较落后，各地区开发利用程度不同，管理水平也不一。这就要求我国的水资源管理必须根据我国国情，逐步健全水资源管理体制，按照《中华人民共和国水法》的规定，实行流域管理与行政区域管理相结合的水资源统一管理体制。

2. 加强宣传，鼓励公众广泛参与，是水资源管理制度得以落实的基础

水资源管理措施的实施关系到每一个人。只有公众认识到"水资源是宝贵的，水资源是有限的""不合理开发利用会导致水资源短缺""必须大力提倡节约用水"，才能保证水资源管理方案得以实施。

公众参与是实施水资源可持续利用战略的重要方面。一方面，公众是水资源管理执行人群中的一个重要部分，尽管每个人的作用没有水资源管理决策者那么大，但是，公众人群的数量很大，其综合作用是水资源管理的主流，只有绝大部分人群理解并参与水资源管理，才能保证水资源管理政策的实施，才能保证水资源可持续利用。另一方面，公众参与能反映不同层次、不同立场、不同性别人群对水资源管理的意见、态度及建议。水资源管理决策者仅能反映社会的一个侧面，在做决定时，可能仅考虑某一阶层、某一范围人群的利益，这样往往会给政策执行带来阻力。例如，许多水资源开发项目的论证没有充分考虑受影响的人群，导致受影响群众的不满情绪，对项目实施带来不利影响。

3. 加强水资源管理法制建设及执法能力建设

加强和完善水资源管理的根本措施之一，就是要运用法律手段，将水资源管理纳入法制轨道，建立水资源管理法制体系，走"依法治水"的道路。

中华人民共和国成立后，我国政府十分重视治水的立法工作，已经制定了《中华人民共和国水法》《中华人民共和国水污染防治法》《中华人民共和国水土保持法》《中华人民共和国防洪法》。

1988 年《中华人民共和国水法》的颁布实施，标志着我国走上了依法治水的轨道。2002 年 8 月又重新对水法进行修订，并颁布实施了新的《中华人民共和国水法》。2016 年 7 月进行了第二次修正。

这些法律、法规是我国从事水事活动的法律依据。

（二）措施之二：经济运行机制

水资源管理的另一个措施，是采用经济运行机制。这依赖于政府部门制定的有关经济政策，以此为杠杆，间接调节和影响水资源的开发、利用、保护等水事活动，促进水资源可持续利用和社会经济发展。水资源管理的经济运行机制包括以下几方面的内容。

1. 以水价为经济调控杠杆，促使水资源有效利用

水价作为一种有效的经济调控杠杆，涉及经营者、普通水用户、政府等多方面利益，用户希望获得更多的低价用水，开发经营者希望通过供水获得利润，政府则希望实现其社会政治目标。但从整体角度来看，水价制定的目的在于，在合理配置水资源，保障生态环境用水以及可持续发展的基础上，鼓励和引导合理、有效、最大限度地利用可供水资源，充分发挥水资源的综合效益。

在水价的制定过程中，要考虑用水户的承受能力，保障起码的生存用水和基本的发展用水；而对不合理用水部分，则通过提升水价，利用水价杠杆，强迫减小、控制、逐步消除不合理用水，以实现水资源有效利用。

2. 依效益合理配水，分层次动态管理

该措施的基本思路是：首先要全面、科学地评价用水户的综合用水效益，然后综合分析供需双方的各种因素，从理论上确定一个合理的配水量。比较用水户的合理配水量与实际取水量，对其差额部分予以经济奖惩。对于超标用水户，其水资源费（税）的收取标准应在原有收费（税）标准上，再加收一定数量的惩罚性费用，以促进其改进生产工艺，节约用水；对于用水比较合理的非超标用水户，应根据其盈余情况给予适当的奖励。这样就将单一的水资源费（税）改成了分层次的水资源费（税），实现了水资源的动态经济管理。

3. 明晰水权，确定两套指标，保证配水方案实施

水利部曾提出"明晰水权，确定两套指标"的管理思路。明晰水权是水权管理的第一步，要建立两套指标体系，一套是水资源的宏观控制体系，一套是水资源的微观定额体系。前者用来明确各地区、各行业、各部门乃至各企业、各灌区各自可以使用的水资源量。也就是要确定各自的水权。另外，可以将所属的水权进行二次分配，明细到各部门、各单位，每个县、乡、村、组及农户。第二套体系用来规定社会的每一项产品或工作的具体用水量要求，如炼 1t 钢的用水定额是多少、种 1 亩小麦的定额是多少等。有了这两套指标的约束，各个地区、各个行业、每一项工作都明确了自己的用水和节水指标，这样就可以层层落实节水责任，可持续发展才有可能得到保障。

（三）措施之三：制定水资源管理方案

制定管理方案并进行实时调度水资源管理方案的制定，是水资源管理研究的中心任务，也是水资源管理日常工作的重要内容。前文已用了大量篇幅论述水资源管理有关的理论和应用研究内容，为水资源管理方案的制定奠定了基础。

人类制定水资源管理方案由来已久。早期，人们对水资源的认识水平较低，水资源管理的经验还不成熟，与水资源管理有关的理论研究基础还比较薄弱。同时，由于社会经济发展还比较落后，用水量比较小，供需矛盾、水资源问题还不十分突出。在这种情况下，人们对水资源管理的重视程度不高，认识水平也比较低，手段也不先进，这一时期的水资源管理方案可能是比较单一的、比较简单的。

随着人口增长和社会经济的发展，人类在创造财富的同时，增加了引用水量，也增加了污水排放量，出现了水资源短缺、水污染严重、供需矛盾突出等问题。在这种情况下，人们想到了"通过水资源管理来解决水问题"的思路，希望通过对水资源开发、利用和保护的组织、协调、监督和调度等方面措施的实施，以做到科学、合理地开发利用水资源，支持社会经济发展，改善自然生态环境，并达到水资源开发、社会经济发展及自然生态环境保护相互协调的目标。如今，水资源管理已成为水利部门一项十分重要的工作，它考虑的因素较多，制定的水资源管理方案也比较复杂，实施的科学性也较强。

（1）水资源管理方案的制定过程可概括为以下几步：

1）根据研究区的具体实际，调查估算水资源量和可供水资源量，分析水资源利用现状以及水资源开发利用过程中出现的主要问题。

2）收集水资源管理的法律依据，确定本区域水资源管理的具体任务、目标和指导思想。重点要体现可持续发展的思想。

3）了解社会经济发展现状和发展趋势，建立社会经济主要指标的发展预测模型，计算生活用水量、生产用水量（包括工业、农业）。

4）调查生态环境现状，计算合理的生态环境需水量。

5）建立可持续发展目标下的水资源优化管理模型。

6）通过优化模型的求解和最优方案的寻找，制定水资源管理方案的具体内容。

（2）水资源管理方案的内容主要包括：

1）制定水资源分配的具体方案。包括分流域、分地区、分部门、分时段的水量分配，以及配水的形式、有关单位的义务和职责。

2）制定目标明确的国家、地区实施计划和投资方案。包括工程规模、投资额、投资渠道以及相应的财务制度等。

3）制定水价和水费征收政策。以水价为经济调控杠杆，促使水资源合理有效利用。

4）制定水资源保护与水污染防治政策。水资源管理工作应当承担水资源保护与水污染防治的义务。因此，在制定水资源管理方案时，要具体制定水污染防治对策。

5）制定突发事件的应急对策。在洪水季节，需要及时预报水情、制定防洪对策、实施防洪措施。在旱季，需要及时评估旱情、预报水情、制定并组织实施抗旱具体措施。

6）制定水资源管理方案实施的具体途径，包括宣传教育方式、公众参与途径以及方案实施中出现问题的对策等。

另外，要实时进行水量分配与调度。这是水资源管理部门需要进行的一项十分重要的工作。一方面，时间就是金钱，时间就是生命。在有些情况下，需要水利部门对水资源的调配做出及时决策。例如，在洪水季节、突发性地震、战争等时期，合理的水资源调配不仅会挽救人民财产的损失，还会挽救人的生命。另一方面，水资源系统变化是随机的，对不确定性的水资源系统要做到合理的调配，必须要具有实时调度能力。

# 习　题

1. 什么是水功能区划？为什么要做水功能区划？如何进行水功能区划分？有什么标准和依据？

2. 什么是水环境容量？为什么要计算水环境容量？

3. 什么是污染物排放总量控制？

4. 什么是水环境容量的分配？为什么要进行水环境容量的分配？

5. 水资源保护的工程措施有哪些？你还知道哪些水资源保护措施？举例说明。

6. 简述水资源管理工作流程。

7. 简述水资源管理的含义。

第九章习题答案

# 参 考 文 献

[ 1 ] 陈家琦,王浩. 水资源学概论 [M]. 北京:中国水利水电出版社,1995.

[ 2 ] 水科学进展编辑部. 笔谈:水资源的定义和内涵 [J]. 水科学进展,1991,2（3）:206-215.

[ 3 ] 王双银,宋孝玉,张鑫,等. 水资源评价 [M]. 郑州:黄河水利出版社,2008.

[ 4 ] 左其亭,窦明,马军霞. 水资源学教程 [M]. 北京:中国水利水电出版社,2008.

[ 5 ] 何俊仕,林洪孝. 水资源规划及利用 [M]. 北京:中国水利水电出版社,2014.

[ 6 ] 冯尚友. 水资源持续利用与管理导论 [M]. 北京:科学出版社,2000.

[ 7 ] 左其亭,窦明,吴泽宁. 水资源规划与管理 [M]. 2 版. 北京:中国水利水电出版社,2014.

[ 8 ] 付强,何俊仕,刘继龙. 水资源保护与管理 [M]. 北京:中国水利水电出版社,2014.

[ 9 ] 左其亭,王树谦,刘延玺. 水资源利用与管理 [M]. 郑州:黄河水利出版社,2009.

[10] 李雪松. 中国水资源制度研究 [M]. 武汉:武汉大学出版社,2006.

[11] 建设部给水排水产品标准化技术委员会. 工业用水分类及定义（CJ 40—1999）[S]. 北京:中国标准化出版社,2001.

[12] 何俊仕,张广涛,王文殊,等. 蒲河流域雨洪资源利用及河道水生态修复应用研究 [M]. 北京:中国水利水电出版社,2011.

[13] 门宝辉,金菊良. 水资源规划及利用 [M]. 北京:中国电力出版社,2017.

[14] 林洪孝,管恩宏,王国新,等. 水资源管理与实践 [M]. 北京:中国水利水电出版社,2003.

[15] 北京大学环境工程研究所,中国 21 世纪议程管理中心. 国外城市水资源管理于机制开发 [M]. 北京:中国水利水电出版社,2007.

[16] 王晓昌,张荔,袁宏林. 水资源利用与保护 [M]. 北京:高等教育出版社,2008.

[17] 左其亭,王树谦,马龙. 水资源利用与管理 [M]. 2 版. 郑州:黄河水利出版社,2016.

[18] 何俊仕,林洪孝. 水资源概论 [M]. 北京:中国农业大学出版社,2006.

[19] 叶秉如. 水资源系统优化规划和调度 [M]. 北京:中国水利水电出版社,1999.

[20] 何俊仕,粟晓玲. 水资源规划与管理 [M]. 北京:中国农业出版社,2006.

[21] 曹万金,刘曼蓉. 水体污染与水资源保护 [M]. 北京:中国科学技术出版社,1990.

[22] 冯尚友. 水资源系统工程 [M]. 武汉:湖北科学技术出版社,1991.

[23] 方国华. 水资源规划及利用（原水利水能规划）[M]. 3 版. 北京:中国水利水电出版社,2015.

[24] 任伯帜,熊正. 水资源利用与保护 [M]. 北京:机械工业出版社,2007.

[25] 姚汝祥,廖松. 水资源系统分析及应用 [M]. 北京:清华大学出版社,1985.

[26] 郭生练. 水库调度综合自动化系统 [M]. 武汉:武汉水利电力大学出版社,2000.

[27] 陈家琦,王浩,杨小柳. 水资源学 [M]. 北京:科学出版社,2002.

[28] 汪光焘,肖绍雍,孙文章. 城市节水技术与管理 [M]. 北京:中国建筑工业出版社,1994.

[29] 水利部水政水资源司. 水资源保护管理基础 [M]. 北京:中国水利水电出版社,1996.

[30] 孙金华. 水资源管理研究 [M]. 北京:中国水利水电出版社,2011.

[31] 陈志恺. 中国水利百科全书·水文与水资源分册 [M]. 北京:中国水利水电出版社,2004.